백종원이
추천하는
집밥 메뉴

애장판

_____ 님께

_____

_____

_____ 드림

백종원이 추천하는
집밥 메뉴 애장판

초판 1쇄 발행 2020년 08월 07일
초판 45쇄 발행 2025년 01월 06일

지은이 백종원

발행인 심정섭
편집장 신수경
디자인 박수진
사진 김철환 장봉영 이강신 곽기곤
스타일링 김상영 최지현 이빛나리 장연지 김지현
마케팅 김호현
제작 정수호

ⓒ 백종원, 2020

발행처 (주)서울문화사 | **등록일** 1988년 12월 16일 | **등록번호** 제2-484호
주소 서울시 용산구 한강대로 43길 5 (우)04376
구입문의 02-791-0708 | **팩시밀리** 02-749-4079
이메일 book@seoulmedia.co.kr
블로그 smgbooks.blog.me | **페이스북** www.facebook.com/smgbooks/

ISBN 979-11-6438-038-1(13590)

백종원이 추천하는 집밥 메뉴

애장판

백종원 지음

서울문화사

'백종원이 추천하는 집밥 메뉴' 시리즈를 한 권의 책으로 묶으며……

요리를 전혀 못하는 사람이라도 집에서 맛있는 집밥을 만들어 먹을 수 있었으면 하는 바람으로 시작한 '백종원이 추천하는 집밥 메뉴' 시리즈가 처음 탄생한 지도 어느덧 6년이라는 시간이 흘렀습니다. 제가 추천하고 싶은 집밥 메뉴가 많기도 했지만, 사람들마다 좋아하는 메뉴도, 입맛도 달라 어떤 메뉴를 선택해 요리비법을 알려드릴까 고민도 많았습니다. 그러다 보니 어느 새 4권의 집밥 요리책이 탄생하게 되었습니다. 책마다 모두 큰 관심으로 사랑해주신 독자 여러분들께 감사의 마음을 전합니다.

여러분들의 성원으로 이 집밥 메뉴 시리즈 4권을 한 권의 책으로 묶었습니다. 손쉽게 구할 수 있는 식재료를 이용한 밥, 국, 찌개, 반찬 등 일상적이면서 꼭 필요한 메뉴를 담은 1탄 《백종원이 추천하는 집밥 메뉴 52》, 만능간장으로 백종원표 만능시리즈의 시작을 알린 2탄 《백종원이 추천하는 집밥 메뉴 54》, 만능양념의 인기에 힘입어 만능된장, 만능오일, 만능고기소스 등의 만능시리즈 레시피를 다양하게 활용한 3탄 《백종원이 추천하는 집밥 메뉴 55》, 외식 부럽지 않은 다양한 메뉴와 함께 만능맛간장 활용 레시피를 담은 완결판 4탄 《백종원이 추천하는 집밥 메뉴 56》까지. 그간의 여정을 기록하는 의미에서 총 200여 개의 백종원 집밥 레시피를 한 권에 정리했습니다. 그러다 보니 책이 크고 무거워졌지만 저만의 요리 노하우와 레시피가 모두 담긴 이 책 한 권이 여러분들의 식탁을 조금이나마 더 행복하게 해줄 수 있길 바라봅니다.

제가 여러 권의 요리책을 내면서 누차 강조하는 것이, 제가 알려드리는 레시피를 반드시 그대로 따라 할 필요는 없다는 점입니다. 제가 책에서 소개해드리는 레시피는 기본적으로 요리 초보자 분들이 요리에 자신감을 가질 수 있도록 간을 조금 강하게 잡은 편입니다. 사람마다 제각각 입맛이 다르니 시도해보시면서 각자의 기호에 따라 원하는 대로 간을 조절하면 됩니다. 그렇게 본인의 입맛에 맞는 레시피로 발전시키다 보면 요리의 즐거움도 알 수 있게 될 것입니다. 아무쪼록 요리의 즐거움을 알고, 맛을 즐기며 우리 모두가 행복해지기를 바랍니다. 이 책이 우리의 음식 문화 발전에 재미있는 동행이 되길 바랍니다.

2020년 7월

백종원

집밥 기본기 다지기

* 된장

* 고추장

* 청국장

* 진간장

* 국간장

* 간 마늘

* 마늘

* 간 생강

* 생강

* 꽃소금

* 고운 고춧가루

* 굵은 고춧가루

* 황설탕

* 설탕

* 후춧가루

* 통깨

* 깨소금

* 참기름

* 들기름

* 식용유

* 올리브유

* 멸치액젓

* 새우젓

* 식초

* 맛술

* 물엿

* 조청

* 감자전분   * 튀김가루   * 부침가루   * 밀가루

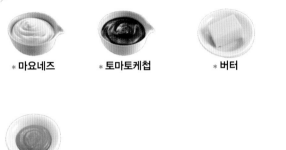

* 마요네즈   * 토마토케첩   * 버터   * 굴소스   * 땅콩버터

* 겨자

 이 책의 계량법

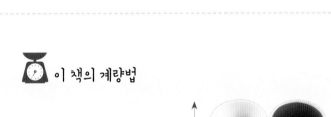

약 90ml   약 180ml

1큰술   ½컵   1컵

* 계량은 밥숟가락과 종이컵으로 했다.
* 1큰술은 밥숟가락으로 소복이 한 숟가락이다.
* 1컵은 종이컵 1컵이며 약 180ml다.
* 모든 양념은 개인 취향에 따라 가감할 수 있다.

진간장과 국간장을 구분하자!

VS

* 진간장은 단맛과 감칠맛이 더 나는 간장이고, 국간장은 단맛 없이 짠맛과 향이 더 진한 간장이다.

* 진간장은 양조간장이라고도 부르며, 무침, 조림 등에 두루 쓰인다.

* 국간장은 조선간장이라고도 부르며 된장에 소금을 넣고 발효시킨 것이다.
  국, 찌개, 나물 등의 간을 맞추고 깊은 맛과 향을 낼 때 쓴다.

* 취향에 따라 진간장과 국간장은 2:1이나 3:1 정도로 섞어서 쓸 수도 있다.

* 어떤 간장이든 간장이 들어가면 국물의 색이 탁해진다는 것도 알아 두자.
  맑은 색의 국물을 원한다면 간장은 소량만 쓰고 소금으로 간을 맞춰야 한다.

두 가지 고춧가루의 쓰임새를 알고 사용하자!

* 말린 고추를 빻아서 만든 고춧가루에는
  거칠게 빻은 굵은 고춧가루와
  고운 고춧가루 두 가지 종류가 있다.

* 색을 곱게 낼 때는 고운 고춧가루를 쓰고
  김치나 찌개를 맛있어 보이게 하는
  시각적 효과가 필요할 때는
  굵은 고춧가루를 쓰는 것이 효과적이다.

* 두 가지를 구입하기 어렵다면 구분하지 않고
  사용해도 된다.

* 고운 고춧가루

* 굵은 고춧가루

기타 요리 노하우

쌀뜨물을
활용하자!

요리는
세 번!

장 볼 때 한 번,
재료 늘어놓고 한 번,
마지막으로 실제 요리.

쌀을 씻을 때 두 번째나
세 번째 물을 받아 두자.
국이나 찌개를 끓일 때나
나물을 볶을 때 물 대신 사용하면
좋다. 쌀뜨물의 전분기가
여러 가지 맛을 모아 주고
감칠맛을 더해 준다.

선입견을
버려라!

모양이나 맛에 대한
선입견을 버리자.
카레의 감자는 꼭
깍뚝썰기해야 할까?
생선통조림으로는
고급스러운 요리를
하기 어려운 걸까?

레시피를
외우지 말라!

음식을 맛보고
느끼고
상상해 보자.

설명서를
잘 읽자!

라면이라고 우습게 보지 말자.
인스턴트 재료의 설명서에는
의외로 많은 정보가 들어 있다.
재료로 사용할 때는 봉지에 적힌
설명을 꼼꼼히 읽어 보는 것이 좋다.

prologue *4
집밥 기본기 다지기 *6

1탄 백종원이 추천하는 집밥 메뉴 52

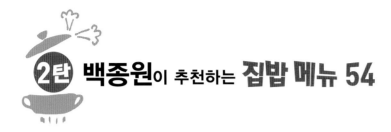

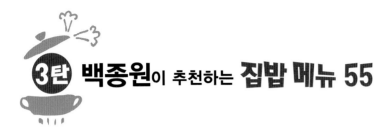

4탄 백종원이 추천하는 집밥 메뉴 56

백종원이
추천하는
집밥 메뉴
52

PART 1

식사 메뉴 | 밥·죽

일반적인 밥상은 밥을 중심으로 국(또는 찌개), 반찬으로 차려진
다. 흰쌀밥을 기본으로 먹지만, 쌀을 이용해 죽을 끓이기도 하고
쌀밥에 다른 재료를 더해 별미밥을 만들기도 한다. 평소 즐겨먹
을 수 있는 식사 메뉴를 소개한다.

김치를 이용한 식사 메뉴로 매콤한 김치와 밥이 어우러져 내는 맛이 별미인 음식이다. 돼지고기와 채소를 먼저 볶고 김치와 밥은 나중에 넣어야 김치의 맛을 살릴 수 있다. 김치는 살짝 신김치를 써야 맛있다.

김치볶음밥

재료 (2인분)

양파 ···························· 90g
당근 ···························· 50g
대파 ···························· 50g
신김치 ······················· 250g
돼지고기 ······················ 80g
밥 ··················· 1⅘공기(360g)
식용유 ························ 2큰술
굵은 고춧가루 ············· 1큰술
설탕························· ½큰술
후춧가루····················· 약간
진간장 ······················ 3큰술
참기름 ······················ 1큰술
달걀 ···························· 2개
통깨···························· 약간

백종원의 Tip

김치볶음밥을 할 때, 김치를 일찍 넣으면 김치가 너무 익어 김치찌개에 밥을 비빈 것 같은 맛이 날 수 있다.
고기를 먼저 볶아 익히다가 채소를 볶고, 김치는 나중에 넣어 살짝만 익혀 아삭하게 씹히는 맛을 살려줘야 맛있는 김치볶음밥이 된다.

1
양파, 당근은 작게 썰고, 대파는 반 갈라 작게 썬다. 신김치는 국물을 가볍게 짠 뒤 작게 썰고, 돼지고기도 작게 썰어 놓는다.

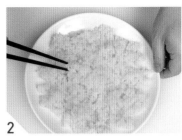

2
밥은 넓은 접시에 펼쳐놓고 식힌다.

3
달군 팬에 식용유 2큰술을 두르고 돼지고기를 볶아 겉면이 익으면 대파를 넣고 함께 볶아 파향이 배게 한다.

4
돼지고기에 양파를 넣고 고루 섞어가며 볶고, 양파가 살짝 익으면 당근을 넣고 볶는다.

5
굵은 고춧가루, 설탕, 진간장, 후춧가루를 넣고 섞어가며 볶는다.

6
채소에 양념이 배면 김치를 넣고 볶는다. 김치를 오래 볶으면 너무 익어 씹는 맛이 떨어지므로 ⅓정도 익힌다.

7
밥을 넣고 주걱으로 김치볶음과 밥을 섞어가며 볶는다.

8
밥과 김치가 볶아지면 참기름을 섞는다. 그릇에 김치볶음밥을 담고, 달걀프라이를 올리고 통깨를 뿌린다.

돼지고기와 채소를 매콤하게 볶아 만든 제육볶음을 밥 위에 올려 함께 비벼먹는 요리다. 돼지고기는 삼겹살이나 목살처럼 기름진 부위를 써야 돼지고기 기름이 배어나와 고소하고 맛도 좋다. 돼지고기를 먼저 익히는 것이 포인트다.

제육덮밥

재료 (4인분)

밥	3⅗공기(720g)
돼지고기(삼겹살)	400g
양파	240g
양배추	260g
대파	160g
당근	50g
풋고추	25g
홍고추	25g
식용유	3큰술
설탕	3큰술
굵은 고춧가루	4큰술
간 마늘	3큰술
진간장	10큰술
참기름	3큰술
후춧가루	약간
통깨	약간

1
양파와 양배추는 1cm 폭으로 썰고, 대파는 양파 길이로 토막내어 반으로 가른다. 당근도 반으로 갈라 얇게 썰고, 풋고추와 홍고추는 어슷하게 썬다.

2
썰어놓은 채소는 한데 담고 섞어 놓는다. 양배추와 양파도 뭉친 것을 하나씩 떼어 섞는다.

3
삼겹살은 4×1cm 크기로 얇게 썬다. 삼겹살 대신 목살을 써도 좋다.

4
달군 팬에 식용유 3큰술을 두르고 돼지고기를 넣어 겉면을 하얗게 익힌 뒤 설탕을 넣어 단맛을 낸다.

5
볶은 돼지고기에 굵은 고춧가루, 간 마늘, 진간장을 넣고 섞어가며 볶는다.

6
돼지고기에 양념이 배도록 볶는다. 불이 세면 양념이 타므로 중불로 볶는다.

7
돼지고기에 채소를 한꺼번에 넣는다.

8
돼지고기와 채소를 섞어가며 강불에서 빨리 볶는다.

9
채소가 반쯤 익으면 후춧가루를 뿌리고 참기름, 통깨를 섞어 완성한다. 밥에 제육볶음을 올려낸다.

김밥은 김에 밥과 채소, 고기, 달걀지단 등을 올리고 둥글게 말아서 한입 크기로 썰어 먹는 음식으로 간편하게 즐기는 한끼 식사이며 출출할 때 즐겨찾는 간식이다. 김밥은 넣는 재료에 따라서 다양하게 만들 수 있다.

김밥

재료 (5인분)

오이 ····················· ½개(110g)
　(꽃소금 ⅓큰술+설탕 ⅓큰술)
단무지 ················· 5줄(80g)
　(식초 2큰술+설탕 1큰술+물 3큰술)
햄 ···5줄(80g, 식용유 1컵(약180ml))
당근 ························· 80g
　(식용유 1큰술+설탕 ⅓큰술)
간 소고기 ·················· 90g
(식용유 1큰술+간 마늘 ½큰술+
설탕 2큰술+진간장 4큰술+캐
러멜 ½큰술+물 3큰술+참기름 1큰
술+후춧가루 약간)
달걀 ······· 3개(식용유 ½큰술)
밥 ··············· 4¼공기(850g)
　(참기름 2큰술+맛소금 ½큰술+
통깨 1큰술)
생김 ······················ 5장
참기름 ····················· 약간

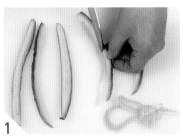

1 오이는 1cm 굵기로 길게 썬 뒤 씨부분을 도려낸다.

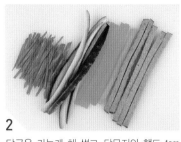

2 당근은 가늘게 채 썰고, 단무지와 햄도 1cm 굵기로 길게 썬다.

3 오이에 꽃소금 ⅓큰술과 설탕 ⅓큰술을 뿌려 30분간 절였다가 물에 헹구고 물기를 꼭 짠다.

4 단무지는 식초 2큰술, 설탕 1큰술, 물 3큰술을 섞은 것에 담가 30분간 절였다가 물기를 꼭 짠다.

5 팬에 식용유 1컵을 넣고 달궈지면 햄을 넣어 볶는다. 볶은 햄은 키친타월에 올려 기름기를 뺀다.

6 팬에 식용유 1큰술을 두르고 당근을 넣어 재빨리 볶는다. 이때 설탕 ½큰술을 뿌려주고, 당근이 반쯤 익으면 바로 접시에 펼쳐 놓고 식힌다.

백종원의  Tip

김밥은 새콤한 맛, 담백한 맛, 짭짤한 맛을 내는 여러 가지 재료를 넣는 것이 핵심이다. 오이를 소금에 절이고, 단무지를 식초와 설탕에 절이는 이유이다. 또 소고기를 짭조롬하게 볶아 올리면 깊은 맛이 난다.

소고기는 잘게 다지거나 길고 가늘게 채 썰어 양념을 진하게 해서 볶아주는데, 김밥의 간을 맞춰주는 역할을 한다. 소고기를 볶을 때, 캐러멜을 넣으면 향과 색감이 좋아진다.

7
팬에 식용유 1큰술을 두르고 간 소고기를 넣은 뒤 마늘, 설탕, 진간장, 캐러멜, 물, 참기름, 후춧가루를 넣고 갈색이 나게 볶는다.

8
달걀은 곱게 푼 뒤 식용유 $\frac{1}{3}$큰술을 두르고 달군 지단 팬에 부어 익힌다. 가장자리가 익기 시작하면 말아서 고루 익힌다.

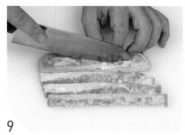

9
달걀말이는 완전히 식힌 뒤 1cm 굵기로 길게 썬다.

10
밥에 참기름, 맛소금과 통깨를 넣고 섞는다.

11
김발을 펼쳐놓고 김을 올린다. 김은 까칠한 면이 위쪽을 향하게 놓는다.

12
밥은 야구공만큼 잡는다. 김 1장에 올리는 밥의 양은 야구공 1개 크기의 분량이 적당하다.

13
김 위에 밥을 고르게 편다. 김 아래쪽 3~4cm 정도는 밥을 놓지 않는다.

14
밥 위에 볶은 햄을 올린다.

15
햄 앞에 단무지를 올린다. 단무지의 길이가 짧으면 다른 것을 잘라 길이를 맞춘다.

16
물기를 꼭 짠 오이를 올린다.

17
달걀말이를 올린다. 달걀말이도 길이가 짧으면 다른 것을 잘라 길이를 맞춘다.

18
당근볶음을 올린다.

19
소고기볶음을 올린다.

20
김에 올린 재료가 흐트러지지 않게 손가락으로 잡고, 엄지손가락으로 김발을 잡아 말아준다.

백종원의 Tip

김밥 속 재료는 다양하게 바꿔줄 수 있다. 오이 대신 시금치를 살짝 데쳐 참기름과 진간장을 조금 넣고 무쳐서 올려도 좋고, 우엉을 진간장에 조려서 넣기도 한다.
깻잎, 치즈, 마요네즈에 버무린 참치, 송송 썬 고추장아찌, 베이컨, 맛살, 간장양념을 해서 볶은 어묵, 채소샐러드, 멸치볶음, 김치볶음 등을 넣을 수 있다.
입맛에 맞고 좋아하는 재료를 넣어 다양한 맛을 낼 수 있는 것이 김밥의 매력이다.

21
김발을 밖으로 빼면서 김과 재료만 눌러가며 말아준다. 밥을 놓지 않은 부분이 완전히 말리면 된다.

22
동그랗게 말아지면 된다.

23
김밥의 한쪽면에 참기름을 바른다.

24
먹기 좋은 두께(2cm 정도)로 썬다.

비빔밥은 세계적인 웰빙 건강식으로 떠오르고 있다. 잘 지은 밥에 볶은 고기와 나물, 여러가지 채소를 넣고 비벼먹는데, 비빔소스로 고추장을 넣는다. 고추장은 여러 가지 재료의 맛을 연결해주는 역할을 한다.

비빔밥

재료 (4인분)

무 120g
　(식용유 1큰술, 꽃소금 약간)
주키니 호박(또는 애호박)··· 100g
　(식용유 1큰술, 꽃소금 약간)
당근 60g
　(식용유 1큰술, 꽃소금 약간)
양파 120g
(식용유 2큰술, 꽃소금 약간, 후
춧가루 약간)
표고버섯 60g
　(식용유 3큰술, 꽃소금 약간)
불린 고사리 70g
　(참기름 1큰술, 꽃소금 약간)
얼갈이배추 100g
　(참기름 ½큰술, 통깨 약간)
콩나물 120g
시금치 ·····80g(참기름 ½큰술)
돼지고기 150g
(식용유 1큰술, 간 마늘 1큰술, 진
간장 3큰술, 설탕 2½큰술, 후춧
가루 약간, 참기름 1큰술)
식용유 .... 적당량
밥 ················ 4공기(약 800g)
달걀 4개
통깨 .... 약간

비빔장

고추장 4큰술
물 .... ½컵(약 60ml)
설탕 1큰술

1
무, 호박, 당근, 양파는 곱게 채 썰고, 표고버섯은 모양을 살려 얇게 썬다. 불린 고사리는 손질해서 다른 재료와 길이를 맞춰 썬다.

2
채 썬 무, 호박, 당근, 표고버섯은 각각 팬에 식용유를 조금씩 두르고 꽃소금을 약간씩 뿌려 볶은 뒤 접시에 펼쳐놓고 식힌다.

3
채 썬 재료 중 양파는 볶을 때 후춧가루를 조금 뿌리고 볶는다. 볶은 양파는 접시에 담아 식힌다.

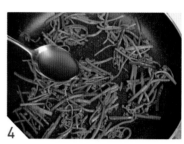

4
고사리는 참기름을 넣고 볶아야 풍미가 좋아진다. 부드럽게 볶아지면 접시에 담아 식힌다.

5
콩나물은 물을 붓고 삶아서 체에 밭쳐 물기를 뺀다. 얼갈이배추와 시금치는 각각 끓는 물에 꽃소금을 조금씩 넣고 살짝 데쳐 찬물에 헹군 뒤 물기를 짜고 먹기 좋은 크기로 썬다.

6
데친 시금치는 참기름 ½큰술을 넣고 무친다.

백종원의  Tip

비빔밥은 지역마다 재료가 조금씩 다르다. 그 지역에서 나는 제철재료를 사용해서 개성있는 비빔밥을 만들어낸다. 밥을 한번 볶아서 나물 등을 올리는 전주비빔밥, 육회를 올리는 육회비빔밥, 돌솥에 뜨겁게 먹는 돌솥비빔밥이 있다. 또 지리산이나 내장산 인근에서는 산나물을 많이 넣는 산채비빔밥이 유명하고, 거제도나 통영 지역에서는 멍게를 넣는 멍게비빔밥, 낙지비빔밥, 해초비빔밥이 유명하다.

7

데친 얼갈이배추는 참기름 $\frac{1}{2}$큰술과 통깨를 약간 넣고 무친다.

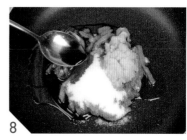

8

돼지고기는 곱게 채 썬 뒤 팬에 담고 준비한 양념을 넣는다.

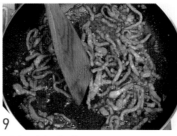

9

돼지고기와 양념을 고루 섞어가며 볶아 익힌다.

10

돼지고기가 익고 양념이 배면 참기름을 섞는다.

11

고추장에 물과 설탕을 섞어 비빔장을 만든다. 달걀프라이는 노른자가 깨지지 않게 준비해놓는다.

12

볶은 재료와 무친 재료는 한 접시에 보기좋게 둘러담고 밥과 함께 내거나, 밥에 재료를 둘러담고 달걀프라이를 올린 뒤 통깨를 뿌려낸다.

백종원의  **Tip**

비빔밥은 밥 위에 올리는 채소, 나물에 따라 다양한 맛을 낼 수 있다. 생채소를 올리면 산뜻한 맛을 낼 수 있는데 부추나 상추, 새싹채소 등이 어울린다. 버섯도 표고버섯 외에 느타리버섯을 볶아 올려도 좋고, 그 외에도 말린 호박볶음, 취나물, 오이볶음, 청포묵, 다시마부각 등을 더해도 맛있다.

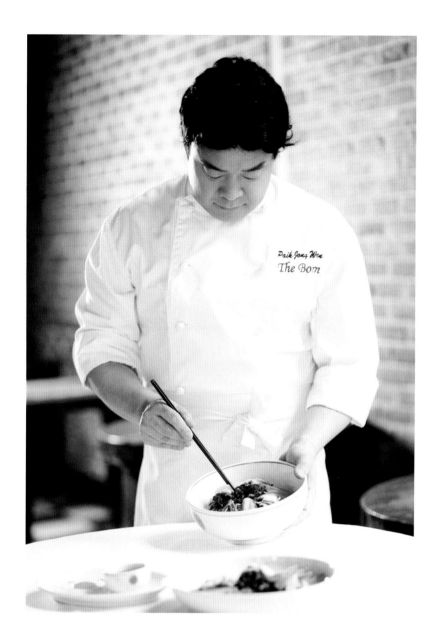

떡국은 설날 아침에 가족의 무병장수와 행운을 기원하며 먹는 명절 음식이다. 소고기국물이나 멸치국물, 사골국물 등으로 끓일 수 있으며, 국물에 따라 맛이 조금씩 달라진다. 달걀을 풀어 넣어도 좋지만, 지단을 부쳐 채 썰어 올리고 고기볶음 등을 올리기도 한다.

떡국

재료 (4인분)

가래떡 썬 것 ············· 400g
물 ················· 10컵(약 1,800ml)
소고기(양지 또는 사태) ··· 100g
　(참기름 1큰술 + 식용유 1큰술)
간 마늘 ··················· 1큰술
국간장 ···················· 2큰술
꽃소금····················· ½큰술
달걀 ······················ 2개
대파 ······················ 40g
후춧가루····················· 약간

1
가래떡은 떡국용으로 어슷하게 썬 것으로 준비해 물에 20~30분 담가 불린다.

2
소고기는 사태나 양지머리 부위로 준비해 작은 크기로 썬다. 대파는 동그랗게 썰어 놓는다.

3
냄비에 참기름과 식용유를 1큰술씩 두르고 팬을 달군다.

4
소고기를 넣고 기름이 고루 배고 겉면이 하얗게 익게 볶는다.

5
소고기가 익으면 물을 붓고, 다시 끓어오르면 약불로 줄여 25분 정도 끓인다.

6
소고기국물에 불린 떡을 넣고 강불에서 끓인다.

7
떡이 부드럽게 익으면 간 마늘과 국간장을 넣어 맛을 내고, 부족한 간은 꽃소금으로 맞춘다.

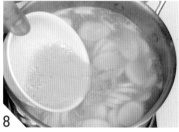

8
달걀은 풀어놓았다가 떡국이 끓으면 넣고 저어준다.

9
대파를 넣고 후춧가루를 뿌린 뒤 그릇에 담아낸다.

어린 닭의 배 속에 인삼과 마늘, 대추, 밤, 은행, 찹쌀을 넣고 물을 부어 끓여 먹는 음식으로, 땀 흘리고 지치기 쉬운 여름철에 원기회복을 위해 즐겨먹던 우리의 전통 보양식이다. 인삼의 향이 진하게 밴 닭살과 국물을 함께 먹는다.

삼계탕

재료 (1인분)

영계 ········ 1마리(500g~600g)
불린 찹쌀············ 3큰술(36g)
대추······················ 1개(3g)
은행······················ 3개(5g)
밤 ······················· 1개(10g)
수삼 ················· 1뿌리(18g)
마늘 ··················· 3개(15g)
물 ·········· 10½컵(약1,890ml)

백종원의 **Tip**

먹을 때는 국물에 소금을 넣
어 간을 맞추고, 닭살은 소금
을 찍어먹는다. 배 속의 익은
찹쌀과 대추, 마늘 등은 국물
에 풀어 함께 먹으면 된다.

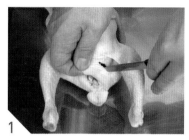

1 삼계탕용 닭은 500g~600g 정도의 영계로 준비해 배 속을 깨끗이 씻어낸다. 다리 사이에 칼집을 넣어 구멍을 낸다.

2 수삼은 깨끗이 씻어 닭의 배 속에 넣는다.

3 마늘을 씻은 뒤 닭에 넣는다.

4 대추도 깨끗이 씻고, 밤은 속껍질까지 벗겨 닭에 넣는다.

5 은행은 팬에 살짝 볶아 껍질을 벗긴 뒤 닭에 넣는다.

6 찹쌀은 씻어 물에 담가 1시간 이상 불렸다가 닭에 넣는다.

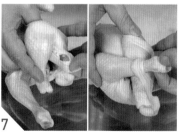

7 오른쪽 닭다리를 왼쪽으로 오므리고 왼쪽 다리를 꼬아 칼집을 넣은 구멍에 끼운다. 또는 다리를 모아서 무명실로 묶어주어도 좋다.

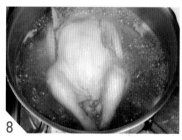

8 냄비에 닭의 배가 위를 향하게 담고 물을 부어 1시간 20분 정도 끓인다.

떡볶이는 분식집이나 길거리 포장마차 등에서 흔히 맛볼 수 있는 음식이다. 보통은 고추장을 풀어 매운 맛의 빨간 떡볶이로 만드는데, 고추장 대신 간장과 갖은 채소, 고기를 넣으면 궁중에서 즐겨먹던 고급스러운 떡볶이가 된다.

궁중떡볶이

재료 (4인분)

흰가래떡(떡볶이) ············ 400g
돼지고기(목살) ············ 120g
양파 ···························· 130g
오이 ······························ 60g
당근 ······························ 60g
표고버섯 ························ 50g
대파 ····························· 50g
물 ······················· ⅓컵(약60ml)
설탕 ························· 3큰술
간 마늘 ······················ 1큰술
진간장 ················ ⅓컵(약60ml)
참기름 ······················· 2큰술
후춧가루 ····················· 약간

백종원의 Tip

떡볶이용 떡은 흰가래떡을 가늘게 뽑은 것이다. 떡볶이를 할 때, 물 대신 멸치국물을 쓰면 보다 깊은 맛을 낼 수 있다. 물에 설탕을 넣고 돼지고기를 볶아 돼지고기에 단맛이 먼저 배게 한다. 채소는 거의 마지막에 넣어 살짝만 익혀야 씹는 질감과 색감이 좋다.

1
흰가래떡(떡볶이용 떡)은 물에 담가 불린다.

2
돼지고기는 먹기 좋게 채 썬다.

3
표고버섯과 양파는 0.5cm 두께로 채 썰고, 오이와 당근은 반 갈라 얇게 썬다. 대파는 0.5cm 두께로 동그랗게 썬다.

4
오목한 팬에 물과 설탕을 넣고 저어가며 끓이다가 돼지고기를 넣어 단맛이 배게 볶는다.

5
돼지고기가 익으면 불린 떡과 간 마늘, 진간장을 넣고 볶는다.

6
떡이 부드럽게 익으면 대파를 제외한 채소를 모두 넣고 볶는다.

7
국물이 졸아들고 채소가 반쯤 익으면 대파를 섞는다.

8
불을 끄고 후춧가루를 약간 뿌리고 참기름을 섞어 완성한다.

죽은 가장 부드러운 음식으로 쌀이나 콩, 녹두 등의 곡물에 물을 많이 붓고 약불에서 오랫동안 부드럽게 끓이는 음식이다. 타락죽은 예로부터 궁중이나 상류층이 즐기던 고급 죽으로, 곱게 간 쌀과 우유로 만든 귀한 보양식이었다. 아침식사나 환자식, 이유식으로도 많이 먹는다.

타락죽

재료 (4인분)

쌀 ························· ½컵(약80g)
우유 ·············· 3컵(약540ml)
물 ·················· 3컵(약540ml)
꽃소금 ······················ ½큰술
설탕 ························· ½큰술
잣 ·························· 약간

1
쌀은 깨끗이 씻은 뒤 물에 2시간 이상 담가
불린 뒤 믹서기에 넣고 물을 부어 곱게 간다.

2
곱게 간 쌀을 냄비에 담고 강불에 올려 계
속 저어가면서 끓인다.

3
죽이 바닥에 눈지 않도록 계속 저어가며 끓
인다. 덩어리가 생기면 풀어가며 끓인다.

4
끓는 죽에 우유를 붓고 덩어리가 생기거나
바닥에 눈지 않도록 계속 저어가며 약불에서
20~30분 정도 끓인다.

5
죽이 약간 되직할 정도로 끓여지면 꽃소금
과 설탕을 넣어 간을 맞춘다.

6
1~2분 더 끓여 죽이 걸쭉해지면 불을 끈다.
그릇에 담고 잣을 올려낸다.

백종원의 **Tip**

죽을 쑬 때는 물의 양을 잘 맞춰야 한다. 물의 양이 적으면 쌀알이 익기도 전에 너무 되직
해지고, 물의 양이 많으면 끓이는 시간이 길어진다. 물의 양이 적어서 너무 되직해진다 싶
을 때는 물을 보충하는데, 이때는 반드시 뜨거운 물을 넣어야 죽이 삭지 않는다.

전복죽은 고급 보양죽으로 영양이 풍부해 기력을 보충하기 좋고, 소화가 잘 되어 환자들의 회복식으로도, 든든한 한끼 식사 메뉴로도 인기가 많다. 쌀과 전복을 볶다가 전복 내장을 곱게 다져 넣고 끓이면 풍미가 좋아진다.

전복죽

재료 (4인분)

쌀····················· 1½컵(약240g)
전복····················· 3마리(150g)
당근 ····························· 50g
참기름 ······················· 4큰술
물 ·············· 16⅔컵(3,000ml)
달걀 ···························· 4개
꽃소금······················· ½큰술

1그릇 세팅

전복죽 ····················· 1그릇
달걀노른자 ···················· 1개
통깨···························· 약간
참기름······················· ½큰술

1 쌀은 깨끗이 씻어 물을 부어 2시간 불린 뒤 체에 밭쳐 물기를 뺀다.

2 전복은 숟가락을 껍데기와 살 사이에 넣고 떼어낸다.

3 가위를 이용해 전복에서 내장을 터지지 않 게 잘라내어 모아놓는다.

4 전복을 얇게 써는데, 중간에 딱딱한 이빨이 나오면 제거한다.

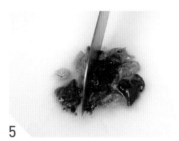

5 전복 내장은 도마에 놓고 곱게 다진다.

6 당근은 곱게 채 썰어 잘게 다진다.

7 냄비를 불에 올리고 참기름 4큰술을 두른다.

8 쌀을 넣고 잠시 볶다가 얇게 썬 전복을 넣고 참기름의 향이 고루 배게 볶는다.

9 곱게 다져놓은 전복 내장을 넣는다.

10 쌀과 전복, 내장이 고루 섞이도록 주걱으로 저어가며 볶는다.

11 전복이 익으면 물을 붓고 끓인다. 한번 끓어 오르면 약불로 줄여 끓인다.

12 바닥에 눋지 않도록 주걱으로 저어가며 50 분 정도 끓인다.

13 쌀이 퍼지면 꽃소금을 넣어 간을 약하게 맞 춘다.

14 달걀은 흰자와 노른자를 분리해 놓는다.

백종원의 Tip

전복죽을 끓일 때 전복 내장을 곱게 다져 넣으면 쌉쌀한 맛이 돌아 죽의 풍미가 살아난다.
전복은 비타민과 칼슘, 인 등 미네랄이 풍부하며, 간과 눈을 보호하여 피로회복을 돕는 원기회복에 최고의 음식이다.

15 쌀이 퍼진 상태가 되었는지 확인한다.

16 다진 당근과 달걀흰자를 넣고 휘 저어 섞고 바로 불을 끈다. 전복죽을 그릇에 담고 달걀 노른자를 올리고 통깨와 참기름을 뿌려낸다.

단호박이나 늙은 호박을 삶아 갈아서 쑤는 죽으로 간식이나 별식으로 즐길 수 있는 음식이다. 죽을
쑬 때 삶은 팥과 찹쌀가루를 넣기 때문에 든든한 한끼 식사가 된다. 찹쌀가루 대신 찹쌀옹심이를 넣
기도 한다.

호박죽

재료 (4인분)

단호박 ············· ⅖개(720g)
　　(또는 늙은 호박 840g)
팥 ··················· 2큰술(약40g)
찹쌀가루 ·········2큰술 + 물 1컵
　　　　　　　　　　(약180ml)
물 ··················· 3컵(약540ml)
설탕 ······················· 3큰술
꽃소금······················ ½큰술

1
단호박이나 늙은 호박은 적당한 크기로 잘라 씨를 제거하고 물에 넣고 삶는다. 익으면 건져 식힌다.

2
팥은 깨끗이 씻어 물을 붓고 팥알이 터지지 않을 정도로 삶은 뒤 체에 밭쳐 식힌다.

3
삶은 호박은 껍질을 벗기고 작은 크기로 썬다. 단호박이나 늙은 호박도 만드는 법은 같다.

4
호박을 믹서기에 넣고 물 3컵을 부어 곱게 간다.

5
믹서기에 간 호박을 냄비에 붓고 약한불에 올려 나무주걱으로 저어가며 끓이기 시작한다.

6
찹쌀가루와 물 1컵을 그릇에 담고 덩어리 없이 푼다. 고운체에 걸러서 풀어도 좋다.

7
호박물이 끓기 시작하면 찹쌀가루 푼 것을 넣고 저어가며 끓인다.

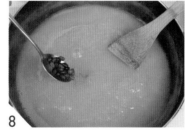

8
찹쌀이 익으면서 투명한 노란 색이 되면 삶아놓은 팥을 넣고 바닥이 눋지 않게 저어가며 끓인다.

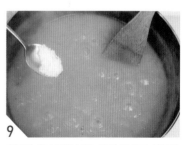

9
설탕과 꽃소금을 넣어 간을 맞추고 불에서 내려 그릇에 담아낸다.

PART 2

국물 메뉴 | 국·찌개

우리는 밥을 먹을 때, 국물이 있는 국이나 찌개를 함께 먹는다. 국은 건더기보다 국물이 많이 들어가게 끓이고, 찌개는 건더기가 많고 국물을 적게 잡아 끓인다. 일상에서 즐겨먹는 국과 찌개를 소개한다.

소고기의 깊은 맛과 무의 시원하고 단맛이 어우러진 고깃국이다. 소고기를 볶다가 무를 넣고 끓이면
소고기의 맛과 무의 맛이 한데 어우러지는데, 이 국은 국간장으로 간을 해야 감칠맛이 난다.

소고기뭇국

재료 (4인분)

무 ······························ 400g
소고기(양지) ················ 100g
대파 ···························· 30g
식용유 ······················· 1큰술
참기름 ······················· 2큰술
물 ···················· 8컵(약1,440ml)
간 마늘 ······················· 1큰술
국간장 ························ 1큰술
후춧가루······················ 약간
꽃소금························· 적당량

백종원의 Tip

소고기가 질긴 경우에는 고기를 볶다가 물을 붓고 20분쯤 더 끓인 뒤 무를 넣고 끓이면 된다.
깊은 맛의 소고기뭇국을 끓이려면 소고기와 무를 덩어리째 넣고 푹 끓인다. 무가 먼저 익으면 건져 식힌 뒤 납작하게 썰고, 소고기도 국물이 충분히 우러나고 부드럽게 익으면 건져 한김 식힌 뒤 잘게 찢어 무와 함께 국물에 넣고 다시 한번 끓여주면 된다.

1 무는 사방 3~4cm 크기로 납작하게 썬다.

2 소고기는 가늘고 납작하게 썰고, 대파는 송송 썬다.

3 냄비에 식용유와 참기름을 두르고 소고기를 넣어 볶는다.

4 소고기가 익으면 무를 넣는다.

5 소고기와 무를 잠시 더 볶아 무를 살짝 익힌다.

6 물을 붓고 약불로 30분 정도 끓인다.

7 국물이 우러나면 간 마늘과 국간장을 넣어 맛을 내고, 꽃소금으로 부족한 간을 맞춘 뒤 대파와 후춧가루를 넣고 불을 끈다.

술 마신 다음날, 속을 달래고 술독을 풀기 위해 먹는 음식이 해장국이다. 북엇국은 대표적인 해장국으로 북어와 무를 함께 볶다가 끓이기 때문에 국물이 개운하고 구수한 것이 특징이다. 새우젓으로 간을 하면 감칠맛이 나고 깔끔해진다.

북엇국

재료 (4인분)

북어포 ························· 40g
무 ··························· 180g
두부 ·························· 180g
대파 ··························· 25g
달걀 ··························· 1개
식용유 ······················ ½큰술
참기름 ····················· 2½큰술
물 ················· 8컵(약1,440ml)
간 마늘 ····················· 1큰술
국간장 ······················ 1큰술
새우젓 ······················ ½큰술
꽃소금 ······················ 적당량
후춧가루 ····················· 약간

1 무는 0.5cm 굵기로 길게 채 썬다.

2 두부는 3×4cm 크기, 1cm 두께로 썰고, 대파는 동그랗게 썬다. 달걀은 풀어놓는다.

3 북어포는 물에 담갔다가 바로 건진다. 오래 담가두면 북어 맛이 빠져나가 맛이 없어진다.

4 냄비에 식용유와 참기름을 두르고 북어포를 넣어 볶다가 무를 넣어 함께 볶는다.

5 무가 익기 시작하면 물을 부어 중불로 끓인다.

6 10~20분 정도 끓으면 간 마늘, 국간장, 새우젓을 넣어 맛을 내고, 부족한 간은 꽃소금으로 맞춘다.

7 두부를 넣고 끓인다. 두부를 넣고 오래 끓이면 두부가 단단해지니 국물이 다시 끓어오를 때까지만 끓인다.

8 국물이 끓으면 달걀 푼 것을 넣고 섞는다.

9 후춧가루를 뿌리고 대파를 넣고 다시 한 번 끓어오르면 불을 끈다.

생일날이면 미역국을 먹고, 아기를 낳은 산모도 미역국을 먹는 풍습이 있다. 미역국에는 요오드와 칼슘 등의 무기질과 미네랄이 풍부하여 지혈을 돕고 젖을 잘 돌게 하기 때문이다. 말린 미역을 불려 물을 붓고 끓이는데, 오래 끓일수록 깊은 맛이 난다.

미역국

재료 (4인분)

마른 미역	12g
물	8컵(약1,440ml)
간 마늘	½큰술
국간장	1큰술
꽃소금	적당량

1

마른 미역은 물에 담가 불린다.

2

불린 미역은 헹구어 건진 뒤 물기를 꼭 짜고 3~4cm 길이로 썬다.

3

냄비에 물을 붓고 미역을 넣어 강불에서 끓인다. 국물이 끓어오르면 중불로 줄여 끓인다.

4

20분간 끓으면 간 마늘을 넣는다.

5

국간장을 넣는다.

6

미역이 부드러워지면 꽃소금으로 간을 맞춘다.

백종원의 Tip

미역을 참기름에 볶다가 물을 붓고 끓이면 고소한 맛이 나고 국물도 뽀얗게 우러난다. 또 찬물에 미역과 다시마를 넣고 끓이다가 다시마를 건져내면 국물맛이 더 좋다. 미역국은 오래 끓일수록 깊은 맛이 난다. 중불이나 약불에서 1시간 이상 끓이면 된다.

소고기미역국은 미역에 부족한 단백질 등의 영양을 소고기를 넣어 보충해준 미역국이다. 소고기와 미역을 볶다가 물을 붓고 끓이고, 국간장으로 감칠맛을 더하고 향을 낸다.

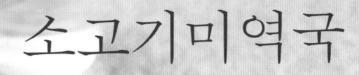

소고기미역국

재료 (4인분)

마른 미역 ·························· 12g
소고기(양지) ················ 100g
국간장 ·························· 2큰술
간 마늘 ························· 1큰술
참기름 ·························· 2큰술
식용유 ·························· 1큰술
물 ·················· 8컵(약1,440ml)
꽃소금······················· 적당량

1 미역은 물에 담가 부드럽게 불린다.

2 불린 미역은 물에 헹군 뒤 물기를 꼭 짜고 3~4cm 길이로 썬다.

3 소고기는 작은 크기로 썬다.

4 냄비에 참기름과 식용유를 두르고 달군다.

5 소고기를 넣어 볶다가 소고기가 익으면 미역을 넣는다.

6 미역과 소고기를 함께 볶는데, 미역 색이 선명해질 때까지 볶으면 된다.

백종원의 **Tip**

전통적인 소고기미역국은 소고기를 덩어리째 끓여 국물이 충분히 우러나고 익으면 소고기는 건지고, 그 국물에 불린 미역을 넣어 끓이는 것이다. 익은 소고기도 잘게 찢어 넣고 미역과 함께 폭폭 끓이는데, 보다 깊고 진한 소고기미역국이 된다.

7 물을 붓고 끓인다. 처음에는 강불에 끓이다가 중불로 줄여 30분 이상 끓인다.

8 간 마늘과 국간장을 넣고 꽃소금으로 간을 맞춘다. 다시 끓으면 불을 끈다.

탕은 소금으로 간을 한 맑은 국으로, 갈비탕은 갈비를 넣고 맑게 끓인 국이다. 갈비탕을 끓일 때는 갈비의 핏물을 빼고 끓는 물에 한 번 데친 뒤 탕을 끓여야 국물이 깔끔하게 우러난다. 무를 넣으면 국물맛이 좋아진다.

갈비탕

재료 (4인분)

소갈비	900g
무	300g
다시마	10g
대파	1대
물	4L
간 마늘	1큰술
국간장	5큰술
꽃소금	적당량
송송 썬 대파	적당량
후춧가루	약간

1
갈비는 4~5cm 정도 길이로 먹기 좋게 한 쪽씩 자른다.

2
갈비는 찬물에 2시간 담가 핏물을 뺀다. 중간에 물을 갈아주고, 핏물이 빠지면 씻어 건진다.

3
큰 냄비에 물을 끓이다가 갈비를 넣고 물이 다시 끓으면 건진다.

4
큰 냄비에 갈비, 무, 다시마, 대파를 담는다.

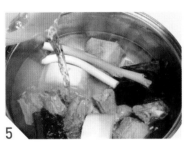

5
갈비를 담은 냄비에 찬물 4L를 붓는다.

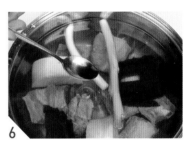

6
국간장으로 1차 간을 해서 강불로 끓인다.

백종원의 Tip

갈비탕을 끓이기 시작할 때 국간장과 꽃소금으로 간을 해주면 끓이는 동안 갈비살에 간이 배어 고기맛이 좋아진다. 무는 속까지 무르게 익으면 건져서 식힌 뒤 썰어서 갈비탕을 낼 때 국물에 넣는다. 무를 마지막까지 끓이면 너무 익어서 국물이 지저분해진다.

풀을 먹여 키운 소의 고기와
사료를 먹여 키운 소의 고기
는 육질이 다르기 때문에 끓
이는 시간을 조절해서 고기가
연할 때까지 익힌다.
특히 뼈와 살이 분리되지 않
도록 끓이면서 수시로 체크해
야 한다.

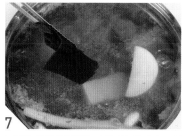

7
국물이 끓기 시작하면 다시마를 건져내고 1시
간 30분을 더 끓인다.

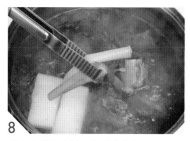

8
대파가 완전히 익으면 건져낸다.

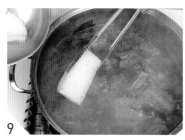

9
무가 익으면 건져서 식힌다.

10
갈비탕을 끓이면서 떠오르는 거품이나 기름
기를 건져낸다. 이렇게 해야 국물이 깔끔하다.

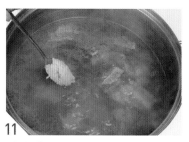

11
간 마늘을 넣고 10분 더 끓인 뒤 불을 끈다.

12
꽃소금으로 간을 맞춘다.

13
무는 3×4cm 크기, 0.5cm 두께로 썬다.

14
그릇에 무와 갈비를 담고 갈비탕 국물을 뜨
겁게 데워 담는다. 후춧가루를 조금 뿌리고
썰어 놓은 대파를 올려낸다.

된장찌개는 밥상에 자주 오르는 메뉴로, 가장 즐겨먹고 좋아하는 음식이다. 멸치된장찌개는 쌀뜨물에 멸치를 넣고 끓이면 멸치의 감칠맛과 된장의 구수한 맛이 조화를 이루는데, 여기에 호박, 감자 등의 채소와 두부를 넣는다.

멸치된장찌개

재료 (4인분)

손질한 국멸치	20g
두부	80g
주키니 호박(또는 애호박)	30g
감자	30g
무	50g
양파	40g
대파	30g
청양고추	20g
홍고추	10g
쌀뜨물	2컵(약360ml)
된장	5큰술
간 마늘	½큰술

백종원의 **Tip**

된장찌개를 끓일 때 쌀뜨물
(쌀 씻은 물)을 넣으면 국물이
구수해진다. 쌀에 물을 붓고
가볍게 헹군 뒤 물을 따라내
고, 다시 물을 붓고 쌀을 비벼
가며 씻은 물을 받아 쓴다.
멸치와 무는 쌀뜨물에 처음부
터 넣고, 끓기 시작하면 된장
을 풀어야 떫은맛이 나지 않
는다. 된장찌개는 약불에서
오래 끓여야 깊은 맛이 난다.

1 멸치는 국물용 멸치로 준비해 머리를 뗀다.

2 배를 가르고 검은 내장을 빼낸다.

3 두부, 호박, 감자는 주사위 모양으로 썰고,
무와 양파는 2×2cm 크기로 썰고, 청양고추,
홍고추, 대파는 동그랗게 썬다.

4 뚝배기를 불에 올리고 쌀뜨물을 붓고 멸치를
넣는다.

5 무를 넣어 멸치와 함께 끓인다.

6 국물이 끓으면 된장을 풀고 10분 정도 끓인
다.

7 감자를 넣고 5분 정도 더 끓인다.

8 채소와 두부를 넣고 간 마늘을 넣어 잠시
더 끓이다가 불을 끈다.

소고기된장찌개는 소고기와 된장으로 맛을 내는 찌개이다. 소고기를 볶다가
물이나 쌀뜨물을 붓고 된장을 풀어 끓이면 소고기의 맛과 된장의 맛이 조화를
이룬다. 소고기는 어느 부위를 써도 좋은데, 기름기가 있는 부위가 더 맛있다.

소고기된장찌개

재료 (4인분)

소고기 ······················ 60g
두부 ······················· 80g
주키니 호박(또는 애호박)····· 30g
무 ························· 50g
양파 ······················ 40g
대파 ······················ 30g
청양고추 ··················· 20g
홍고추 ····················· 10g
쌀뜨물 ············· 2컵(약360ml)
된장 ······················ 5큰술
굵은 고춧가루 ··········· ⅓큰술
간 마늘 ···················· ½큰술

백종원의 **Tip**

된장찌개에 넣는 재료는 계절
재료를 다양하게 넣어 맛을
낼 수 있는데, 멸치나 소고기
대신 조개를 넣으면 개운한
감칠맛이 나고 마른 새우를
넣으면 고소한 맛이 난다.
봄에는 달래나 냉이를 넣으면
향긋한 맛이 나고, 가을에는
표고버섯이나 느타리버섯을
넣어도 좋다.

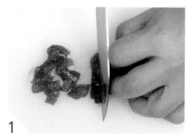

1 소고기는 작은 크기로 얇게 썬다.

2 두부, 호박은 주사위 모양으로 썰고, 무와 양파는 2×2cm 크기로 썰고, 청양고추, 홍고추, 대파는 동그랗게 썬다.

3 뚝배기에 소고기를 넣고 볶는다.

4 소고기가 익으면 쌀뜨물을 붓는다.

5 무를 넣어 끓인다.

6 된장을 풀고 10분간 끓인다.

7 채소를 넣고 5분 정도 끓이다가 두부를 넣는다.

8 국물이 다시 끓으면 굵은 고춧가루와 간 마늘을 넣고 저어준 후 끓이다가 불을 끈다.

순두부는 콩을 갈아만드는 두부 중에서 부드럽게 만든 것이다. 순두부찌개는 순두부에 해물, 돼지고기, 김치 등을 넣고 얼큰하게 양념해서 끓이는 찌개이다. 뚝배기에 단시간에 끓여야 두부가 단단해지지 않고, 따뜻하게 먹을 수 있다.

순두부찌개

재료 (1인분)

순두부	1컵(200g)
간 돼지고기	30g
양파	20g
대파	14g
물	1컵(약180ml)
바지락	5개(60g)
고운 고춧가루	½큰술
간 마늘	½큰술
참기름	1½큰술
진간장	1큰술
꽃소금	½큰술
설탕	⅙큰술
쪽파	6g
달걀	1개
후춧가루	약간

백종원의 Tip

순두부찌개를 끓일 때, 신김치를 넣어도 좋다. 김치를 송송 썰어놓았다가 돼지고기와 양파를 볶을 때 넣어주면 김치 특유의 맛이 고기에도 배고 국물에도 우러나 깊은 맛이 난다.
또한 순두부찌개는 고춧가루를 넣지 않고 담백하게 끓이기도 하는데, 이때는 진간장과 꽃소금으로만 간을 한다.

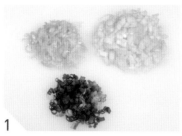

1 쪽파는 얇고 동그랗게 썰고, 양파는 잘게 썬다. 대파는 반으로 갈라 작게 썬다.

2 뚝배기를 달군 뒤 참기름 1½큰술을 두르고 간 돼지고기를 볶는다.

3 돼지고기가 익으면 대파, 양파를 넣고 함께 볶는다.

4 진간장을 넣고 섞어 색을 낸다.

5 물을 붓고 끓인다.

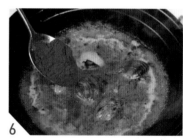

6 바지락, 꽃소금, 설탕, 고운 고춧가루를 넣고 끓인다.

7 간 마늘을 넣고 순두부를 숟가락으로 큼직하게 떠 넣는다.

8 달걀을 깨뜨려 넣고 쪽파와 후춧가루를 뿌린다.

김치에 두부와 돼지고기를 넣고 끓인 찌개로, 된장찌개와 함께 가장 인기 있는 찌개이다. 돼지고기를 넣을 때는 새우젓으로 간을 해주면 느끼한 맛이 없고 개운한 김치찌개가 된다.

돼지고기김치찌개

재료 (2인분)

신김치	150g
돼지고기	120g
(목살 또는 삼겹살)	
두부	100g
양파	100g
대파	30g
풋고추	10g
쌀뜨물	2컵(약360ml)
간 마늘	1큰술
굵은 고춧가루	2큰술
국간장	2큰술
새우젓	1큰술

1 돼지고기는 삼겹살이나 목살로 준비해 작은 크기로 썬다.

2 두부는 물에 씻은 뒤 3×4cm 크기, 1cm 두께로 썬다.

3 양파는 굵게 채 썰고, 대파와 풋고추는 어슷하게 썬다.

4 냄비에 김치, 돼지고기, 두부, 양파, 대파, 풋고추를 담는다.

5 쌀뜨물을 냄비 가장자리로 붓는다.

6 간 마늘, 굵은 고춧가루, 국간장, 새우젓을 넣은 뒤 냄비를 불에 올려 돼지고기가 익게 10분 정도 끓인다.

백종원의 Tip

찌개용 김치는 잘 익은 김치나 살짝 신김치를 사용해야 맛이 더 좋다. 김치의 속을 털어 내고 물기를 살짝 짜서 넣는다. 찌개용 국물은 쌀뜨물을 쓰면 찌개맛이 구수해진다. 물을 넣어도 된다. 돼지고기는 목살이나 삼겹살, 앞다리살 등 어느 부위를 넣어도 좋지만, 기름기가 있는 부위를 넣으면 더 맛있다. 김치찌개는 오래 끓이면 김치가 푹 익어 깊은 맛이 나고, 10분 정도 끓이면 개운한 맛이 난다. 끓이는 시간은 기호에 따라 조절한다.

통조림 참치를 이용한 김치찌개로, 김치의 얼큰한 맛과 참치의 고소한 맛이 어울리게 끓인다. 신김치를 써야 찌개맛이 깊고, 참치통조림에 남아있는 기름을 함께 넣어야 참치맛이 진하게 우러난다. 김치가 숨이 죽을 정도로만 익혀야 맛이 좋다.

참치김치찌개

재료 (2인분)

참치캔	⅓캔(75g)
신김치	150g
두부	100g
양파	100g
대파	30g
풋고추	10g
설탕	½큰술
간 마늘	1큰술
굵은 고춧가루	2큰술
국간장	2큰술
쌀뜨물	2컵(약360ml)

1 두부는 3×4cm 크기, 1cm 두께로 썬다.

2 양파는 굵게 채 썰고, 대파와 풋고추는 어슷하게 썬다.

3 냄비에 김치와 두부, 양파, 대파, 풋고추를 돌려담고 가운데 참치살을 넣는다.

4 가장자리로 쌀뜨물을 붓고, 굵은 고춧가루, 간 마늘, 국간장, 설탕을 넣는다. 불에 올려 10분 정도 끓인다.

백종원의 Tip

김치찌개는 김치와 함께 들어가는 재료에 따라 다양한 맛을 낼 수 있다. 참치캔 대신에 꽁치나 고등어 통조림, 통조림 햄 등을 넣어도 별미 김치찌개가 된다. 채소는 양파 외에도 버섯, 무, 호박 등을 넣어도 좋다.
김치찌개에 고춧가루를 넣어 매운맛을 더하는데, 고춧가루의 양은 기호에 맞게 넣으면 된다. 김치를 식용유와 참치기름에 볶다가 채소를 넣고 물을 부어 끓이면 찌개를 끓이는 시간을 줄일 수 있다.

육개장은 여름철에는 땀을 흘리며 먹는 보양식이고, 겨울에는 몸을 따뜻하게 데워주는 영양식이다.
소고기를 삶아 낸 국물에 소고기와 고사리, 숙주, 대파 등을 넣어 얼큰하게 끓이는데, 건더기가 많은
것이 특징이다.

육개장

재료 (2인분)

소고기(양지)········ 120g(물 1.5L)
고사리 ························· 60g
대파···························· 160g
숙주···························· 140g
참기름 ······················ 2큰술
식용유 ······················ 1큰술
굵은 고춧가루 ·········· 1½큰술
간 마늘 ······················ 1큰술
국간장 ······················ 3큰술
후춧가루······················· 약간
꽃소금························· 적당량
달걀 ···························· 1개

1
소고기에 물을 붓고 중불로 45~50분 끓여 고기를 삶는다. 삶은 고기는 건져 식히고, 국물은 따로 놓아둔다.

2
삶은 소고기는 먹기 좋은 크기로 얇게 썰거나 잘게 찢는다.

3
고사리는 불린 것으로 준비해 깨끗이 씻어 물기를 짠다. 지저분한 것을 떼어내고 4~5cm 길이로 썬다.

4
대파는 반 갈라 4~5cm 길이로 썰고, 숙주는 씻어 물기를 뺀다.

5
달군 냄비에 참기름과 식용유를 두른다.

6
대파를 넣어 대파향이 기름에 배게 볶는다.

백종원의 **Tip**

육개장은 양을 넉넉하게 해서 끓여야 맛있고, 국물보다 건더기를 많이 해서 먹는 국이다.
소고기는 양지머리 외에도 사태를 쓰기고 하며, 소의 양이나 곱창을 넣기도 한다.
소고기를 삶을 때는 양파, 대파를 넣어 끓이면 국물이 한결 깔끔하며, 양이나 곱창을 넣으려면 기름기를 떼고 깨끗이 손질해 소고기와 함께 삶아 쓰면 된다.
간편하게 하려고 식용유와 참기름에 채소와 고춧가루를 볶아 얼큰한 맛을 내었지만, 소고기에 직접 고춧가루와 갖은 양념을 해서 소고기국물에 채소와 함께 넣고 끓이기도 한다.
소고기 대신 닭으로 국물을 내고, 닭살을 쓰면 닭개장이 된다.

육개장은 우리 고유의 잔치음식이기 때문에 대량으로 끓여야 맛이 좋다.
대량으로 끓일 때와 소량으로 집에서 끓일 때의 맛의 차이가 날 수밖에 없다.
대량으로 끓이면 각각 재료의 맛이 어울려 더욱 구수하고 진한 육개장 본연의 맛이 난다.

7 대파향이 나면 고사리와 숙주를 넣어 볶는다.

8 굵은 고춧가루를 넣는다.

9 굵은 고춧가루와 채소를 섞어가며 볶아 채소에 식용유와 굵은 고춧가루가 고루 묻게 한다.

10 볶던 재료에 ①의 소고기 삶은 국물을 붓는다.

11 ②의 소고기를 넣고 끓인다.

12 국물이 끓기 시작하면 간 마늘을 넣는다.

13 국간장을 넣어 간을 한다.

14 후춧가루를 뿌리고 꽃소금으로 간을 맞춘다.

15 달걀을 풀어놓았다가 육개장에 넣고 불을 끈다.

일품 메뉴 | 초대요리·술안주

일품요리는 밥상이 푸짐해지고 폼 나는 메뉴이다. 밥상에 자주 오르는 근사한 메뉴,
명절이나 손님초대에 빠지지 않는 메뉴, 술안주로도 인기 있는 메뉴를 소개한다.
다양한 재료가 들어가기 때문에 맛과 영양이 뛰어난 음식들이다.

대표적인 고기요리로 얇게 썬 소고기와 채소를 양념해 볶아 먹는 음식이다. 소고기를 얇게 썰어 양념에 재워 맛을 들이는 게 포인트. 손님초대 요리로도 푸짐한 일상 요리로도 인기가 많다.

불고기

재료 (4인분)

소고기(등심) ················500g
양파 ·······················120g
표고버섯 ····················30g
대파 ·······················30g
홍고추·······················10g
설탕························2½큰술
물엿·························1큰술
간 양파 ·············2큰술(20g)
간 마늘 ·····················1큰술
진간장·······················6큰술
후춧가루 ····················약간
참기름························3큰술

백종원의 **Tip**

불고기는 식탁에서 직접 구워
가며 먹으면 더 맛있다. 휴대
용 가스레인지에 팬이나 고기
굽는 불판을 올리고 불고기를
적당히 덜어놓고 볶아가면서
먹으면 된다.
불고기를 맛있게 구우려면 강
불에서 재빨리, 소고기는 완
전히 익고 채소는 살짝만 익
을 정도로 구워야 한다. 채소
가 너무 익으면 물이 생겨 질
퍽이게 된다.
불고기용은 소고기의 등심부
위를 쓰면 된다.

1 소고기는 불고깃감으로 얇게 썬 것으로 준비
해 설탕과 물엿을 넣는다.

2 소고기를 주물러 20분간 잰다.

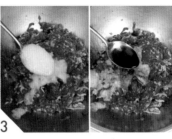

3 소고기에 간 양파와 간 마늘, 진간장, 후춧
가루를 넣는다.

4 다시 주물러 소고기에 양념이 스며들게 한
다. 이렇게 해야 소고기가 부드러워지고 양
념이 배어 맛이 좋아진다.

5 참기름 1큰술을 넣고 다시 한 번 주물러 10
분 정도 둔다.

6 양파는 굵게 채 썰고, 표고버섯은 얇게 썬다.
대파와 홍고추는 어슷하게 썬다.

7 소고기에 채소, 참기름 2큰술을 넣고 섞는다.

8 팬을 뜨겁게 달군 뒤 소고기와 채소를 넣고
볶는다.

찜은 고기나 생선, 채소 등에 갖은 양념을 하여 국물이 거의 없어지게 끓이는 음식이다. 소꼬리찜은 한국인이 특히 좋아하는 원기회복용 고급 보양요리로, 소꼬리와 채소가 어우러진 맛이 일품이다.

소꼬리 찜

재료(4인분)

소꼬리·······················1kg
무 ···························200g
당근 ·························90g
표고버섯 ···················40g
양파 ·············100g(+양파 1개)
마늘 ·················20개(100g)
대추·················5개(15g)
대파 ·············100g(+대파 1대)
생강 ·························30g
청양고추 ·····················20g
홍고추 ·······················20g
은행 ·······················5개(8g)
밤 ·······················4개(40g)
진간장 ·················1컵(약180ml)
설탕 ·····················1컵(140g)
통깨 ·························약간
후춧가루 ·····················약간
물·················11½컵(2,070ml)

백종원의 Tip

소꼬리찜은 오랜 시간 찜을 하기 때문에 채소가 너무 익어 부서지기 쉽다. 무와 당근은 모서리를 둥글게 다듬는다. 이렇게 하면 찜을 하는 동안 가장자리가 부서져 찜이 지저분해지는 것을 막을 수 있다.

1
소꼬리는 깨끗이 씻은 뒤 물에 2시간 정도 담가 핏물을 뺀다. 핏물을 빼야 찜이 깔끔하게 되고 양념이 잘 밴다.

3
소꼬리는 팔팔 끓는 물에 넣고 3~5분 정도 삶은 뒤 체로 건져 찬물에 헹군다. 소꼬리를 미리 삶아야 누린내가 나지 않는다.

5
소꼬리찜이 끓기 시작해서 30분 정도 지나면 생강을 건지고, 1시간 지나면 대파를 건진다.

7
밤이 반쯤 익으면 나머지 채소(양파, 대파, 청양고추, 홍고추, 은행)를 넣는다.

2
무는 3cm 두께의 삼각형으로 썰고, 당근도 3cm 두께로 썬다. 표고버섯과 양파는 6등분한다. 대파, 청양고추와 홍고추는 큼직하게 토막내고 생강은 얇게 썬다.

4
냄비에 소꼬리를 담고 생강과 양파 1개, 남은 대파 1대를 넣고 진간장, 설탕, 후춧가루, 물을 넣어 끓이기 시작한다.

6
무, 당근, 표고버섯, 마늘, 밤, 대추를 넣고 끓인다. 이때 불은 중불로 줄인다.

8
채소가 반쯤 익으면 통깨를 섞고 불은 끈다. ④의 과정부터 완성까지 1시간 40분 정도 걸린다.

명절날이면 빠지지 않고 상에 오르는 음식이 탕평채다. 탕평채는 '어느 한쪽으로 치우침 없이 고르다' 는 뜻을 지닌 '탕탕평평'에서 유래한 이름으로, 흰색, 검은색, 초록색, 붉은색, 황색의 5가지 색의 재료가 골고루 들어가며 이는 오복을 상징한다.

탕평채

재료(4인분)

청포묵 ···················1모(380g)
소고기 ···················80g
(진간장 3큰술+간 마늘 ⅔큰술+
설탕 1½큰술+후춧가루 약간)
미나리 ···················25g(4줄기)
당근 ···················40g
달걀···················2개
생김···················1장
깨소금 ···················⅓큰술
참기름 ···················½큰술

백종원의 Tip

청포묵은 녹두로 만든 묵으로
구입하면 굳어 있어서 데쳐서
사용해야 한다. 끓는 물에 넣
고 묵의 가장자리가 반투명이
될 정도로 3~5분 정도 데친
뒤 찬물에 헹궈 물기를 빼고
채 썬다.
묵이 말랑말랑해서 써는 것
이 어렵다면 미리 채 썬 뒤
끓는 물에 데쳐 찬물에 헹군
뒤 체에 밭쳐 물기를 빼고
써도 된다.

1
당근은 4~5cm 길이로 가늘게 채 썬다.

2
미나리는 잎을 떼고 줄기만 끓는 물에
10~20초간 넣었다가 찬물에 헹군 뒤 물기
를 꼭 짜고 4~5cm 길이로 썬다.

3
달걀은 흰자와 노른자로 나눠 얇게 지단을
부친다. 지단이 완전히 식으면 4~5cm 길이
로 가늘게 채 썬다.

4
김은 구운 뒤 비닐봉지에 넣고 잘게 부순다.

5
소고기는 5~6cm 길이로 가늘게 채 썬 뒤
팬에 넣고 진간장, 간 마늘, 설탕, 후춧가루
를 넣어 볶는다.

6
청포묵은 끓는 물에 넣어 5분간 데친 뒤 찬
물에 헹궈 굵게 채 썬다.

7
넓은 그릇에 청포묵, 당근, 미나리, 소고기를
담고 참기름을 넣는다.

8
청포묵이 부서지지 않게 섞은 뒤 그릇에 담
고 달걀지단, 부순 김, 깨소금을 고명으로 올
린다.

잡채는 잔칫상, 손님초대상 등 즐거운 날에 빠지지 않는 단골메뉴이다. 고구마 전분으로 만든 당면에
여러 가지 채소와 고기를 볶아 간장, 참기름 등으로 맛있게 섞어내는 음식이다. 여러 가지 재료가 들
어가 색감이 화려하고 풍미가 좋으며, 영양도 풍부하다.

잡채

재료 (4인분)

당면 ·······························300g
표고버섯 ······70g(식용유 2큰술)
당근 ···········70g(식용유 1큰술)
양파 ·······························150g
  (식용유 2큰술+후춧가루 약간)
대파 ·········80g(식용유 1큰술)
돼지고기 ····························130g
(식용유 2큰술+진간장 7큰술+간
마늘 2큰술+설탕 3큰술+캐러멜
⅓큰술+후춧가루 약간+참기름
1큰술)
시금치 ·····························120g
  (물 1.5L+꽃소금 ⅓큰술)
참기름·························2큰술
달걀지단 ···············1개 분량
통깨 ······························약간

1 미지근한 물에 당면을 담가 30~40분 정도 불린다.

2 표고버섯은 얇게 썰고, 당근과 양파는 채 썬다. 대파는 어슷하게 썬다.

3 표고버섯은 달군 팬에 식용유 2큰술을 두르고 볶는다.

4 당근은 식용유 1큰술을 두르고 살짝 볶는다. 대파도 식용유 1큰술을 두르고 같은 방법으로 볶는다.

5 양파는 식용유 2큰술을 두르고 후춧가루를 뿌려 반쯤 익게 볶는다.

6 돼지고기는 가늘게 채 썰어 식용유 3큰술을 두른 팬에 볶는다.

7 볶던 돼지고기에 진간장, 간 마늘, 설탕, 캐러멜, 후춧가루를 넣고 국물이 졸아들고 갈색이 나게 볶은 뒤 참기름 1큰술을 섞는다.

8 끓는 물에 꽃소금을 넣고 시금치를 넣어 20~30초만 데친 뒤 찬물에 헹궈 물기를 짜고 3등분한다.

9

볶은 채소는 접시에 담아 식히고, 볶은 돼지
고기는 국물과 함께 담아 놓고, 시금치도 준
비한다.

10

불린 당면은 끓는 물에 넣고 6분간 삶은
뒤 체에 밭쳐 물기를 뺀다. 삶은 당면은 찬
물에 헹구지 않으며, 식으면 먹기 좋게
3~4번 잘라준다.

11

넓은 그릇에 당면과 채소, 볶은 돼지고기를
담고 참기름을 넣고 섞는다.

12

당면과 채소가 섞이면 그릇에 담고 달걀지
단, 통깨를 올린다.

백종원의   **Tip**

잡채는 보통 돼지고기 밑간만 살짝 해서 볶은 뒤 나머지 재료와 함께 무칠 때, 간장과 참
기름 등의 양념을 넣는 것이 일반적이다. 여기에서는 돼지고기와 잡채에 필요한 양념을 모
두 넣고 조리듯이 볶아서 그것으로 잡채 전체의 양념이 되도록 했다.
돼지고기볶음을 할 때 보통 캐러멜로 색을 낸다.

낙지볶음은 매운맛을 좋아하는 사람들이 즐겨먹는 요리로, 술안주로, 푸짐한 반찬으로 인기가 많다.
특히 낙지는 칼로리가 낮으면서 스태미너에 좋고, 콜레스테롤을 억제하는 건강식품인데, 채소를 더
해서 영양적으로도 훌륭한 요리이다.

낙지볶음

재료 (4인분)

낙지	500g
주키니 호박(또는 애호박)	140g
당근	60g
양파	140g
대파	120g
청양고추	40g
식용유	4큰술
간 마늘	2큰술
진간장	10큰술
설탕	4큰술
굵은 고춧가루	3큰술
고추장	1큰술
후춧가루	약간
물	½컵(약60ml)
참기름	2큰술

백종원의 Tip

낙지는 손질이 중요하다. 우선 머리를 조심스럽게 뒤집어 먹물주머니와 내장을 떼어낸다. 그릇에 담고 소금을 2~3큰술 뿌리고 거품이 일지 않을 때까지 바락바락 주물러 씻고, 다리를 훑어내려 빨판의 불순물까지 씻어낸다.
그런 다음 찬물에 여러 번 헹군다. 손질할 때 소금 대신 밀가루를 넣고 주물러 씻어도 된다.

1 호박, 당근은 반달 모양으로 얇게 썰고, 양파는 3×3cm 크기로 썬다. 대파는 3cm 길이로 토막내고, 청양고추는 굵게 토막낸다.

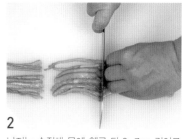

2 낙지는 손질해 물에 헹군 뒤 6~7cm 길이로 썬다.

3 팬을 불에 올리고 식용유, 간 마늘을 넣어 볶아준다. 마늘향이 식용유에 배야 더 맛있는 낙지볶음을 할 수 있다.

4 마늘향이 나면 진간장, 설탕, 굵은 고춧가루, 고추장, 후춧가루, 물을 넣는다.

5 양념이 타지 않도록 중불에서 섞어가며 끓인다.

6 양념에 호박, 당근, 양파, 대파, 청양고추를 모두 넣고 재빨리 섞는다.

7 낙지를 넣고 강불에서 빨리 볶는다. 오래 볶으면 채소가 익어 물이 나오고 낙지가 질겨지므로 낙지가 익을 정도로만 볶는다.

8 낙지가 익으면 참기름을 섞고 불을 끈다.

도토리묵에 여러 가지 채소를 넣고 고춧가루, 설탕 등을 넣어 맵고, 단맛이 나게 섞어주는 요리다. 묵은
칼로리가 낮으면서 포만감을 주어 다이어트에도 좋고, 반찬이나 술안주로도 인기가 많다.

도토리묵무침

재료(4인분)

도토리묵 ·················	1모(410g)
오이 ····················	80g
실파 ····················	18g
풋고추 ··················	10g
홍고추 ··················	10g
상추 ····················	20g
쑥갓 ····················	18g
깻잎 ····················	4g
간 마늘 ·················	1큰술
진간장 ··················	5큰술
설탕 ····················	1큰술
굵은 고춧가루 ··········	1큰술
깨소금 ··················	1큰술
참기름 ··················	2큰술

백종원의 Tip

도토리묵무침은 차게 먹는 음식이지만, 묵이 너무 단단하게 굳었으면 끓는 물에 살짝 데쳐 말랑해지면 찬물에 헹궈서 썬다.
도토리묵을 무칠 때는 식초를 넣어야 묵의 떫은 맛이 나지 않는다. 무칠 때는 양념장에 단단한 채소를 먼저 무친 뒤 부드러운 묵과 잎채소를 넣어 가볍게 버무려야 묵도 채소도 으깨지지 않는다.

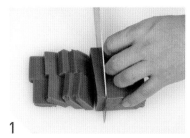

1 도토리묵은 길게 반으로 썰어 다시 4×5cm 크기, 1cm 두께로 썬다.

2 오이는 길게 반 갈라 얇게 썰고, 실파는 4cm 길이로 썰고, 고추는 어슷하게 썬다. 상추, 쑥갓, 깻잎은 2cm 폭으로 썬다.

3 넓은 볼에 간 마늘, 진간장, 설탕, 굵은 고춧가루, 깨소금을 담고, 섞어 양념장을 만든다.

4 양념장에 오이, 실파, 고추를 넣는다.

5 채소와 양념을 섞어서 채소에 양념이 묻게 한다.

6 도토리묵과 상추, 쑥갓, 깻잎을 넣고 참기름을 넣는다.

7 도토리묵과 채소가 으깨지지 않게 섞는다.

두부김치는 김치와 돼지고기를 맵게 볶아 따뜻한 두부와 함께 먹는 요리인데, 매운맛과 담백한 맛이 잘 어울려 술안주로 인기가 많다. 돼지고기는 기름기가 많은 삼겹살이나 목살을 써서 김치에 돼지기름이 배게 볶아야 맛있다.

두부김치

재료 (2인분)

두부	240g
신김치	330g
돼지고기(삼겹살)	160g
양파	100g
대파	50g
풋고추	1개
홍고추	½개
간 마늘	1큰술
진간장	3큰술
식용유	3큰술
굵은 고춧가루	1큰술
참기름	1½큰술
설탕	1½큰술
후춧가루	약간

백종원의 Tip

두부김치는 따뜻하게 먹는 요리이다. 두부는 끓는 물에 삶기도 하지만, 납작하게 썰어 팬에 식용유를 두르고 부치면 더 고소하다. 두부를 부칠 때는 키친타월에 두부를 올려 물기를 뺀 뒤 지져주면 기름이 튀지 않는다.

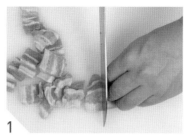

1 삼겹살은 3~4cm 크기, 0.5cm 두께로 썬다.

2 김치는 속을 털고 3cm 폭으로 썰고, 양파는 1cm 폭으로 채 썰고, 대파와 고추는 어슷하게 썬다.

3 팬에 식용유를 두르고 삼겹살을 넣어 볶는다. 삼겹살이 하얗게 익고 기름이 배어나올 정도로 볶는다.

4 양파를 넣고 잠시 볶는다. 양파에 기름이 고루 묻게 볶으면 된다.

5 김치와 간 마늘, 진간장, 굵은 고춧가루, 설탕, 후춧가루를 넣고 강불에서 김치가 반쯤 익게 볶는다.

6 대파, 고추, 참기름을 넣고 섞은 후 잠시 더 볶다가 불을 끈다.

7 두부는 끓는 물에 넣어 3~5분 정도 삶아 건진다.

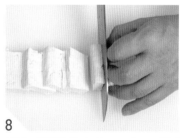

8 두부는 뜨거울 때 4×5cm 크기, 1cm 두께로 썰어 접시에 담고, 가운데 김치삼겹살볶음을 올린다.

서양의 샐러드가 우리의 입맛에 맞게 변형된 것이 감자샐러드다. 삶은 감자와 여러 가지 채소를 마요네즈에 무치는 것인데, 감자를 으깨서 만들기도 하고 주사위 모양으로 썰어 만들기도 한다.

감자샐러드

재료 (4인분)

감자	340g
오이	80g
(꽃소금 ⅔큰술)	
당근	30g
양파	30g
셀러리	15g
달걀	2개
마요네즈	120g
생크림	2큰술
설탕	1½큰술
백후춧가루	약간

1
오이는 길이로 반 갈라 반달모양으로 0.4cm 두께로 얇게 썬다.

2
오이에 꽃소금 ⅔큰술을 넣고 섞어서 40분 간 절인다.

3
오이가 절여지면 찬물에 헹궈 물기를 꼭 짠다.

4
당근, 양파, 셀러리는 작은 크기로 썬다. 키 친타월에 감싸서 물기를 뺀다.

5
달걀은 완숙으로 삶아 흰자와 노른자를 분리 한다. 흰자는 작은 크기로 썰고, 노른자는 따 로 둔다.

6
감자는 주사위 모양으로 썬다.

백종원의 Tip

감자샐러드를 할 때, 보통 마요네즈만 넣는데 생크림을 조금 넣어주면 고소한 맛이 좋아진 다. 마요네즈 대신 플레인요구르트를 넣으면 보다 상큼한 맛을 낼 수 있다. 감자샐러드는 채소에 수분이 있으면 나중에 물이 생기기 때문에 물기를 잘 빼주어야 한다. 키친타월에 채소를 올리고 감싸 수분을 빼주면 된다. 삶은 감자는 뜨거울 때 으깨야 잘 으깨지고, 으 깨면서 남은 수분이 날아간다.

감자샐러드를 만들 때, 채소 외에 사과, 단감, 귤이나 오렌지 등의 과일을 넣으면 감자 과일샐러드가 된다.

감자샐러드는 간식으로 먹기에도 좋고, 손님초대상에 입맛을 돋우는 반찬으로 내도 좋다.

또한 감자를 으깨고 채소를 곱게 썰어 만든 감자샐러드는 식빵이나 모닝빵 사이에 넣어 샌드위치를 만들면 최고의 간식이 되고, 피크닉 도시락이 되고, 간단한 한끼 식사가 된다.

7
끓는 물에 감자를 넣어 20분간 삶은 뒤 건진다.

8
삶은 감자는 체에 밭쳐 물기를 뺀다.

9
감자의 물기가 빠지면 뜨거울 때 넓은 그릇에 담는다.

10
감자는 숟가락으로 으깬다.

11
으깬 감자에 당근, 양파, 셀러리, 달걀흰자와 오이를 넣는다.

12
마요네즈와 생크림과 설탕, 백후춧가루를 넣는다.

13
으깬 감자와 채소, 양념을 섞는다.

14
감자샐러드가 완성되면 그릇에 담고 위에 달걀노른자를 체에 비벼 뿌린다.

전은 고기, 해물, 채소 등의 재료를 얇게 썰어 밀가루, 달걀을 묻혀 팬에 기름을 두르고 납작하게 지진 음식이다. 해물파전은 쪽파에 해물을 올려 부친 전으로 해산물이 풍부하고, 쪽파가 많이 재배되었던 부산에서 유래되어 동래파전이라고도 한다. 술안주로 인기가 많다.

해물파전

재료 (4인분)

쪽파 또는 실파 ·············	50g
(밀가루 ½큰술)	
풋고추 ·····················	10g
홍고추 ·····················	10g
오징어················	¼마리(75g)
새우살 ·····················	30g
굴 ·························	50g
조갯살 ·····················	30g
밀가루 ·····················	70g
꽃소금 ·····················	½큰술
설탕··························	½큰술
물 ···············	⅗컵(약120ml)
식용유 ·····················	6큰술
(처음 3큰술+중간 2큰술+마지막 1큰술)	
달걀 ·························	2개

1 파는 쪽파나 실파로 준비해 반으로 자르고, 풋고추와 홍고추는 동그랗고 얇게 썰어 씨를 턴다.

2 오징어는 가늘게 채 썰고, 새우살은 작은 새우 껍질 벗긴 것으로 준비하고, 굴과 조갯살은 소금물에 씻어 체에 밭쳐 물기를 뺀다.

3 밀가루에 꽃소금과 설탕을 넣고 섞는다. 밀가루에 미리 간을 해야 파전에 고르게 간이 된다.

4 밀가루에 물을 붓고 젓가락으로 저어 덩어리 없이 섞는다.

5 파를 접시에 나란히 놓고 밀가루를 뿌린다.

6 파에 밀가루를 묻힌다.

백종원의 Tip

파전은 식용유를 넉넉히 둘러 튀기듯이 부쳐야 맛있다. 처음, 중간, 뒤집으면서 식용유를 추가로 둘러주도록 한다. 불은 처음에는 강불로 팬을 달군 뒤 밀가루를 올릴 때부터는 중간불로 줄여준다. 파전은 자주 뒤집으면 부서지고 바삭한 맛이 떨어진다. 처음에 아랫면을 거의 다 익힌 뒤 뒤집어서 해물을 익히고, 다시 한 번 뒤집어 아랫면이 노릇노릇 익기 시작할 때 꺼내면 된다.

백종원의 **Tip**

해물파전에 넣는 해물은 지역
마다 계절마다 다른 제철 해
물을 사용해도 무방하다.
홍합살이나 낙지를 올리기도
한다.
반죽을 할 때 밀가루 대신 부
침가루를 쓰면 더 바삭한 파
전을 즐길 수 있다.

7
팬을 불에 올리고 식용유 3큰술을 둘러 달
군 뒤, 밀가루반죽을 ⅔정도 넣고 얇게 편다.

8
밀가루반죽 위에 파를 나란히 올린다.

9
파 위에 해물(오징어, 새우살, 굴, 조갯살)을
놓는다.

10
해물 위에 남은 밀가루반죽을 뿌리고 아랫면
을 익힌다.

11
파전을 익히는 동안 팬 가장자리로 식용유
2큰술을 더 둘러준다.

12
파전 가장자리가 익으면 달걀을 풀어놓았다
가 위에 뿌린다.

13
달걀 위에 풋고추와 홍고추를 놓는다.

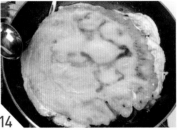

14
가장자리가 익으면 파전이 부서지지 않게 주
의하며 뒤집고, 팬 가장자리로 식용유 1큰술
을 더 두른다.

15
해물이 익으면 뒤집어 아랫면을 다시 한 번
익힌 뒤 꺼낸다.

김치전은 김치와 밀가루를 반죽해 부치는 전으로 간식과 술안주로 즐겨먹는 소박한 서민음식이다.
김치전을 부칠 때 기름기가 적당히 있는 돼지고기를 넣으면 고소한 맛이 배가 된다.

김치전

재료 (4인분)

신김치 ····························· 160g
양파 ································· 60g
대파 ································· 30g
청양고추 ························· 10g
돼지고기(목살) ·············· 40g
밀가루 ···························· 70g
간 마늘 ······················· ½큰술
꽃소금 ··························· 약간
설탕 ······························ 약간
물 ····················· ½컵(약90ml)
식용유 ···················· 5큰술
(처음 3큰술+중간 1큰술+마지
막 1큰술)

1
김치는 속을 털고 국물을 꼭 짠 뒤 1~2cm 길이로 썰고, 양파는 가늘게 채 썬다. 대파와 청양고추는 동그랗고 얇게 썬다.

2
돼지고기는 기름기가 적당히 있는 목살로 준비해 가늘게 채 썬다.

3
넓은 그릇에 밀가루를 담고 김치와 채소, 돼지고기를 넣고 간 마늘, 꽃소금, 설탕을 넣는다.

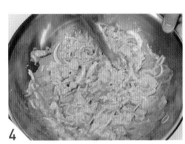

4
물을 붓고 고루 섞어 반죽을 한다.

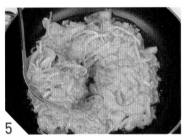

5
팬을 달군 뒤 식용유 3큰술을 두르고 반죽을 1~2국자 넣고 얇게 편다. 가장자리로 식용유 1큰술을 두르고 아랫면을 익힌다.

6
김치전 가장자리가 익기 시작하면 뒤집고 팬 가장자리로 식용유 1큰술을 두른다. 아랫면이 완전히 익으면 다시 한 번 뒤집어 익힌 뒤 꺼낸다.

백종원의 **Tip**

김치전은 빨간색이 유난히 고운데, 김치만으로 색을 내기는 부족하다. 밀가루에 김치와 돼지고기 등을 넣고 반죽을 할 때 고운 고춧가루 ½큰술을 넣으면 붉은색이 곱고 선명해 훨씬 먹음직스러운 김치전이 된다. 밀가루 대신 부침가루를 쓰면 더 바삭한 김치전을 부칠 수 있다.

봄부터 가을까지, 채소가 제철일 때 감자부터 고추까지 여러가지 채소를 넣어 부치는 별미전이다. 채소가 골고루 들어가 영양적으로도 훌륭하다. 간식과 반찬, 술안주로도 인기가 많으며, 특히 청양 고추를 빼면 매운맛이 덜해 아이들이 좋아한다.

야채전

재료 (4인분)

감자	30g
당근	15g
주키니 호박(또는 애호박)	50g
양파	40g
부추	25g
청양고추	10g
홍고추	10g
밀가루	100g
꽃소금	½큰술
설탕	½큰술
물	⅗컵(약120ml)
달걀	1개
식용유	5큰술

(처음 3큰술+중간 1큰술+마지막 1큰술)

1 감자와 당근, 호박, 양파는 4~5cm 길이로 가늘게 채 썬다. 부추도 4~5cm 길이로 썰고, 청양고추와 홍고추는 동그랗게 썰어 씨를 턴다.

2 넓은 볼에 밀가루와 꽃소금, 설탕, 물을 넣고 달걀을 풀어 넣는다.

3 밀가루에 채소를 모두 넣고 섞는다. 채소가 부서지지 않게 젓가락으로 섞는다.

4 팬에 식용유 3큰술을 두르고 채소반죽을 한 숟가락씩 떠놓고 앞뒤로 부친다. 중간에 식용유 1큰술을 두르고, 전을 뒤집으면 다시 1큰술을 두르며 부친다.

양념간장

재료 : 진간장 3큰술, 식초 1큰술, 0.3cm로 동그랗게 썬 대파 1큰술, 간 마늘 ½큰술, 굵은 고춧가루 ½큰술, 설탕 ½큰술, 통깨 ⅓큰술

재료들을 모두 섞어서 양념간장을 만든다. 전과 함께 내어 찍어 먹는다.

백종원의 Tip

야채전은 여러 가지 채소를 넣지만 한두 가지만 넣어도 별미다. 감자와 당근, 부추와 양파만 넣고 부치면 색깔도 곱고 맛도 좋다. 호박은 그 하나만 넣어도 별미다. 야채전은 제철에 나는 쉽게 구할 수 있는 채소를 이용해 만들면 된다.

달걀에 물을 섞어 뚝배기에 끓인 요리로 부드러운 식감이 있어 어린 아이나 노인들이 특히 좋아한다. 달걀찜은 밥반찬으로 인기가 많으며, 부드럽고 영양이 풍부해 술안주로도 잘 어울린다. 달걀찜을 할 때, 채소나 해물을 다져넣기도 한다.

달걀찜

재료 (2인분)

달걀 ·························· 2개
물 ····················· ½컵(약60ml)
대파 ························· 10g
새우젓····················· ½큰술
설탕 ······················ ½큰술
참기름 ····················· ½큰술

백종원의 **Tip**

달걀찜에 물 대신 멸치국물이
나 다시마 우린 물을 넣으면
더 맛있는 찜이 된다. 불조절
이 관건인데, 처음에는 강불에
올리고, 달걀물이 끓기 시작하
면 약하게 줄인다.
달걀찜을 하는 동안 뚝배기에
달걀이 눌어붙어 타지 않게
계속 저어주고, 대파를 넣은
뒤에는 불을 끄고 잠시 뚝배
기 뚜껑을 덮어두면 달걀찜이
부풀어 오른다. 달걀이 부풀어
올랐을 때 참기름을 올려 뜨
거울 때 먹으면 아주 맛있는
달걀찜을 즐길 수 있다.

1 새우젓은 잘게 다진다.

2 달걀은 뚝배기에 깨뜨려 넣고 젓가락으로 저
어 푼다.

3 달걀 푼 것에 새우젓과 설탕을 넣는다.

4 물을 붓고 달걀과 물이 잘 섞이게 저어준다.

5 뚝배기를 불에 올리고 달걀이 뚝배기 바닥과
가장자리에 눌어붙지 않도록 숟가락으로 저
어가며 끓인다.

6 끓어오르면 중불로 줄이고, 달걀이 반쯤 익
으면 대파를 넣는다. 대파는 얇고 동그랗게
썰어 넣어야 빨리 익는다.

7 다시 숟가락으로 가장자리와 바닥을 긁어가
며 중불로 끓인다.

8 달걀이 거의 다 익으면 불을 끄고 참기름을
넣는다.

PART 4

반찬 메뉴

밥상에 가장 자주 오르고, 즐겨먹는 반찬을 모았다.
반찬은 크게 나물을 데치거나 생으로 양념해 무치는
무침반찬, 재료를 기름에 볶는 볶음반찬, 재료에 양념
과 물을 넣고 국물이 거의 졸아들 때까지 조리는 조림
반찬으로 나뉜다.
반찬은 한 번에 넉넉하게 만들어 두고 먹는 것이 좋다.

오징어와 채소를 매운 양념에 볶아내는 요리로 입맛 돋우는 데 그만이다. 반찬으로도 좋지만 푸짐하게 만들면 술안주로도 인기가 많고, 밥 위에 오징어볶음을 올리면 근사한 오징어덮밥이 된다.

백종원의 Tip

오징어를 끓는 물에 살짝 데치면 볶는 동안 물이 덜 생긴다. 양념은 미리 충분히 볶고, 오징어를 넣으면 재빨리 양념과 섞어 가며 채소와 함께 살짝만 익혀야 물이 생기지 않고 씹는 질감도 좋다.

오징어볶음

재료

오징어	2마리
주키니 호박(또는 애호박)	140g
당근	60g
양파	140g
대파	120g
청양고추	40g
식용유	4큰술
간 마늘	2큰술
굵은 고춧가루	3큰술
진간장	10큰술
설탕	4큰술
고추장	1큰술
후춧가루	약간
참기름	2큰술
통깨	약간

1
양파는 1cm 폭으로 채 썰고, 호박과 당근은 반으로 가른 뒤 양파 길이에 맞춰 얇게 썬다. 대파와 청양고추는 어슷하게 썬다.

2
오징어는 배를 갈라 내장을 빼내고 깨끗이 씻는다. 다리를 훑어가며 빨판 속의 이물질을 빼낸다.

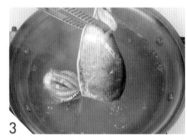

3
끓는 물에 오징어를 넣어 2~3분 정도 삶아 건진다.

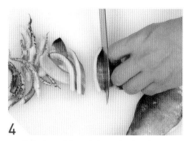

4
오징어의 몸통은 길이로 반 썬 뒤 1~2cm 폭으로 채 썰고, 다리도 길이를 맞춰 썬다.

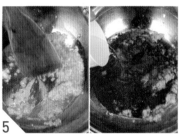

5
달군 팬에 식용유, 간 마늘을 넣어 볶다가 굵은 고춧가루, 진간장, 설탕, 고추장, 후춧가루를 넣고 섞어가며 끓인다.

6
양념이 끓으면 데친 오징어를 넣고 양념과 섞는다.

7
오징어에 양파, 호박, 당근, 청양고추를 넣고 볶는다.

8
채소에 양념이 묻고 반쯤 익을 정도로 강불에서 빨리 볶는다.

9
대파를 넣고 참기름을 섞은 뒤 불에서 내린다. 그릇에 담고 통깨를 뿌린다.

달걀에 여러가지 채소를 넣고 넓게 부치다가 돌돌 말아 익히는 달걀말이는 아이들이 가장 좋아하는 반찬이며, 특히 도시락반찬으로 인기가 많다. 달걀말이에 토마토케첩을 뿌려먹기도 하며, 술안주로도 사랑받는 메뉴이다.

달걀말이

재료

달걀 ·············	5개
대파 ·············	30g
양파 ·············	30g
당근 ·············	20g
꽃소금 ···········	$\frac{1}{6}$ 큰술
설탕 ·············	약간
식용유 ···········	3큰술

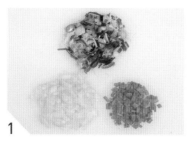

1
당근, 양파, 대파는 작은 크기로 다지듯이 잘게 썬다.

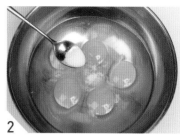

2
그릇에 달걀을 깨뜨려 담고 꽃소금과 설탕을 넣는다.

3
젓가락으로 저어 달걀을 푼다.

4
달걀에 채소를 넣고 섞는다.

5
사각팬에 식용유를 두르고 달군 뒤 불을 약하게 줄인 다음 ④의 달걀물을 반쯤 붓는다.

6
달걀물을 넓고 고르게 펼쳐 익힌다.

백종원의 Tip

달걀말이를 예쁘게 하려면 불조절과 식용유가 관건. 불은 팬을 뜨겁게 달군 뒤에는 약하게 줄여야 모양이 고르게 되고, 은근히 익혀야 한다. 강불에 달걀물을 부으면 갑자기 딱딱하게 익고 구멍이 생기기 쉽다.
또 식용유를 너무 많이 두르면 표면이 울퉁불퉁하고 얼룩덜룩해지므로 식용유를 두르고 고르게 편 뒤 키친타월을 이용해 살짝 닦아주면 좋다.

달걀은 거품기를 이용해 풀면 거품이 생기는데, 거품이 생기면 달걀말이의 표면이 울퉁불퉁해진다. 달걀은 젓가락으로 풀고, 식초 1~2방울 넣으면 멍울과 알끈이 잘 풀어진다.
또 풀어진 달걀을 고운체에 내리면 알끈이 제거되고 달걀말이가 더 부드럽게 된다. 달걀을 푼 뒤 채소와 함께 물이나 다시마 우린 물을 $\frac{1}{3}$컵(60㎖ 정도) 넣으면 달걀말이가 부드러워지고, 우유를 넣어주면 부드럽고 폭신한 질감을 낼 수 있다.

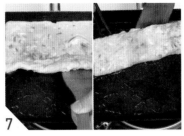 

7 달걀의 가장자리가 익고 윗면이 마르기 시작하면 $\frac{1}{3}$크기로 말아준다.

8 달걀말이를 다시 뒤집어 팬 앞으로 밀어놓고 빈자리에 식용유를 두른다.

9 남은 달걀물을 빈자리에 붓는다.

10 새로 부은 달걀물을 먼저 말아놓은 달걀말이와 이어지게 고르게 편다.

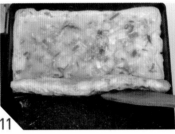 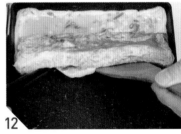

11 달걀의 가장자리가 익고 윗면이 마르기 시작하면 먼저 말아놓은 달걀말이와 함께 다시 말아준다.

12 달걀말이를 다시 한 번 만다. 말이를 할 때는 뒤집개와 젓가락을 이용해 양손으로 말면 잘 말아진다.

13 달걀말이는 살짝 눌러 모양을 잡고 뒤집어가며 속까지 완전히 익힌다.

14 완전히 식으면 칼을 눕혀 비스듬히 썬다.

삶은 감자와 여러 가지 채소를 마요네즈에 버무려 먹는 대표적인 한국식 샐러드이다. 감자를 으깨서 만들기도 하는데, 주사위 모양으로 썰어 만들면 씹는 질감이 좋아 반찬과 간식으로도 즐길 수 있다.

채소마요네즈샐러드

재료

감자	340g
오이	100g(꽃소금 ½큰술)
당근	50g
양파	30g
셀러리	25g
사과	70g
햄	50g
설탕	1½큰술
백후춧가루	약간
마요네즈	120g
생크림	2큰술
식초	1½큰술

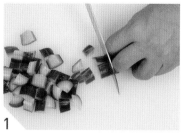

1 오이는 길이로 4등분한 뒤 1.5cm 길이로 썬다.

2 오이에 꽃소금을 뿌린다.

3 오이와 꽃소금을 섞어 40분간 절인다.

4 절인 오이는 물에 헹군 뒤 물기를 꼭 짠다.

5 오이를 절이는 동안 당근과 양파는 1.5cm 크기로 썬다. 셀러리는 1cm 작은 크기로 썬다.

6 사과와 햄도 1.5cm 크기로 썬다.

백종원의 Tip

샐러드를 만들 때 채소와 과일에 물기가 묻어있으면, 마요네즈에 버무렸을 때 물이 흘러 식감이 떨어진다. 썰어놓은 재료는 거즈나 키친타월에 감싸 물기를 닦아주면 된다. 더 맛있게 하려면 사과, 단감, 키위, 방울토마토 등의 과일이나 맛살, 완두콩, 땅콩, 건포도 등의 재료를 준비되는 대로 골고루 넣어주면 된다.

백종원의 **Tip**

감자샐러드는 감자와 채소가 골고루 들어있어 한 끼 식사로 든든하고, 식사 전에 입맛을 돋우는 반찬으로도 잘 어울린다.

식초는 새콤한 맛을 위해, 생크림은 고소한 맛을 위해 넣는다. 마요네즈 대신 플레인요구르트를 넣으면 칼로리도 줄이고 상큼한 맛이 좋다.

7

감자는 껍질을 벗긴 뒤 다른 채소와 같은 크기로 깍뚝 썬다.

8

끓는 물에 감자를 넣어 10분간 삶아 건진다. 감자는 너무 오래 삶으면 부서지므로 익을 정도로만 삶아야 한다.

9

삶은 감자는 체에 담아 물기를 뺀다.

10

넓은 그릇에 삶은 감자, 절인 오이, 당근, 양파, 셀러리, 사과, 햄을 담는다.

11

샐러드 재료에 설탕, 백후춧가루를 뿌린다.

12

마요네즈, 생크림, 식초를 넣는다.

13

채소와 양념을 섞는다.

시금치무침은 데쳐서 간장과 참기름에 무친 것으로 밥상에 자주 오르는 반찬 중 한가지다. 시금치는 단맛과 풋풋한 맛이 있고, 비타민과 엽산 등이 풍부한 영양반찬이다.

시금치무침

재료

시금치 ⋯ 300g(꽃소금 ½큰술)
대파 ⋯⋯⋯⋯⋯⋯⋯⋯ 30g
진간장 ⋯⋯⋯⋯⋯⋯ 1큰술
간 마늘 ⋯⋯⋯⋯⋯⋯ ½큰술
꽃소금⋯⋯⋯⋯⋯⋯ ⅓큰술
참기름 ⋯⋯⋯⋯⋯⋯ 1½큰술
통깨⋯⋯⋯⋯⋯⋯⋯ ⅓큰술

1 시금치는 뿌리 끝을 깨끗이 다듬고 포기를 반으로 나눈다.

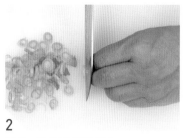

2 대파는 동그랗고 얇게 썬다.

3 넉넉한 양의 물을 끓인 뒤 꽃소금 ½큰술을 넣고, 시금치를 넣어 1분 정도 삶는다. 오래 삶으면 질겨지므로 숨이 죽을 정도로만 삶아야 한다.

4 시금치는 빨리 건져 찬물에 헹군다. 두세 번 찬물에 헹궈 물기를 가볍게 짠다. 꼭 짜면 수분이 모두 빠져나와 맛이 없어진다.

5 시금치는 뭉친 것을 풀어준다. 이렇게 해야 무칠 때 양념이 잘 묻는다.

6 시금치에 대파, 진간장, 꽃소금, 간 마늘을 넣는다.

백종원의 **Tip**

시금치는 데칠 때 소금을 넣고 데쳐야 푸른색이 선명해지고, 숨이 죽으면 바로 찬물에 건져 헹궈야 질감이 좋다. 시금치를 너무 오래 삶으면 흐물거리고 영양분이 다 빠져나간다. 물기를 짤 때도 살포시 짜야 특유의 맛과 질감을 살릴 수 있다.

7 시금치에 양념이 잘 묻게 손으로 섞는다.

8 시금치무침에 참기름과 통깨를 넣고 다시 한 번 섞는다.

콩나물무침은 콩에 물을 주어 뿌리를 키운 콩나물을 삶아서 양념으로 무친 반찬이다. 콩나물무침은 가격이 저렴하면서 비타민 등 영양이 풍부해 밥상에 빠지지 않을 정도로 인기가 많은 서민 반찬이다.

콩나물무침

재료

콩나물 … 300g(꽃소금 $\frac{1}{2}$큰술)	
쪽파 …………………………… 25g	
당근 …………………………… 25g	
국간장 …………………… $\frac{1}{2}$큰술	
간 마늘 ………………… $\frac{1}{2}$큰술	
꽃소금 ………………… $\frac{2}{3}$큰술	
설탕 …………………… $\frac{1}{6}$큰술	
참기름 ………………… $1\frac{1}{2}$큰술	
통깨 …………………… $\frac{1}{3}$큰술	

1 콩나물은 뿌리 끝을 자르고 깨끗이 씻는다.

2 쪽파는 4~5cm 길이로 썰고, 당근은 쪽파 길이에 맞춰 가늘게 채 썬다.

3 넉넉한 양의 물을 끓이다가 꽃소금 $\frac{1}{2}$큰술. 콩나물을 넣고 콩 익은 냄새가 날 때까지 4~5분 정도 삶는다.

4 삶은 콩나물은 찬물에 건져 헹군 뒤 체에 받쳐 물기를 뺀다. 콩나물은 물기를 짜내면 질겨지므로 체에 받쳐 물기를 빼야 한다.

5 콩나물 물기를 짠 뒤 그릇에 담고 쪽파와 당근을 넣는다.

6 콩나물에 국간장, 간 마늘, 꽃소금, 설탕을 넣는다.

7 콩나물과 채소, 양념을 섞는다.

8 콩나물무침에 참기름을 넣고 섞는다.

9 통깨를 뿌리고 섞어 완성한다.

콩나물무침을 할 때 고춧가루를 넣어 매콤한 맛을 더한 것이 매운콩나물무침이다. 매운맛을 좋아하는 사람들을 위한 반찬이며, 매운콩나물무침은 붉은색을 띠기 때문에 당근을 넣지 않는다.

매운콩나물무침

재료

콩나물 … 300g(꽃소금 $\frac{1}{2}$큰술)
쪽파 ································ 25g
간 마늘 ······················ $\frac{1}{2}$큰술
굵은 고춧가루 ··········· 1큰술
진간장 ························ 2큰술
꽃소금······················· $\frac{5}{6}$큰술
설탕······························ $\frac{1}{6}$큰술
참기름 ······················· 1$\frac{1}{2}$큰술
통깨····························· $\frac{1}{3}$큰술

백종원의 Tip

콩나물을 삶을 때는 끓는 물에 소금과 함께 넣고 뚜껑을 열고 삶아야 콩 비린내가 나지 않는다.
콩나물은 너무 삶으면 질겨지므로 4~5분 정도만 삶아서 바로 찬물에 헹군 뒤 체에 밭쳐 물기를 뺀다.
따뜻한 콩나물무침을 하려면 찬물에 헹구지 말고 바로 체에 밭쳐 물기를 뺀다.

1 콩나물은 뿌리 끝을 자르고 깨끗이 씻는다.

2 쪽파는 작은 크기로 동그랗게 썬다.

3 넉넉한 양의 물을 끓이다가 꽃소금 $\frac{1}{2}$큰술, 콩나물을 넣고 4~5분 정도 삶는다.

4 삶은 콩나물은 찬물에 건져 헹군 뒤 체에 밭쳐 물기를 뺀다.

5 콩나물 물기를 짠 뒤 쪽파와 그릇에 담고 간 마늘을 넣는다.

6 콩나물에 굵은 고춧가루, 진간장, 꽃소금, 설탕을 넣는다.

7 콩나물에 양념이 고루 묻게 섞는다.

8 콩나물무침에 참기름과 통깨를 넣고 다시 한 번 섞는다.

고사리는 산에서 흔하게 자라는 채소로 씹을수록 고소한 맛이 일품이다. 고사리는 들기름에 볶다가
쌀뜨물을 붓고 다시 부드럽게 볶아지면 국간장으로 간을 해야 깊은 맛이 난다.

고사리볶음

재료

고사리	200g
대파	20g
쌀뜨물	½컵(약90ml)
들기름	2큰술
간 마늘	1큰술
국간장	2큰술
설탕	⅙큰술
꽃소금	⅙큰술
통깨	½큰술

백종원의 Tip

고사리는 말리면 오래 보관할 수 있기 때문에 말린 고사리가 유통된다.
말린 고사리는 물에 여러 번 헹궈 이물질과 먼지를 제거한 뒤 물에 담가 불린다. 부드럽게 불면 다시 끓는 물에 데친 뒤 찬물에 담가두어야 독성도 쓴맛도 빠진다.

1 고사리는 물에 불린 것으로 구입해 여러 번 씻어 물기를 짜고 6~7cm 길이로 썬다.

2 대파는 작은 크기로 동그랗게 썬다.

3 오목한 팬에 들기름, 간 마늘을 넣고 볶는다.

4 마늘향이 나면 고사리를 넣는다.

5 고사리에 기름향이 스며들게 볶는다.

6 쌀뜨물을 넣고 약불에서 볶는다. 쌀뜨물이 없다면 물을 붓고 볶아도 된다.

7 국간장, 설탕, 꽃소금을 넣고 섞어가며 볶는다. 냄비 뚜껑을 덮어 2~3분 정도 둔다.

8 대파와 통깨를 넣고, 섞어준 후 불을 끈다.

무를 채 썰어 고춧가루와 갖은 양념을 넣고 무친 반찬이다. 매콤하고 아삭하게 양념해서 입맛을 돋우는 데 그만이다. 고춧가루 양을 줄이고 식초를 넣어 무치면 새콤해서 고기요리와 잘 어울린다.

새콤달콤 무생채

무 생 채

재료

무	600g
대파	110g
굵은 고춧가루	2큰술
간 마늘	1큰술
간 생강	약간
멸치액젓	2큰술
설탕	2큰술
통깨	1큰술
꽃소금	1큰술

새콤달콤 무생채 재료

무	600g
식초	1컵(약180ml)
설탕	8큰술
고운 고춧가루	½큰술
꽃소금	1큰술

1 무는 장갑을 끼고 채칼을 이용해 채 썬다.

2 대파는 어슷하게 썬다.

3 채 썬 무에 굵은 고춧가루를 넣는다.

4 무와 굵은 고춧가루를 섞어 무에 붉은 고춧물을 들인다. 버무릴 때는 무채가 부서지지 않게 주의한다.

5 무채에 대파, 간 마늘, 간 생강, 멸치액젓, 설탕, 통깨, 꽃소금을 넣는다.

6 무채와 양념을 섞는다.

새콤달콤 무생채

1 채 썬 무에 식초, 설탕을 넣는다.

2 무채에 고운 고춧가루를 넣는다.

3 무채와 양념을 섞은 뒤 꽃소금을 넣고 섞는다.

오이를 막대모양으로 썰어 고춧가루와 식초 등의 양념으로 매콤하고 새콤하게 무친 반찬이다. 오이의 상큼한 향과 아삭한 맛이 한껏 느껴지며 밥반찬으로 인기가 많다. 도라지나 데친 오징어를 넣어 함께 무쳐도 별미다.

오이무침

재료

오이	440g
양파	120g
쪽파	40g
당근	30g
굵은 고춧가루	⅔큰술
간 마늘	1큰술
진간장	1큰술
설탕	1½큰술
꽃소금	1큰술
식초	4큰술
참기름	1큰술
통깨	⅓큰술

백종원의 Tip

오이는 겉면이 오돌도돌한데, 물에 담갔다가 소금을 뿌리고 문질러준 뒤 씻어야 이물질이나 농약 등이 깨끗이 제거된다.
막대모양으로 썬 오이에 소금 1큰술 정도 뿌려 30분 정도 절였다가 물기를 짜고 무쳐도 된다. 이때는 양념에서 소금은 빼야 간이 맞는다.

1
오이는 길게 반 썬 뒤, 다시 길게 반으로 썬다. 즉, 길이로 4등분한다.

2
오이는 다시 4~5cm 길이로 썬다.

3
당근은 4~5cm 길이 2cm 폭으로 얇게 썰고, 양파는 1cm 폭으로 채 썬다. 쪽파도 4~5cm 길이로 썬다.

4
오이에 채소를 넣고 섞는다.

5
굵은 고춧가루, 간 마늘, 진간장, 설탕, 꽃소금을 넣는다.

6
오이에 식초를 넣는다. 식초는 신맛을 내어 입맛을 좋게 한다.

7
오이와 채소, 양념을 섞는다.

8
통깨와 참기름을 넣고 다시 섞는다.

오이초무침을 해서 바로 먹을 때는 동그랗고 얇게 써는 게 좋다. 오이를 얇게 썰면 양념이 훨씬 잘 배고 오이향도 진하다. 매운맛이 부담스럽다면 고춧가루 양을 줄인다.

오이초무침

재료

오이	490g
대파	40g
굵은 고춧가루	2큰술
설탕	2큰술
진간장	1큰술
꽃소금	½큰술
식초	4큰술
통깨	⅓큰술

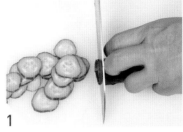

1 오이는 동그랗고 얇게 썬다.

2 대파는 동그랗게 썬다.

3 오이에 대파를 넣는다.

4 오이에 굵은 고춧가루, 설탕, 진간장, 꽃소금을 넣는다.

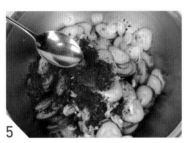

5 오이에 식초를 넣는다.

6 오이와 양념을 섞는다.

백종원의 Tip

오이무침을 더 맛있게 하려면 오이를 썰기 전에 식초 ½~1 큰술 정도를 넣은 찬물에 10분 정도 담가둔다. 오이의 아삭한 맛이 좋아진다.
식촛물에 담갔던 오이를 꺼내 송송 썰어 양념에 무친다. 또 오이를 무칠 때 양파를 곱게 채 썰어 넣으면 단맛과 매운맛이 더해진다.

7 오이에 양념이 붉게 묻도록 한다.

8 통깨를 뿌리고 다시 한 번 섞는다.

무말랭이는 무를 막대모양으로 썰어 햇볕에 바짝 말린 것이다. 무말랭이를 물에 담가 부드럽게 불려 고춧가루 등 갖은 양념을 넣고 무치면 입맛 돋우는 반찬이 된다. 무말랭이를 무칠 때는 고춧잎을 넣어야 맛있다.

무말랭이무침

재료

무말랭이	100g
마른 고춧잎	6g
고운 고춧가루	3큰술
물엿	5큰술
설탕	4큰술
멸치액젓	2큰술
간 마늘	1½큰술
꽃소금	1½큰술
통깨	1큰술

1 무말랭이는 미지근한 물에 담가 3시간 불리고, 마른 고춧잎은 미지근한 물에 담가 4시간 불린다.

2 무말랭이와 고춧잎은 물을 바꿔가며 2~3번 깨끗이 씻어 물기를 꼭 짠다.

3 넓은 볼에 무말랭이와 고춧잎을 담고, 뭉친 고춧잎을 풀어준다.

4 고운 고춧가루, 물엿, 설탕, 간 마늘, 꽃소금을 넣는다.

5 멸치액젓과 통깨를 넣는다.

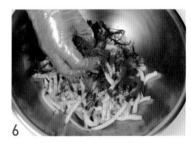

6 양념과 무말랭이를 주물러 섞는다.

백종원의 Tip

무말랭이무침을 할 때는 고춧가루 중에서 고운 것을 넣고 충분히 주물러줘야 무말랭이에 색이 곱게 든다.
또 물엿과 설탕을 넉넉히 넣어 달콤한 맛을 더해야 무말랭이의 매운맛과 잘 어울린다. 무말랭이무침은 1~2일 정도 두면 무말랭이가 양념을 흡수해 더 부드러워지고 깊은 맛이 난다.

7 무말랭이에 붉은 고춧물이 들면 밀폐용기에 담아 하루 정도 두었다가 먹는다.

어묵볶음은 예전에 인기 도시락 반찬이었다. 어묵은 '오뎅'이라고 하는 것으로, 생선살을 갈아서 기름에 튀겨낸 것이다. 어묵에 채소를 넣고 간장 등의 양념을 넣어 볶으면 부드럽고 간이 잘 맞아 어른 아이 모두 좋아하는 반찬이 된다.

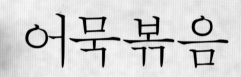

어묵볶음

재료

어묵 ························· 280g
양파 ························· 150g
당근 ························· 50g
대파 ························· 90g
식용유 ····················· 3큰술
간 마늘 ···················· 1큰술
진간장 ····················· 3큰술
설탕 ························· 1큰술
참기름 ····················· 1큰술
꽃소금 ···················· $\frac{1}{6}$큰술

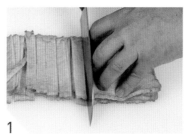

1
어묵은 1cm 폭으로 길게 썬다.

2
양파는 1cm 폭으로 채 썰고, 당근은 1cm 폭으로 얇게 썬다. 대파는 어슷하게 썬다.

3
팬에 식용유, 간 마늘을 넣어 볶는다.

4
마늘 볶던 것에 어묵과 양파, 당근을 넣고 섞어가며 볶는다.

5
진간장, 설탕, 꽃소금을 넣고 어묵과 섞어가며 볶는다.

6
어묵이 부드러워지고 채소가 반쯤 익으면 참기름, 대파를 넣고 섞은 뒤 불을 끈다.

백종원의 Tip

어묵은 기름에 튀겨내기 때문에 자칫 느끼할 수 있다. 썰어놓은 어묵을 체에 담고 팔팔 끓는 물을 끼얹으면 기름기와 불순물이 씻겨나가기 때문에 훨씬 깔끔하고 담백한 어묵볶음을 할 수 있다.
또 마늘을 먼저 볶아 향을 낸 뒤 어묵을 볶아야 마늘 맛과 향이 배어 더 맛있다.

어묵은 저렴한 재료로 부담 없이 먹을 수 있는 반찬이다. 어묵에 고춧가루를 넣어 매콤하게 볶는데,
감자를 넣으면 매운맛을 순화시켜 준다.

어묵감자볶음

재료

어묵 ························· 280g
감자 ························· 150g
양파 ························· 150g
대파 ························· 90g
식용유 ······················ 3큰술
간 마늘 ····················· 1큰술
진간장 ······················ 6큰술
설탕 ······················· 2½큰술
물 ······················· ⅓컵(약60ml)
고운 고춧가루 ··········· 1½큰술
참기름 ······················ 1큰술

백종원의 Tip

감자는 어묵보다 익는데 시간
이 걸리기 때문에 감자를 먼
저 볶다가 어느 정도 익으면
어묵을 넣는다.
또 볶음을 하다보면 감자와
어묵이 부드러워지기도 전에
타기 쉬운데, 물을 붓고 볶으
면 부드럽게 볶을 수 있다.

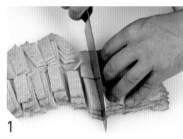

1 어묵은 길이를 반으로 썬 뒤, 1~1.5cm 폭으로 썬다.

2 감자는 껍질을 벗기고 4등분해서 어묵 두께로 얇게 썬다.

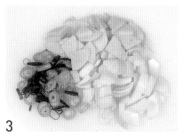

3 양파는 감자 크기로 썰고, 대파는 송송 썬다.

4 팬에 식용유, 간 마늘을 볶다가 감자를 넣어 볶는다.

5 감자가 익으면 어묵, 양파를 넣고 볶는다.

6 진간장, 설탕을 넣고 물을 부어 어묵이 부드러워지게 볶는다.

7 고운 고춧가루를 넣고 섞어가며 볶는다.

8 어묵에 대파와 참기름을 넣고 섞은 뒤 불을 끈다.

남녀노소 모두 좋아하는 반찬으로 잔멸치를 간장양념에 볶는 것이다. 멸치는 칼슘이 풍부해 특히 아이들 성장에 도움이 되며, 도시락 반찬으로도 인기가 많다. 멸치를 미리 볶아 수분을 날린 뒤 다시 식용유와 양념장에 볶아야 고소한 멸치볶음이 된다.

잔멸치볶음

재료

잔멸치	························	50g
풋고추	························	10g
식용유	························	2큰술
진간장	························	2큰술
물엿	························	1큰술
설탕	························	½큰술
참기름	························	1큰술
통깨	························	½큰술

1 식용유를 두르지 않고 팬에 잔멸치를 넣고 말린다는 느낌으로 2~3분 볶는다. 풋고추는 어슷하게 썬다.

2 볶은 멸치를 체에 담고 쳐서 멸치가루를 털어낸다.

3 팬을 깨끗이 닦은 뒤 식용유를 넣고 멸치를 넣어 볶는다.

4 볶은 멸치를 팬 한쪽으로 밀어놓고, 팬을 기울여 진간장, 물엿을 넣어 끓인다.

5 양념이 끓으면 풋고추를 넣고 끓인다.

6 풋고추와 양념이 끓으면 볶은 잔멸치와 섞어가며 볶는다.

7 멸치에 설탕, 통깨를 넣는다.

8 멸치와 설탕과 통깨를 섞어가며 볶는다.

9 멸치볶음에 참기름을 섞은 뒤 불을 끈다.

작은 멸치는 간장과 설탕으로 바삭하게 볶아 고소한 맛을 살리고, 큰 멸치는 고추장양념에 맵게 볶아야 비린내가 나지 않고 맛있다. 큰멸치는 머리와 내장을 떼고, 반 갈라주어야 양념이 속까지 잘 밴다.

멸치고추장볶음

재료

큰멸치	50g
식용유	2큰술
진간장	2큰술
고추장	½큰술
간 마늘	½큰술
설탕	1½큰술
물	2큰술
물엿	1큰술
참기름	1큰술
통깨	½큰술

1
멸치는 조금 큰 것으로 준비해 머리를 떼고 반 갈라 내장을 빼낸다.

2
식용유를 두르지 않은 팬에 멸치를 넣어 2~3분 볶아 멸치의 수분을 없앤다.

3
멸치를 체에 담고 쳐서 가루를 털어낸다.

4
팬을 깨끗이 닦은 뒤 식용유를 넣고 멸치를 넣어 볶는다.

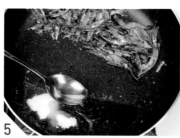

5
볶던 멸치를 팬 한쪽으로 몰아놓고, 팬을 기울여 진간장, 고추장, 간 마늘, 물, 설탕, 물엿을 넣는다.

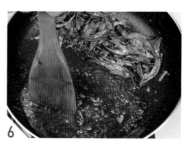

6
양념을 섞어가며 끓인다.

백종원의 Tip

큰 멸치는 머리와 내장을 떼고 볶아야 쓴맛이 나지 않는다.
멸치는 비린내가 나기 쉬운데, 팬에 식용유를 두르지 않고 잠깐 볶아 수분을 날려주어야 비린내가 나지 않는다.
양념을 한데 섞어 충분히 끓인 뒤 멸치와 섞어가며 재빨리 볶아야 타지 않는다.

7
멸치와 양념장을 섞어가며 볶는다.

8
멸치에 양념이 섞이면 참기름과 통깨를 섞는다. 멸치볶음은 접시에 담고 식힌다.

마른 새우는 특유의 고소한 감칠맛이 있어 아이들이 특히 좋아하는 반찬이다. 고추장양념에 볶으면 매콤하고 고소해서 밥과 함께 먹기 좋다. 마른 새우는 고추장을 빼고 간장과 설탕 등의 양념에만 볶아 도 맛있다.

마른새우볶음

재료

볶음용 마른 새우 ·········· 50g
식용유 ······················· 2큰술
진간장 ······················· 2큰술
고추장 ······················· 1큰술
물엿 ·························· 1큰술
간 마늘 ······················ ½큰술
설탕 ·························· 2큰술
참기름 ······················· 1큰술
통깨·························· ½큰술

1 마른 새우는 식용유를 두르지 않은 팬에 담고 2~3분 볶는다.

2 볶은 새우를 체에 담고 가루를 털어낸다.

3 팬을 깨끗이 씻은 뒤 식용유를 두르고 새우를 넣어 볶는다.

4 볶은 새우는 팬 한쪽으로 밀어놓고, 팬을 기울여 한쪽에 진간장, 고추장, 물엿, 간 마늘, 설탕을 넣는다.

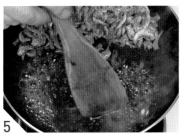

5 양념을 섞어가며 재빨리 끓인다.

6 새우와 양념을 섞어가며 빨리 볶는다. 오래 볶으면 타므로 중불로 빨리 섞어야 한다.

백종원의 Tip

마른 새우는 수염이나 다리 등이 말라붙어 있어 그대로 볶으면 지저분해지기 쉽다. 팬에 살짝 볶은 뒤 가루를 털고 볶아야 깔끔한 볶음이 된다. 새우에 양념을 넣고 그대로 볶으면 수분을 흡수해 바삭한 맛이 떨어지니 양념을 충분히 끓인 뒤 재빨리 섞어가며 볶아 새우의 바삭한 맛을 살린다.

7 새우볶음에 참기름과 통깨를 넣어 섞는다. 접시에 펼쳐놓고 식힌다.

장조림은 재료에 간장 맛이 배게 조리는 요리이다. 삶은 달걀에 간장맛이 충분히 배게 조리면서 마늘이나 꽈리고추를 넣어주면 식감이 좋아진다. 상에 낼 때는 달걀을 4등분으로 썰고 꽈리고추, 마늘과 함께 담아 조림장을 조금 끼얹는다.

달걀장조림

❶ 집밥메뉴 52

재료

달걀·························· 10개
(물 2.5L+꽃소금 1큰술+식초 2
큰술)
마늘·························· 100g
꽈리고추···················· 100g
물 ····················6컵(1,080ml)
진간장 ············· 2컵(약360ml)
설탕 ························ 8큰술
물엿 ························ 6큰술
캐러멜 ······················ 2큰술

백종원의 Tip

간장물을 끓이다가 마늘과 꽈
리고추를 데쳐내면, 간장물에
마늘과 꽈리고추의 향이 배어
훨씬 감칠맛 나는 달걀장조림
이 된다.
달걀을 먼저 조리다가 거의
완성 되었을 때 마늘과 꽈리
고추를 넣어도 되는데, 이때는
너무 오래 조리지 않도록 해
야 한다. 마늘과 꽈리고추가
너무 익으면 짠맛이 강해지고,
씹는 질감도 색감도 떨어진다.

1
마늘은 얇게 썬다.(달걀은 끓는 물에 꽃소
금, 식초를 넣고 삶아 찬물에 식힌 뒤 껍질
을 벗겨 놓는다.)

2
꽈리고추는 꼭지를 이용해 3~4번 찔러 구
멍을 낸다. 이렇게 해야 꽈리고추의 속에까
지 양념이 잘 밴다.

3
냄비에 물, 진간장, 설탕, 물엿, 캐러멜을 넣
고 끓인다.

4
끓는 간장물에 마늘을 넣어 1~2분 삶아 건
진다. 간장물에 마늘향이 배어 더 맛있어
진다.

5
간장물이 다시 끓으면 꽈리고추를 넣어 2~3
분 삶아 건진다. 꽈리고추는 오래 삶으면 색
이 변하고 질겨지므로 살짝 익으면 건진다.

6
간장물에 달걀을 넣고 중불에서 30분간 끓
인다. 중간중간 달걀을 굴려주어 간이 고루
배게 한다.

7
달걀에 갈색이 나면 불을 끄고 식힌다.

8
밀폐용기에 데친 마늘과 꽈리고추를 담고 달
걀을 넣은 뒤 남은 간장물을 붓는다.

감자조림은 여름철 인기 밑반찬이다. 감자에 간장과 설탕 등을 넣고 감자에 간이 배게 조리면 짭짤하면서 달달하다. 맵지 않고 부드러워 아이들과 노인이 특히 좋아한다.

감자조림

재료

감자 ························· 800g
진간장 ·········· 1½컵(약240ml)
물 ·················· 5컵(약900ml)
설탕················· ½컵(약70g)
물엿 ·············· ½컵(약90ml)
간 마늘 ···················· 1큰술
식용유 ···················· 1큰술

1
감자는 껍질을 벗기고 사방 2cm 크기의 주사위 모양으로 썬다.

2
냄비에 진간장, 물, 설탕, 물엿, 간 마늘, 식용유를 넣고 끓인다.

3
간장물이 끓으면 감자를 넣고 끓인다. 바닥에 감자가 눌어붙지 않게 저어준다.

4
20분간 중불에 끓여 감자에 양념이 배고, 간장물이 조금 남으면 불을 끈다. 너무 오래 조리면 감자가 부서지므로 감자가 먹기 좋게 익을 정도로만 조린다.

백종원의 **Tip**

여름이면 큰 감자와 함께 작은 알감자가 제철인데, 이 알감자를 깨끗이 씻어 껍질째 조려도 별미다.
알감자는 껍질의 흙을 깨끗이 씻은 뒤 껍질째 간장물에 넣고 조린다. 이렇게 하면 알감자 껍질의 쫄깃한 맛까지 더해져 더 맛있는 조림이 된다.

깍두기는 배추김치와 함께 한국을 대표하는 김치다. 무를 주사위 모양으로 썰어 고춧가루 등 갖은 양념으로 버무린 것인데, 아삭한 무의 맛과 매콤한 맛이 일품이다. 깍두기를 담글 때 양파를 갈아 넣으면 깔끔하고 시원한 단맛이 난다.

깍두기

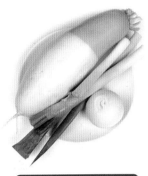

재료

무······ 1개(약2kg)(꽃소금 5큰술)
무청·························· 100g
대파 ······················· 60g
양파 ······················· 110g
밀가루 풀(밀가루 ½큰술+물 1컵
(약180ml))
간 마늘······················ 2큰술
간 생강 ·················· ⅓큰술
굵은 고춧가루·············· 3큰술
멸치액젓 ··················· 3큰술
설탕 ······················· 4큰술
새우젓 ··················· 1½큰술
꽃소금 ····················· 1큰술

1
무는 2.5cm 두께로 썬다.

2
동그랗게 썬 무를 사방 3cm 크기의 주사위
모양으로 썬다.

3
무에 꽃소금 5큰술을 뿌리고 섞어 2시간 절
이는데, 중간에 한번 섞어준다.

4
무의 잎부분인 무청을 준비해 깨끗이 씻는
다. 무청이 없을 때는 열무를 써도 된다.

5
무청과 대파는 1cm 폭으로 썬다. 양파는 깍
두기 무 크기로 썰어서 믹서기에 넣고 곱게
간다.

6
1컵의 물 중, 물 3큰술을 덜어서 사용하며,
밀가루를 덩어리 없이 풀어준다.

백종원의 Tip

깍두기를 담글 때, 무의 잎에 해당하는 무청을 송송 썰어넣으면 식감이 살아난다. 무청이
없을 때는 열무를 넣어도 되고, 갓이나 실파, 배춧잎을 넣어도 좋다.
무청이나 열무를 넣을 때는 밀가루 풀을 쑤어 넣어야 풋내가 나지 않는다.

백종원의 **Tip**

무는 봄부터 가을까지 나는 뿌리채소로, 특히 가을에 나는 무가 달고 맛있다.

여름에 나는 무는 물이 많고 단맛이 적기 때문에 썰어서 설탕에 먼저 재어 단맛을 들인 뒤 소금에 절이면 맛있다. 깍두기를 담글 때는 새우젓을 넣어야 뒷맛이 깔끔하고 색도 곱다.

7

밀가루를 개고 남은 물을 끓이다가, 개어놓은 밀가루물을 넣고 저어준다. 밀가루와 물이 잘 섞이면 밀가루풀이 완성 된 것, 바로 불을 끈다.

8

소금에 절인 무는 체에 밭쳐 물기를 뺀다. 무는 물에 씻으면 무의 단맛이 빠지므로 씻지 않는다.

9

무에 굵은 고춧가루를 넣고 고루 섞어서 무에 빨간 물을 들인다.

10

무에 무청, 대파, 간 마늘, 간 생강, 설탕, 새우젓, 꽃소금, 간 양파, 멸치액젓을 넣는다.

11

완전히 식힌 밀가루 풀을 넣는다.

12

무와 무청, 대파, 양념들을 섞는다. 저장용기에 담아 실온에 2~3일 두어 무에 양념맛이 잘 배면 먹기 시작한다.

백종원이
추천하는
집밥 메뉴
54

집밥 1장

만능간장으로 만든
즉석반찬

만능간장 하나만 제대로 활용하면
1년 반찬 걱정 끝!

가지나 쑥갓, 양배추 같은 신선 채소들은 식사 전에 바
로 조리해서 먹는 것이 가장 맛있다. 만능간장과 싱싱
한 제철 재료로 5~10분 만에 맛깔나는 반찬 하나가
뚝딱 완성되는 초간단 초스피드 조리법을 소개한다.

만능간장 완전정복

Point

진간장, 간 고기, 설탕의 조합으로
맛을 낸 만능간장.
간단히 만들어서 냉장고에 넣어 두었다가
볶음이나 조림을 할 때 사용하면 된다.
만능간장 하나만 있으면
짧은 시간 안에 감칠맛 나는
다양한 반찬을 만들 수 있다.

진간장 : 간 돼지고기 : 황설탕 = 6 : 3 : 1

* 간장은 진간장이나 양조간장을 써야 한다.
  국간장, 조선간장, 재래식 간장은 염도가 높고
  감칠맛이 덜해서 추천하지 않는다.
* 간장과 고기의 비율은 현재 2:1이지만 취향에 따라
  1:1로 해도 된다. 닭고기, 소고기도 사용 가능하다.

❷ 집밥메뉴 54

2. 만능간장 만들기

냄비에 진간장 6컵을 넣는다.

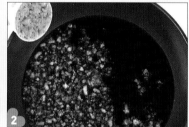
간 돼지고기 3컵을 넣는다.

황설탕 1컵을 넣는다.

불을 켜기 전에 고기와 설탕을 잘 저어서 풀어 준다.

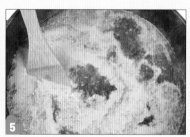
불을 켜고 중불에서 간장을 저어 가며 끓이다가, 간장이 끓어오르면 5분 정도 더 끓인다.

다 끓으면 불을 끄고 식힌다. 간장 위에 뜬 지방이 보기 싫다면 걷어 내고 사용한다.

3. 만능간장 보관하기

* 끓인 만능간장은 실온에서 식힌 후 소독한 유리병이나
  반찬용기에 넣어 냉장 보관한다.
* 냉장 보관 가능한 기간은 15~30일 정도이다.
* 일주일 쯤 지났을 때 만능간장을 한 번 더 끓여 주면 더 안심할 수 있다.
* 끓인 간장은 식힌 후에 반드시 깨끗한 용기에 넣어야 한다.
  원래 들어 있던 용기에 그대로 넣으면 안 된다.

가지볶음

Point 가지는 열을 가하면 수분이 생기면서 순식간에 숨이 죽어버리는 채소다.
이렇게 수분이 많은 채소는 찌기보다는 빠르게 볶거나 구워야
식감과 담백한 맛을 살릴 수 있다.

🍲 재료 (4인분)

가지 ············· 2개 (200g)
대파 ············· 2큰술 (14g)
청양고추 ········· 1개 (10g)
만능간장 ········· ⅓컵 (50g)
식용유 ············· 4큰술

1
청양고추는 0.5cm 두께로 어슷 썰고, 대파는 0.3cm 두께로 얇게 썬다.

2
가지는 꼭지를 걷어 내고 최대한 끝부분까지 자른다.

3
꼭지를 제거한 가지를 길게 반 가른 후 0.5cm 두께로 어슷 썬다.

4
넓은 팬에 대파와 식용유를 넣고 불을 켠 후 강불에서 대파가 노릇노릇해질 때까지 볶는다.

백종원의 tip

파기름은 만능간장의 맛을 더 강력하게 만들어 주는 비밀 무기이다. 만능간장을 이용한 볶음을 할 때는 반드시 파기름부터 내고 시작하자. 가지는 양념을 금방 흡수하기 때문에 만능간장을 한꺼번에 붓지 말고 골고루 돌려가며 넣는 것이 좋다.

5
대파가 노릇노릇해지면 가지를 넣고 볶는다.

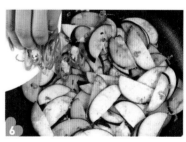

6
가지가 반쯤 익었을 때 청양고추를 넣고 섞는다.

7
가지에 만능간장을 돌려 가며 고루 넣는다.

8
만능간장이 가지에 잘 배도록 섞고 빠르게 볶아서 완성한다.

애호박볶음

애호박은 새우젓을 넣고 볶아 먹는 것이 일반적이지만,

만능간장을 넣고 볶으면 담백하면서도 감칠맛이 난다.

재료 (4인분)

애호박 ·········· 1개 (320g)
대파 ············ 2큰술 (14g)
만능간장 ······· ½컵 (40g)
간 마늘 ··········· ½큰술
식용유 ············· 3큰술
통깨 ················· ½큰술

1 애호박은 길게 반 가른 후 0.5cm 두께로 반달 모양으로 썬다.

2 대파는 0.3cm 두께로 얇게 송송 썬다.

3 넓은 팬에 대파와 식용유를 넣고 불을 켠 후 강불에서 파가 노릇노릇해질 때까지 볶는다.

4 대파가 노릇노릇해지면 애호박을 넣는다.

백종원의 tip

애호박이나 가지처럼 수분을 많이 품고 있는 채소들은 잠깐 방심하면 너무 익어서 식감이 나빠질 수 있다. 다 볶은 후에도 잔열로 숨이 죽을 수 있으니, 약간 덜 볶았다 싶을 때 불을 끄고 잔열로 익히는 것이 좋다.

5 간 마늘을 넣는다.

6 만능간장을 돌려 가며 고루 넣는다.

7 간 마늘과 만능간장이 애호박에 잘 배도록 저어 가며 애호박이 익을 때까지 볶는다.

8 애호박이 먹음직스럽게 익으면 통깨를 뿌리고 섞은 뒤 마무리한다.

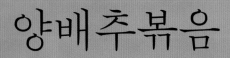

양배추볶음

Point ♪ 위에도 좋고 아삭한 식감도 일품인 양배추볶음.
만능간장 채소볶음 조리법에
말린 홍고추가 추가된 것이 포인트다.

![저울] **재료** (4인분)

양배추 ·········· ½통 (300g)
대파 ············· 2큰술 (14g)
말린 홍고추 ······· 2개 (8g)
만능간장 ········· ¼컵 (50g)
식용유 ············· 5큰술

1 대파는 0.3cm 두께로 얇게 썬다.

2 양배추도 0.5cm 두께로 얇게 썬다.

3 넓은 팬에 잘게 썬 대파와 식용유를 넣고 불을 켜고 강불에서 살짝 볶는다.

고추씨까지 모두 투하!

4 말린 홍고추를 가위로 잘라 넣는다.

②
집밥메뉴 54

백종원의 tip

5 대파가 노릇노릇해질 때까지 홍고추 섞인 파 기름을 볶는다.

6 파가 노릇노릇해졌을 때 양배추를 넣고 볶는다.

만능간장을 활용한 볶음요리에 말린 홍고추를 넣으면 향도 좋아지고, 매콤함이 더해져서 맛도 풍부해진다. 또 고추의 붉은색이 포인트가 되어 보기에도 좋다.
말린 홍고추는 가위로 잘라서 씨까지 다 사용하면 된다.

7 양배추가 살짝 숨이 죽었을 때 만능간장을 돌려 가며 고루 넣는다.

8 양배추를 만능간장과 섞어 가며 빠르게 볶아서 완성한다.

숙주볶음

Point

숙주는 아삭아삭 씹히는 맛이 매력이다.
그런데 조금만 오래 볶으면
특유의 식감이 죽어버리고,
반대로 덜 익히면
비린 맛이 날 수 있다.
만능간장과 식초를 이용해
비린내 없는 초간단 숙주볶음을
만들어 보자.

재료 (4인분)

숙주 ·············· 3컵 (210g)
대파 ·············· 2큰술 (14g)
만능간장 ········ ½컵 (50g)
식용유 ·············· 5큰술
식초 ·················· 1큰술

1 대파는 0.3cm 두께로 얇게 썬다.

2 숙주는 깨끗이 씻어 물기를 빼 둔다.

3 넓은 팬에 식용유와 대파를 넣고 불을 켠 후 강불에서 대파가 노릇노릇해질 때까지 볶는다.

4 대파가 노릇노릇해지면 숙주를 넣는다.

백종원의 tip

초스피드로 완성할 수 있는 만능간장 볶음이다. 설익은 숙주의 비린 냄새는 식초가 잡아주니 걱정하지 말고 빠르게 볶아 내자. 숙주볶음은 접시에 담은 후에도 계속 숨이 죽으니 먹기 직전에 조리하는 것이 좋다.

5 숙주에 식초를 넣어 비린 맛을 잡는다.

6 숙주에 만능간장을 돌려 가며 고루 넣는다.

덜 익었나 싶을 때까지만!

7 숙주를 만능간장과 섞어 가며 빠르게 볶은 후 바로 낸다.

쑥갓볶음

무침으로만 먹었던 쑥갓의 깜짝 변신!
볶음이지만 무친다는 느낌으로 원재료의 맛과 향을
그대로 살려내는 것이 포인트다.

재료 (4인분)

쑥갓 ·············· 3컵 (135g)
대파 ············· 2큰술 (14g)
만능간장 ······· ½컵 (50g)
식용유 ············· 4큰술
간 마늘 ············· ½큰술

1 대파는 0.3cm 두께로 얇게 썬다.

2 쑥갓은 줄기를 3cm, 잎을 6cm 길이로 썬다.

마늘로
풍미를 높인다.

3 넓은 팬에 대파, 식용유, 간 마늘을 넣는다.

4 불을 켜고 강불에서 대파가 노릇노릇해질 때까지 파기름을 볶는다.

5 대파가 노릇노릇해지면 파기름에 만능간장을 넣는다.

6 만능간장과 파기름을 잘 섞은 뒤 불을 끈다.

백종원의
tip

간장을 먼저 볶은 후에 불을 끄고 쑥갓을 섞어 주면 쑥갓의 향과 식감이 그대로 살아나면서도 간이 제대로 밴 볶음을 먹을 수 있다.

7 불을 끈 팬에 썰어 둔 쑥갓을 넣는다.

8 젓가락으로 쑥갓을 무치듯 섞은 후 바로 낸다.

중국식 피망볶음

Point ♪ 파기름, 만능간장, 전분물의 조합으로 집에서도 간단히 중국식 볶음의
맛을 낼 수 있는 조리법이다. 물에 전분가루만 섞으면 간단히
만들어지는 전분물이 볶음의 맛을 한 단계 더 끌어올려 준다.

🍳 재료 (4인분)

피망 ············ 3개 (420g)
대파 ············ 2큰술 (14g)
만능간장 ······· $\frac{1}{4}$컵 (50g)
감자전분 ········ $\frac{1}{2}$큰술
물 ··············· 3큰술
식용유 ··········· 4큰술
참기름 ··········· 1큰술

백종원의
tip

피망 꼭지가 잘 안 떨어질 때는 피망의 윗부분을 1cm 정도 잘라 낸 후 꼭지를 동그랗게 눌러서 떼어 내면 된다.

전분물은 조금만 넣어도 국물이 걸쭉해진다. 한꺼번에 붓지 말고 점도를 봐 가며 조금씩 붓는 것이 좋다.
전분물 대신 밀가루물을 쓰면 맛이 많이 떨어지므로 전분이 없다면 전분물은 생략해도 된다.

1 대파는 0.3cm 두께로 얇게 썬다.

2 피망은 꼭지와 씨를 제거하고 반을 갈라 0.5cm 두께로 채 썬다.

3 그릇에 전분과 물을 넣고 잘 섞어 둔다.

4 넓은 팬에 대파와 식용유를 넣고 불을 켜고 강불에서 볶는다.

5 대파가 노릇노릇해지면 피망을 넣고 섞는다.

6 피망에 만능간장을 돌려 가며 고루 넣는다.

전분물은 붓기 직전에 한 번 더 젓기!

7 피망에서 수분이 나오기 시작하면 전분물을 조금씩 넣고 농도를 보면서 잘 섞는다.

8 참기름을 뿌리고 섞은 후 마무리한다.

셀러리볶음

Point ♪ 셀러리는 즙을 내 먹는 것 외에는 조리법이 익숙하지 않아
구입했다가 냉장고에 방치하기 쉬운 채소다.
파기름과 만능간장을 이용해 조리하면
셀러리도 맛있는 반찬이 된다.

🍳 재료 (4인분)

셀러리 ········ 3½컵(385g)
대파 ············ 2큰술(14g)
만능간장 ········ ½컵(50g)
감자전분 ········· ½큰술
물 ··············· 3큰술
식용유 ············ 4큰술
참기름 ············ 1큰술

1 대파는 0.3cm 두께로 얇게 썬다.

2 셀러리는 잎을 제거하고 줄기를 1cm 두께로 썬다.

3 그릇에 전분과 물을 넣고 잘 섞어 둔다.

4 넓은 팬에 대파와 식용유를 넣고 불을 켜고 강불에서 볶는다.

백종원의 tip

중국식피망볶음과 마찬가지로 전분물을 활용한 조리법이다.
전분물을 넣는 타이밍은 주재료 채소에서 수분이 나온 후이다.
전분물은 만들어 놓으면 전분이 가라앉기 때문에 사용하기 직전에 다시 한 번 저어 줘야 한다. 부은 후에도 뭉치지 않게 잘 저어 줘야 한다.

5 대파가 노릇노릇해지면 셀러리를 넣고 섞는다.

6 셀러리에 만능간장을 돌려 가며 고루 넣는다.

전분물은 붓기 직전에 한 번 더 젓기!

7 셀러리에서 수분이 나오면 전분물을 조금씩 넣고 농도를 보면서 잘 섞는다.

8 참기름을 뿌리고 섞은 후 마무리한다.

느타리버섯볶음

파기름, 만능간장, 돼지고기, 부추를 이용해
중국풍의 맛과 향을 낸 반찬이다.
버섯에서 물이 많이 나오면 맛이 없으므로
강불에서 빨리 볶는 것이 좋다.

❷ 집밥메뉴 54

재료 (4인분)

느타리버섯 ·········· 6컵(240g)
돼지고기채 ········· ½컵(75g)
대파 ················· 2큰술(14g)
부추 ················· ½컵(15g)
만능간장 ··········· ½컵(40g)
식용유 ··············· 3큰술
간 마늘 ············· ½큰술

1 느타리버섯은 밑동을 잘라 내고, 손으로 가닥 가닥 찢는다.

2 부추는 4cm 길이로 썰고, 대파는 0.3cm 두께 로 얇게 송송 썬다.

3 넓은 팬에 대파와 식용유를 넣고 불을 켜고 강 불에서 대파가 노릇노릇해질 때까지 볶는다.

4 대파가 노릇노릇해지면 돼지고기채를 넣고 볶 는다.

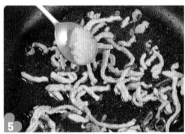

5 돼지고기가 하얗게 익으면 간 마늘을 넣는다.

6 간 마늘을 섞은 후, 느타리버섯을 넣고 다시 섞는다.

7 만능간장을 돌려 가며 고루 넣고 강불에서 볶 는다.

8 버섯에 양념이 배고 숨이 죽으면 부추를 넣고 잘 섞어 마무리한다.

달래간장과 김구이

입안 가득 봄 향기가 퍼지는 달래와
감칠맛 나는 만능간장의 조합.
직화로 구운 김과 함께 먹으면 일품이다.

재료 (4인분)

달래 ················· 1컵 (50g)
만능간장 ········· ½컵 (100g)
간 마늘 ············· ½ 큰술
고운 고춧가루 ······· 1큰술
굵은 고춧가루 ······· 1큰술
통깨 ················· ½ 큰술
참기름 ··············· ½ 큰술
생김 ·················· 4장

달래간장

1 달래는 2cm 길이로 잘게 썬다.

2 적당한 크기의 볼에 달래를 넣는다.

3 볼에 간 마늘, 고운 고춧가루, 굵은 고춧가루, 통깨를 넣는다.

4 참기름을 넣어 고소한 향을 더한다.

5 재료가 담긴 볼에 만능간장을 넣는다.

6 넣은 재료를 잘 섞어 달래간장을 완성한다.

백종원의 tip

고춧가루, 참기름, 통깨 등의 양념은 취향에 따라 양을 가감하여 입맛에 맞게 조정해도 된다.
김구이용 김은 돌김, 파래김, 재래김 등 종류 관계없이 다 가능하다. 다만 양념이 안 돼 있는 김을 선택해서 직화로 구워 먹는 방법을 추천한다.

김구이

1 조미가 되지 않은 생김을 준비한다.

2장씩 구워야 안 탄다!

2 김을 2장씩 겹쳐서 불에 직접 구운 후 먹기 좋은 크기로 자른다.

청포묵무침

♪ 탱글탱글한 청포묵에 감칠맛 나는
만능간장 양념장이 더해진 별미 반찬이다.

재료 (4인분)

청포묵 ·········· 1모 (450g)

　(물 6컵 + 꽃소금 1큰술)

오이 ················· 1컵 (70g)

대파 ············· 3큰술 (21g)

만능간장 ······· ½컵 (40g)

꽃소금 ··················· 약간

식용유 ··············· 2큰술

간 마늘 ············· ½큰술

황설탕 ············· ½큰술

참기름 ··············· 2큰술

깨소금 ··············· 1큰술

조미 김가루 ········· ½컵

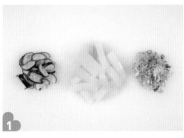

1 오이는 길게 반 갈라 0.4cm 두께로 썬다. 청포묵은 길이 5cm, 두께 1cm로 썬다. 대파는 반 갈라 0.3cm 두께로 잘게 썬다.

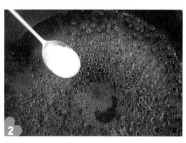

2 깊은 팬에 물을 붓고 끓인 후 꽃소금을 1큰술 넣는다.

3 끓는 소금물에 청포묵을 넣고 1분 정도 데친다.

4 물이 다시 끓어오르고 청포묵이 투명해지면 청포묵을 체로 건져 낸다.

5 넓은 팬에 식용유를 두르고 달군 후 오이와 꽃소금 아주 약간을 넣는다.

6 오이가 투명한 빛이 돌기 시작할 때까지 볶은 후 그릇에 옮겨 담아 둔다.

7 볼에 대파, 간 마늘, 황설탕, 참기름, 만능간장을 넣고 섞어서 양념장을 만든다.

8 접시에 청포묵을 담고 볶은 오이, 조미 김가루, 깨소금을 올린 후 양념장을 올려 마무리한다.

두부조림

♩ *Point* 두부조림은 손이 많이 가고, 조리 시간도 긴 메뉴 중 하나이다.
만능간장을 이용하면 번거로운 두부조림도 쉽고 간편해진다.

🍳 재료 (4인분)

두부 ·················· 1모 (290g)
대파 ·················· ½대 (25g)
청양고추 ············· 1개 (10g)
만능간장 ············· ¼컵 (50g)
간 마늘 ··············· 1큰술
굵은 고춧가루 ········ 1큰술
고운 고춧가루 ········ ½큰술
물 ···················· ⅔컵 (135ml)

1 대파와 청양고추를 0.3cm 두께로 얇게 썬다.

두부의 종류는 상관없다.

2 두부는 3등분한 후 1cm 두께로 자른다.

3 오목한 냄비에 두부를 가지런히 놓는다.

4 대파, 청양고추, 간 마늘, 고운 고춧가루, 굵은 고춧가루를 넣는다.

백종원의 tip

조림은 어렵게 생각할 것 없이, 주재료가 잠길 정도로 양념과 물을 붓고 시간을 들여 끓이면 된다. 마찬가지로 두부조림도 냄비에 두부와 대파, 고추, 고춧가루, 간 마늘, 만능간장, 물을 넣은 후 적당히 조리면 되는 것이다. 졸아들기 때문에 당연히 처음 간은 싱거워야 한다.

5 만능간장을 넣는다.

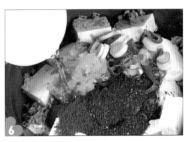

6 물을 넣고 불을 켜서 끓인다.

7 끓기 시작하면 중불에서 국물을 끼얹으며 두부에 양념이 잘 밸 때까지 조려서 마무리한다.

잡채

한국식 잡채는 재료를 하나하나 볶아서
식힌 후에 다시 무쳐야 해서, 손이 많이 가고
시간도 오래 걸리는 음식 중 하나다.
하지만 만능간장을 이용하면
당면만 미리 불려 놓으면 나머지 과정은
20~30분 안에 마칠 수 있다.

🍲 재료 (4인분)

불린 당면	480g
불린 목이버섯	1컵 (64g)
당근	1컵 (40g)
양파	2컵 (160g)
표고버섯	1컵 (40g)
대파	1컵 (60g)

(야채 볶기 $\frac{1}{2}$컵, 당면 볶기 $\frac{1}{2}$컵)

만능간장	$\frac{1}{2}$컵 (100g)
식용유	4큰술
참기름	4큰술
간 마늘	1$\frac{1}{2}$큰술
황설탕	2$\frac{1}{2}$큰술
후춧가루	약간
통깨	1큰술

백종원의 tip

잡채에 들어갈 채소는 너무 오래 볶지 않도록 주의하자. 숨이 죽어버리면 식감이 좋지 않다.
목이버섯은 처음에 다른 채소들과 같이 볶아도 되고, 미리 볶지 않고 마지막에 함께 넣고 비벼도 무방하다.
잡채를 담을 때는 면을 아래에 깔고, 채소를 위에 쌓으면 먹음직스러워 보인다.

뜨거운 물을 사용하면 면이 퍼져버린다.

1 당면은 미지근한 물에서 2~3시간 이상 불린 후 한 번 헹구고, 목이버섯도 물에 불려 준비한다.

2 대파는 0.3cm 두께로 송송 썰고, 크기가 큰 목이버섯은 반으로 자른다. 당근은 0.3cm 두께로 채 썰고, 양파와 표고버섯은 0.3cm 두께로 썬다.

3 넓은 팬에 식용유와 대파 $\frac{1}{2}$컵을 넣고 불을 켠 후 강불에서 약간 노릇노릇해질 때까지 볶는다.

4 노릇노릇해진 파기름에 당근, 양파, 표고버섯, 목이버섯을 넣고 섞는다.

너무 숨이 죽으면 안 된다!

5 후춧가루를 뿌리고 겹겹의 양파가 분리되고, 채소가 익어서 숨이 살짝 죽을 때까지 볶는다.

6 볶은 채소를 접시에 펼쳐 담아 둔다.

7 넓은 팬에 대파 $\frac{1}{2}$컵, 참기름 2큰술, 간 마늘을 넣고 볶는다.

8 파기름에서 거품이 살짝 나면 황설탕과 만능간장을 넣고 잘 섞는다.

설탕이 녹아 양념이 살짝 진득해질 때까지 볶는다.

진득해진 양념에 불려 놓은 당면을 넣는다.

당면에서
투명하게 윤기가
날 때까지.

당면이 투명한 빛이 돌 때까지 볶는다.

불을 끄고 당면이 담긴 팬에 볶아 둔 채소를 넣고 섞는다.

참기름 2큰술과 통깨를 뿌리고 잘 섞은 뒤 마무리한다.

Perfect Boiled eggs

집밥 2장

만능간장으로 만든
저장반찬

이번에는 두고두고 먹을 수 있는
저장반찬 편이다.

남녀노소 누구나 좋아하는 멸치볶음부터
몸에 좋은 뿌리채소볶음, 볶음과 조림의
경계를 넘나들며 재료의 맛을 살려내는
비법과 나물 레시피까지 모두 모았다.

마늘종볶음

Point 봄이 제철인 마늘종을 저장해 두고 먹을 수 있도록 만든 조리법이다.
파기름을 내고 만능간장으로 볶기만 하면
매콤하면서도 달콤한 마늘종볶음이 완성된다.

마늘종은 꽁지를 잘라 내고 4cm 길이로 썬다.

대파는 0.3cm 두께로 얇게 썬다.

넓은 팬에 식용유와 대파를 넣고 불을 켜고 강불에서 대파가 노릇해질 때까지 볶는다.

대파가 노릇노릇해지면 중불로 줄이고 마늘종을 넣고 투명한 빛이 돌기 시작할 때까지 볶는다.

마늘종이 익어서 투명한 빛이 돌기 시작하면 강불에서 만능간장을 돌려 가며 넣는다.

팬을 앞뒤로 흔들며 국물이 거의 다 졸아들 때까지 볶는다.

깨소금을 뿌려 잘 섞은 뒤 마무리한다.

재료 (4인분)

마늘종 ········· ½단 (350g)
대파 ············· 1큰술 (7g)
만능간장 ······· ½컵 (50g)
식용유 ··············· 1큰술
깨소금 ··············· 1큰술

백종원의
tip

참기름이나 들기름의 향을 원한다면 접시에 담기 직전에 살짝 뿌리고 섞어 주면 된다.

조림이나 볶음을 할 때 팬의 깊이는 재료가 익는 속도에 맞게 선택해야 한다. 마늘종처럼 금방 익는 것은 증발 속도가 빠른 넓은 팬이 좋다. 반면 감자나 우엉처럼 오래 익혀야 하는 재료를 쓸 때는 깊은 팬을 쓰는 것이 좋다.

멸치볶음

Point 한국인의 국민 반찬 멸치볶음.
설탕 코팅을 한 기본멸치볶음에서 시작해
간장멸치볶음을 거쳐 고춧가루멸치볶음으로
3단 변신하는 멸치볶음 조리법이다.

⏚ 재료 (4인분)

잔멸치 ············ 2컵(80g)
대파 ············ 2큰술 (14g)
청양고추 ······· 2개(20g)
황설탕 ················1큰술

기본멸치볶음

1 대파는 길게 반 가른 후 0.3cm 두께로 얇게 썬다.

2 청양고추는 0.3cm 두께로 송송 썬다.

3 멸치는 체에 걸러 불순물을 제거한다.

살짝 바삭한 정도까지만 볶기.

4 넓은 팬에 식용유 없이 멸치만 넣고, 약불에서 볶으며 비린내를 날려 준다.

5 대파를 넣고 살짝 볶아 습기를 날린다.

6 청양고추를 넣고 섞어 매콤한 맛을 더한다.

설탕 양은 취향에 따라 조절 가능!

7 황설탕을 넣은 후 멸치에 설탕 코팅이 될 때까지 볶으면 기본멸치볶음이 완성된다.

❷ 집밥메뉴 54

기본멸치볶음 + 만능간장

멸치 염도에 따라 간장양 조절!

8 기본멸치볶음에 만능간장 ¼컵을 넣고 고루 섞어가며 볶으면 간장멸치볶음이 된다.

기본멸치볶음 + 만능간장 + 고춧가루

멸치 염도에 따라 간장양 조절!

8 기본멸치볶음에 만능간장 ¼컵을 넣고 고루 섞어 가며 볶는다.

9 고운 고춧가루 1큰술과 간 마늘 ½큰술을 넣고 섞는다.

10 물 2큰술을 넣어 뻑뻑해진 양념을 풀어 주며 볶는다.

멸치볶음 마무리 방법

참기름 대신 식용유 가능.

11 참기름 2큰술을 넣고 살짝 볶아 윤기를 내 준다.

12 통깨 1큰술을 넣고 잘 섞어 마무리한다.

백종원의 tip

참기름과 통깨를 뿌리는 마무리 방법은 기본멸치볶음, 만능간장 추가한 멸치볶음, 만능간장과 고춧가루를 추가한 멸치볶음 등 모든 종류의 멸치볶음의 마무리로 활용 가능하다.

감자볶음

Point 만능간장을 활용하여 간단히 만들 수 있는 감자볶음 조리법이다.
말린 홍고추를 넣어 매콤한 향과 붉은 색감을 살렸다.

재료 (4인분)

감자 ············ 3컵(300g)
대파 ·········· 2큰술(14g)
말린 홍고추 ····· 1개(4g)
만능간장 ······· ½컵(40g)
식용유 ············· 2큰술
간 마늘 ··········· ½큰술
물 ···················· 4큰술

1 대파는 0.3cm 두께로 얇게 썰고, 말린 홍고추는 가로로 0.5cm 두께로 자른다. 감자는 4등분한 후 0.4cm 두께로 나박나박 썬다.

2 넓은 팬에 식용유를 두른 후 대파를 넣고 불을 켜고 강불에서 살짝 볶는다.

3 말린 홍고추를 넣고 함께 볶아서 고추 향을 더한 파기름을 낸다.

4 대파가 노릇노릇해지면 감자를 넣고 섞는다.

5 간 마늘, 물, 만능간장을 넣고 잘 섞는다.

6 중불로 줄인 후 감자가 먹기 좋게 익을 때까지 볶아서 마무리한다.

백종원의
tip

감자는 단단해서 오래 익혀야 하는 재료지만, 얇게 썰면 조리 시간을 줄일 수 있다. 같은 감자 요리라도 얇게 썰어서 금방 익힐 때는 넓은 팬을 사용하고, 두껍게 썰어 오래 익힐 때는 수분 증발량이 적은 깊은 팬을 사용하면 된다.

만능간장

어묵감자볶음

Point 어묵과 감자처럼 익는 속도가 다른 재료들을 함께 익히기 위해
고안해 낸 조림 같은 볶음 조리법이다. 물을 충분히 넣고 조려서
타는 것도 막고 양념도 잘 배게 하는 것이 포인트다.

재료 (4인분)

사각어묵 ········· 3장 (158g)
감자 ············· 2컵 (200g)
당근 ············· ½컵 (30g)
양파 ············· ½개 (80g)
청양고추 ·········· 1개 (10g)
대파 ············· ½ 대 (50g)
만능간장 ········· ½컵 (50g)
간 마늘 ··········· ½큰술
물 ··············· 1컵 (180ml)
고운 고춧가루 ······· 1큰술
참기름 ············ ½큰술

1 어묵은 반으로 가른 후 2cm 길이로 썬다.

2 대파와 청양고추는 0.5cm 두께로 송송 썬다. 양파는 사방 2cm 크기로 사각썰기하고 당근과 감자는 0.4cm 두께로 나박나박 썬다.

3 깊은 팬에 만능간장과 물을 넣고 섞는다.

4 고운 고춧가루와 간 마늘을 넣고 잘 섞는다.

백종원의 tip

어묵은 너무 오래 익히면 흐물흐물해지기 때문에 볶는 것이 보통이지만 조리면 더 맛있다. 그래서 먼저 익는 어묵이 타지 않도록 물을 충분히 넣고 조린다. 익는 속도가 다른 여러 가지 재료를 섞어서 조리하고 싶을 때 응용할 수 있는 조리법이다.

5 섞어 둔 양념물에 감자, 당근, 어묵, 양파를 넣고 강불에서 끓인다.

6 끓기 시작하면 중불로 줄이고 재료를 잘 저으며 국물이 거의 없어질 때까지 조린다.

7 국물이 거의 없어지면 대파와 청양고추를 넣고 잘 섞어 향을 더한다.

8 참기름을 넣고 한 번 더 섞어서 마무리한다.

고사리볶음

Point ♪ 만능간장은 나물을 만들 때도 활용 가능하다.
나물과 잘 어울리는 들기름에 조리듯 오래 볶아서
비린내가 나지 않는 고사리볶음 조리법이다.

재료 (4인분)

불린 고사리 ······· 3컵 (210g)
대파 ················· 2큰술 (14g)
만능간장 ·········· ½컵 (50g)
쌀뜨물 ·············· ½컵 (90ml)
간 마늘 ··············· 1큰술
들기름 ··············· 4큰술

1 대파는 길게 반 갈라 0.3cm 두께로 얇게 썬다.

2 물에 불린 고사리를 5cm 길이로 썬다.

3 넓은 팬에 들기름. 대파. 간 마늘을 넣은 후 불을 켜고 볶는다.

4 파기름에서 거품이 날 때까지 볶는다.

백종원의 tip

고사리볶음의 포인트는 쌀뜨물을 붓고, 볶음이지만 조림처럼 충분히 끓이는 것이다. 쌀뜨물은 재료의 맛을 하나로 모아 주는 역할을 한다. 충분히 조리지 않으면 양념이 겉돌아서 맛이 덜할 수 있으므로 수분이 거의 없어질 때까지 충분히 조려야 한다.

5 파기름에서 거품이 나기 시작하면 고사리를 넣고 섞는다.

6 만능간장을 넣는다.

7 쌀뜨물도 함께 넣고 중불에서 양념이 충분히 배도록 볶는다.

8 수분이 거의 없어질 때까지 충분히 조려서 마무리한다.

꽈리고추조림

꽈리고추와 청양고추는 음식의 맛을 한 단계 올려주는 식재료다.

다른 것 없이 이 두 가지 고추에 만능간장만 넣고

뚝딱 만들어 먹을 수 있는 반찬이다.

2 집밥메뉴 54

재료 (4인분)

꽈리고추 ········ 7개 (42g)
청양고추 ········· 1개 (10g)
만능간장 ······· ½컵 (50g)
물 ·············· ¼컵 (45ml)

1 꽈리고추의 꼭지를 따 둔다.

2 꼭지를 딴 꽈리고추는 2cm 길이로 썰고, 청양고추는 0.3cm 두께로 송송 썬다.

3 뚝배기에 꽈리고추와 청양고추를 담는다.

4 고추가 담긴 뚝배기에 만능간장을 넣는다.

물은 자박자박한 정도!

5 물을 넣은 후 불을 켜고 끓인다.

6 꽈리고추가 익어서 고추의 매콤한 향이 우러나올 때까지 끓여서 완성한다.

백종원의 tip

물을 넣지 않고 만능간장만 넣고 조리면 맛이 짜다. 짠맛의 꽈리고추조림은 누룽지나 물에 만 밥과 잘 어울린다. 그러나 평범한 맨밥과 함께 먹을 반찬이라면 물을 넣고 조려야 염도가 맞다.

감자조림

Point ♪ 감자에 만능간장과 설탕, 물을 넣고 조리기만 하면 되는 요리다.
초록색 고추와 주황색 당근을 넣어 색감을 살려 주면
더 먹음직스럽게 만들 수 있다.

재료 (4인분)

감자 ············· 4컵 (540g)
당근 ············· 1컵 (90g)
꽈리고추 ········ 7개 (42g)
청양고추 ········ 1개 (10g)
쪽파 ············· 3큰술 (12g)
만능간장 ········ ⅓컵 (70g)
물 ·············· 2컵 (360ml)
황설탕 ············· 2큰술

1 당근은 사방 1cm, 감자는 사방 1.5cm 크기의 주사위 모양으로 썬다.

2 청양고추와 쪽파는 0.3cm 두께로 얇게 썰고, 꼭지를 제거한 꽈리고추는 반으로 썬다.

> 조리기 전의
> 간은
> 싱겁게.

3 깊은 팬에 물과 만능간장을 넣는다.

4 양념물에 황설탕을 넣는다.

> **백종원의**
> **tip**

조림에 꽈리고추를 넣으면 간장의 향이 좋아지고, 청양고추를 넣으면 매콤한 맛이 더해진다.
조림에 고추를 넣을 때는 주재료가 다 익은 후에 불을 끄고 넣어야 식감과 향을 살릴 수 있다.
이렇게 향을 낸 고추는 따로 건져 낸 후 참기름이나 고춧가루를 넣고 무쳐서 반찬으로 활용할 수도 있다.

5 양념물에 감자와 당근을 넣는다.

6 불을 켜고 강불에서 국물이 반 이상 줄 때까지 조린다.

7 국물이 반 이상 줄면 불을 끄고 꽈리고추와 청양고추를 넣고 섞는다.

8 꽈리고추와 청양고추를 잔열로 익힌 후 쪽파를 뿌려 낸다.

우엉조림

Point 변비와 다이어트에 효과가 있는 우엉을
만능간장에 조려서 만든 반찬이다.
소량의 생강을 추가하면 일본식 조림의 맛을 낼 수 있다.

❷
집밥메뉴
54

재료 (4인분)

우엉채 ·········· 3컵 (180g)
청양고추 ········· 1개 (10g)
만능간장 ········ ⅓컵 (70g)
물 ·············· 1컵 (180ml)
황설탕 ·········· 2½큰술
참기름 ··········· 2큰술
간 생강 ·········· 약간

1 우엉채는 미리 물에 담가 둔다.

2 청양고추는 0.3cm 두께로 어슷 썰고, 우엉채는 물에 헹군 뒤 7~8cm 길이로 썬다.

3 깊은 팬에 만능간장과 물을 넣는다.

4 양념물에 황설탕을 넣고 섞는다.

5 양념물을 잘 섞은 후 우엉채를 넣는다.

6 생강을 넣고 중불에서 국물이 반 이상 줄 때까지 조린다.

백종원의
tip

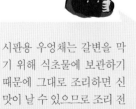

시판용 우엉채는 갈변을 막기 위해 식초물에 보관하기 때문에 그대로 조리하면 신맛이 날 수 있으므로 조리 전에 물에 담가 두거나 헹궈서 사용하는 것이 좋다.

7 국물이 반 이상 줄면, 불을 끄고 청양고추를 넣은 후 잔열로 익힌다.

8 참기름을 넣고 잘 섞어서 마무리한다.

연근조림

연근이나 당근 같은 뿌리채소는 영양이 풍부하지만
조리 방법이 마땅치 않아 자주 안 먹게 된다.
이런 뿌리채소를 만능간장에 조리면
저장해 두고 먹을 수 있는 맛있는 밑반찬이 된다.

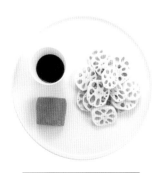

🍯 재료 (4인분)

자숙 연근 ·········	3컵 (300g)
당근 ················	½개 (90g)
만능간장 ········	⅔컵 (약 130g)
물 ·················	5컵 (900㎖)
황설탕 ··············	4큰술
간 마늘 ·············	½큰술
식용유 ··············	½큰술

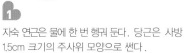

1 자숙 연근은 물에 한 번 헹궈 둔다. 당근은 사방 1.5cm 크기의 주사위 모양으로 썬다.

2 깊은 팬에 물과 만능간장을 넣는다.

3 양념물에 간 마늘을 넣는다.

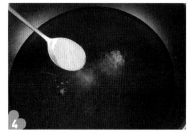

4 양념물에 황설탕을 넣는다.

5 양념물에 식용유를 넣고 섞는다.

6 잘 섞인 양념물에 연근을 넣고 중불에서 25분 정도 조린다.

백종원의 tip

조림 양념에 식용유를 넣으면 음식에 윤기가 더해진다.
시판용 자숙 연근은 포장만 뜯어서 그대로 사용해도 되지만, 재래시장에서 파는 염장 연근을 사용할 때는 한 번 삶아서 짠맛을 빼 주어야 한다.

7 당근을 넣고 10분 정도 더 조린 후 마무리한다.

무조림

Point 고춧가루를 넣어 빨갛게 조린 한식 무조림이다.
진한 시골 무조림 맛을 원한다면
건새우나 멸치를 넣고 함께 조리면 된다.

무는 1.5cm 두께로 썬 후 4등분한다.

대파는 1cm 두께로 송송 썬다.

재료 (4인분)

무 ···················· 3컵 (360g)
대파 ················· 1컵 (60g)
만능간장 ········· ⅓컵 (65g)
물 ···················· 5컵 (900ml)
간 마늘 ·············· 1큰술
황설탕 ··············· ½큰술
굵은 고춧가루 ······· 3큰술

깊은 팬에 물을 넣고 끓인 후 간 마늘을 넣는다.

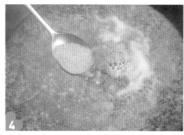
양념물에 황설탕을 넣는다.

백종원의 tip

무를 얇게 썰어서 조리 시간을 줄였다. 두툼한 무의 식감을 즐기고 싶다면 더 두껍게 썰어서 더 오래 끓이면 된다.

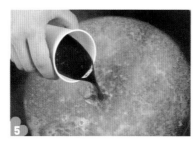
양념물에 만능간장을 넣는다.

양념물을 잘 섞은 뒤 무를 넣는다.

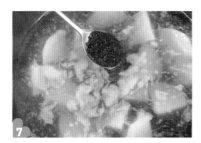
굵은 고춧가루를 넣고 섞는다.

끓기 시작하면 파를 넣고 중불에서 25분 정도 조린다.

국물이 자작한 정도로 줄고, 무가 익을 때까지 조려서 마무리한다.

일본식무조림

Point 만능간장과 편 생강, 청양고추, 대파로
기본 맛을 낸 일본식무조림이다.
조리가 끝나면 맛내기용 채소는 건져 내고
깔끔하게 내는 것이 좋다.

🥢 재료 (4인분)

무	3컵	(360g)
청양고추	3개	(30g)
꽈리고추	6개	(36g)
대파	1대	(100g)
만능간장	⅔컵	(약 130g)
물	5컵	(900ml)
생강		15g
간 마늘		1큰술
황설탕		1½큰술

1 무는 1.5cm 두께로 썬 후 4등분하고, 꽈리고추는 2~3등분하고, 청양고추는 2등분한다. 생강은 0.4~0.5cm 두께로 편 썬다. 대파는 6~7cm 길이로 썬다.

2 깊은 팬에 물을 넣고 끓인 후 간 마늘과 황설탕을 넣는다.

3 양념물에 만능간장을 넣는다.

4 양념물을 잘 섞은 후 무를 넣는다.

백종원의 tip

일본식 조림의 맛을 내는데 빠질 수 없는 재료가 바로 편 생강이다. 이때 생강을 너무 얇게 썰면 나중에 건져내기가 힘들고, 너무 두꺼우면 맛이 덜 나오므로 0.4~0.5cm 정도 두께로 썰어야 적당하다.

5 편 생강, 청양고추, 대파를 넣고 강불에서 끓인다. 끓기 시작하면 중불로 줄이고 25분 정도 조린다.

6 무가 완전히 익으면 꽈리고추를 넣는다.

꽈리고추는 잔열로도 충분히 익는다.

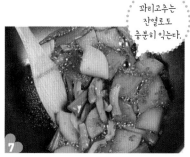

7 꽈리고추와 무를 잘 섞은 뒤 바로 불을 끈다.

8 편 생강, 청양고추, 대파를 건져 내고 접시에 담아낸다.

깻잎찜

Point 양념한 깻잎을 살짝 익혀 주면 특유의 향도 진해지고,
까끌까끌한 식감도 사라져 먹기 좋아진다.
찜기에 찌는 번거로움 없이 간편하게 만드는 깻잎찜 조리법이다.

🥢 재료 (4인분)

깻잎 ⋯⋯⋯⋯	40장 (80g)
양파 ⋯⋯⋯⋯	1½컵 (75g)
당근 ⋯⋯⋯⋯	1컵 (40g)
대파 ⋯⋯⋯⋯	½컵 (25g)
만능간장 ⋯⋯	½컵 (70g)
간 마늘 ⋯⋯	1큰술
굵은 고춧가루 ⋯⋯	2큰술
통깨 ⋯⋯⋯⋯	1큰술

1 당근은 길이 5cm 두께 0.3cm로 채 썰고, 양파는 0.3cm 두께로 썬다. 대파는 0.3cm 두께로 얇게 송송 썬다.

2 볼에 당근, 양파, 대파, 간 마늘을 넣는다.

3 채소가 담긴 볼에 굵은 고춧가루, 통깨, 만능간장을 넣고 잘 섞어서 양념을 만든다.

4 전자레인지용 그릇에 깻잎을 2~3장씩 겹쳐놓고 만들어 둔 양념을 바른다.

백종원의
tip

숨구멍!

5 깻잎이 담긴 그릇에 랩을 씌운 후 젓가락으로 3~4번 찌른다.

6 깻잎이 담긴 그릇을 전자레인지에 넣고 2~3분 정도 익혀서 완성한다. 전자레인지 성능에 따라 익는 시간은 다를 수 있다.

깻잎에 양념을 바를 때 한 장한 장 바르지 말고, 두세 장에 한 번씩만 바르자. 이렇게만 발라도 전자레인지에서 익는 동안 양념이 배게 되어있다.
그릇에 깻잎을 놓을 때 꼭지의 방향을 교차해서 다른 곳을 향하게 하면 나중에 떼어먹기 편하다.

집밥 3장

한국인이 사랑하는
매일집밥

만들기도 쉽고 매일 먹어도
질리지 않는 기본 집밥 메뉴

김치, 생선통조림, 오징어, 콩나물 등
누구네 집 냉장고에나 있는 평범한 재료를 이용해
온 식구가 즐겁게 먹을 수 있는
매일집밥 메뉴를 소개한다.

김치전

Point♪ 맛있는 김치전을 원한다면 세 가지만 기억하자.
첫째 부침가루는 김치 양의 절반으로.
둘째 반죽은 약간 질게.
셋째 기름을 넉넉히 두르고 튀기듯이 부칠 것.

🍯 재료 (4인분)

김치 ················· 4컵 (520g)
부침가루 ········· 1½컵 (165g)
물 ···················· 1컵 (180ml)
고운 고춧가루 ········ 1큰술
식용유 ················· 6큰술

1 볼에 김치를 담고 가위로 2cm 길이로 자른다.

김치가 시다면 설탕 추가!

2 김치가 담긴 볼에 부침가루를 넣는다.

김치 색깔에 따라 고춧가루 양 가감!

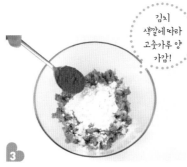

3 고운 고춧가루를 넣어 색감을 더한다.

4 반죽에 물을 붓고 잘 섞는다.

백종원의 tip

달걀은 비린 맛을 낼 수 있기 때문에 넣지 않는 것이 좋다. 삶은 오징어, 간 돼지고기, 참 치캔 등을 추가해도 좋다. 이 때 추가 재료의 양은 김치의 3분의 1 정도가 적당하다. 청양고추를 쓰고 싶다면 고 명으로 올리지 말고 잘게 썰 어서 처음부터 반죽에 넣는 것이 매운맛을 잘 살릴 수 있 는 방법이다.
크기가 큰 전을 뒤집는 것이 부담스럽다면 작게 부치면 된다.

5 반죽의 색깔과 농도를 확인하고 물이나 고운 고춧가루를 더한다. 반죽은 약간 진 것이 좋다.

6 넓은 팬에 식용유를 두르고 강불로 뜨겁게 달 군다.

7 달궈진 팬에 반죽을 1~2 국자 넣고 얇게 편 후 중불로 줄인 후 튀기듯이 부친다.

8 한쪽 면이 익으면 뒤집개로 김치전을 살짝 들 어서 기름을 안쪽으로 넣은 후 뒤집어서 먹기 좋게 익혀 완성한다.

돼지고기김치찌개

Point ♪ 김치찌개를 맛있게 끓이려면 기름 맛을 잘 우려내야 한다.
그래서 쌀뜨물에 고기를 넣고 오래 끓여서
돼지고기의 지방을 충분히 우려내는 방법을 사용하였다.

🥄 재료 (4인분)

돼지고기 (목살) ······· 1컵 (130g)
김치 ···················· 3컵 (390g)
쌀뜨물 ··········· 2⅓컵 (480ml)
청양고추 ············· 2개 (20g)
대파 ················· ⅓대 (약 70g)
간 마늘 ···················· 1큰술
굵은 고춧가루 ··········· 1큰술
고운 고춧가루 ········ ⅓큰술
국간장 ····················· 1큰술
새우젓 ····················· 1큰술

1
대파는 1cm 두께로, 청양고추는 0.3cm 두께로 송송 썬다.

2
돼지고기는 두께 1.5cm, 길이 5cm로 썬다.

3
냄비에 돼지고기를 넣는다.

쌀뜨물이
없다면
물!

4
돼지고기가 담긴 냄비에 쌀뜨물을 붓는다.

오래 끓일수록
깊은 맛이
난다.

5
불을 켜고 중불에서 돼지고기가 익을 때까지 끓여서 육수를 만든다.

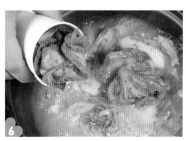

6
돼지고기를 우려낸 국물에 김치를 넣는다.

7
대파, 청양고추, 간 마늘을 넣는다.

8
굵은 고춧가루와 고운 고춧가루를 넣어 색감을 낸다.

9 국간장을 넣어 향을 살린다.

10 새우젓을 넣어 간을 맞춘다.

11 김치가 푹 익을 때까지 중불로 끓여서 완성한다.

백종원의
tip

김치와 돼지고기의 비율은 3:1로 하였다. 이는 취향에 따라 조정할 수 있다.

찌개의 간은 '국간장+새우젓'이나 '국간장+소금', '김치국물+소금' 등 두 가지를 섞어서 하는 것이 좋다. 여기서는 국간장과 새우젓을 사용했다.

된장을 추가하면 묵직한 감칠맛이 더해진다. 된장은 고기를 끓이는 쌀뜨물에 넣어도 되고 마지막에 넣어도 된다. 양은 ½ 큰술 정도가 적당하다.

마지막에 홍고추를 고명으로 넣어도 좋다.

들기름달걀프라이

🥄 재료 (4인분)

달걀 ············ 7개
들기름 ········ 4큰술
국간장 ········ 2큰술

1 볼에 달걀 7개를 깨 둔다. 이때 노른자가 깨지지 않게 주의한다.

2 넓은 팬에 들기름을 듬뿍 두르고 강불에서 달군다.

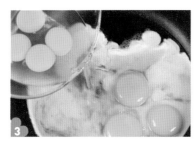

3 달궈진 팬에 깨 놓은 달걀을 붓고 익힌다.

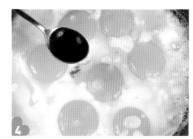

4 국간장으로 간을 하고 반숙 정도로 익혀서 낸다.

통조림생선구이

Point 생물 생선으로 구이를 하면 손질도, 속까지 익히기도 어렵고
집안에 비린내와 연기가 가득하기 일쑤다.
통조림을 이용하면 이런 어려움 없이 쉽게 생선구이를 즐길 수 있다.

🍳 재료 (4인분)

고등어통조림 ······ 1캔 (400g)
꽁치통조림 ········· 1캔 (400g)
식용유 ·············· 2컵 (360ml)
튀김가루 ········ 2½컵 (250g)
꽃소금 ···················· ½큰술
후춧가루 ·················· 약간

1 생선통조림의 내용물을 체에 밭쳐 국물을 걸러 낸다.

2 큰 볼에 튀김가루를 붓는다.

3 체에 밭쳐 두었던 생선에 튀김가루를 입힌다. 생선에 물기가 남지 않도록 꼼꼼히 입혀야 한다.

4 넓은 팬에 식용유를 붓고 강불로 달군다.

백종원의 tip

생물 생선은 속까지 잘 익지 않아 약불에서 장시간 익혀야 하지만 생선통조림은 이미 한 번 익힌 것이라 강불에서 튀기듯 익히면 된다.
튀김가루 대신 밀가루를 사용해도 된다.
꽃소금 대신 양념간장을 함께 내도 좋다.

5 달궈진 식용유에 튀김가루를 입힌 생선을 넣고 튀기듯 굽는다.

6 생선의 앞뒤가 노릇하게 익을 때까지 뒤집어 가며 익힌다.

7 노릇노릇하게 익은 생선을 키친타월 위에 올려 기름을 뺀다.

8 꽃소금에 후춧가루를 넣고 섞어서 구운 생선과 함께 낸다.

고등어감자조림

Point

일반적으로 생선조림에는 무를 넣는다.
그러나 조리과정이 짧은 통조림생선조림에는
금방 익고 양념도 잘 배는 감자를 얇게 썰어 넣는 것이
더 잘 어울린다.

🥢 재료 (4인분)

고등어통조림 ········· 1캔 (400g)
감자 ···················· 1½개 (270g)
양파 ···················· 1개 (250g)
대파 ···················· ⅔대 (약 70g)
청양고추 ·············· 3개 (30g)
물 ········· 통조림 1캔 양 (410ml)
간 마늘 ················· 1큰술
고추장 ·················· 1큰술
굵은 고춧가루 ········· 3큰술
진간장 ·················· 4큰술
황설탕 ·················· 1큰술
간 생강 ·················· 약간
참기름 ·················· 1큰술

1 대파와 청양고추를 0.3cm 두께로 얇게 송송 썰고, 감자와 양파는 1cm 두께로 썬다.

2 깊은 팬에 감자를 겹겹이 깐다.

3 감자 위에 양파를 올리고 통조림 고등어를 국물까지 통째로 붓는다.

4 젓가락으로 고등어를 반으로 가르고 가시를 발라낸다. 고등어의 살 부분이 아래로 가도록 뒤집은 후 불을 켠다.

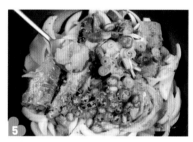

5 대파, 청양고추, 간 마늘을 넣는다.

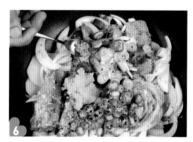

6 간 생강을 넣어 풍미를 더한다.

7 고추장과 굵은 고춧가루를 넣는다.

8 황설탕을 넣어 감칠맛을 더한다.

진간장으로 간을 한다.

통조림 1캔 분량의 물을 부어 재료가 잠길듯 말듯 하게 한다.

참기름을 넣어 향을 더한다.

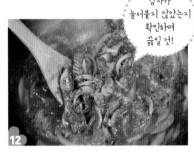
감자가 눌어붙지 않았는지 확인하며 끓일 것!

국물이 졸아들고 고등어에 간이 밸 때까지 중불로 끓여 완성한다.

백종원의 tip

고등어를 반으로 갈라 뼈를 미리 발라내면 먹기 좋다. 반으로 가른 고등어의 안쪽이 팬의 아래쪽과 닿도록 놓으면 양념이 더 잘 밴다.
찌개에 들어가는 모든 양념의 양에는 정답이 없다. 취향에 따라 간이 모자라면 간장을 더 넣고, 색감이 약하면 고춧가루를 더 넣고, 짜다면 물을 좀 더 넣고 끓이면 되는 것이다.

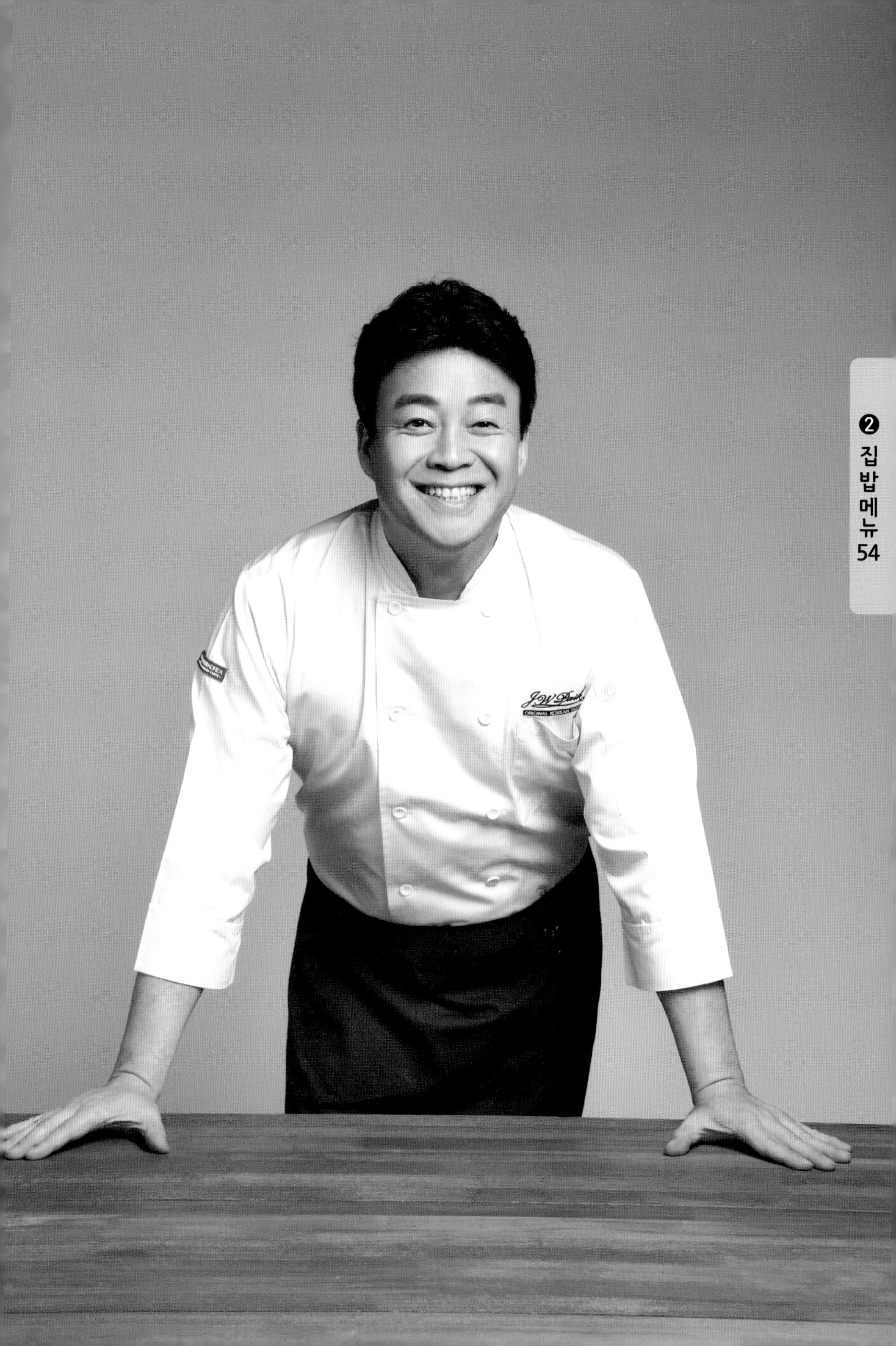
J.W Paik

고등어김치찜

Point 고등어는 비린내가 강한 생선이지만,
기름이 많아 잘만 조리하면
다른 생선보다 풍부한 맛을 느낄 수 있다.
고등어의 비린 맛을 김치로 잡아낸 고등어김치찜이다.

⚖️ 재료 (4인분)

김치 ···················· 2컵 (260g)
고등어통조림 ········ 1캔 (400g)
양파 ···················· 1개 (250g)
대파 ···················· ⅔대 (약 70g)
청양고추 ··············· 3개 (30g)
물 ········· 통조림 1캔 양 (410ml)
간 마늘 ················· 1큰술
된장 ····················· 1큰술
굵은 고춧가루 ·········· 3큰술
진간장 ·················· 2큰술
황설탕 ·················· 1큰술

1 청양고추와 대파를 0.3cm 두께로 얇게 썰고, 양파를 0.5cm 두께로 썬다.

2 깊은 팬에 김치를 먼저 깐다.

3 김치 위에 통조림 고등어를 국물까지 통째로 붓는다.

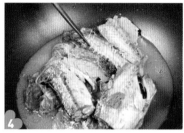

4 젓가락으로 고등어를 반으로 가르고 가시를 발라낸다. 고등어의 살 부분이 아래로 가도록 뒤집은 후 불을 켠다.

❷
집
밥
메
뉴
54

백종원의
tip

고등어감자조림에서 감자 대신 김치를, 고추장 대신 된 장을 넣는 것만 달라졌다고 보면 된다. 된장이 들어갔기 때문에 생강은 넣지 않아도 된다.
김치와 고등어는 비슷한 양을 사용하였으나, 취향에 따라 조절 가능하다.

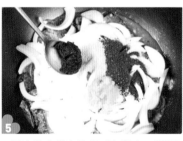

5 고등어 위에 썰어 둔 양파를 올리고 황설탕, 간 마늘, 굵은 고춧가루, 된장을 넣는다.

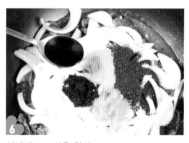

6 진간장으로 간을 한다.

7 대파와 청양고추를 넣은 후 통조림 1캔 분량의 물을 붓고 끓인다.

8 국물이 졸아들어 고등어에 간이 밸 때까지 중 불로 끓여 완성한다.

일본식꽁치조림

생강과 간장으로 꽁치의 비린 맛을 잡아내고
일식 스타일의 맛을 낸 꽁치조림이다.

재료 (4인분)

꽁치통조림 ····· 1캔 (400g)
편 생강 ········ 5조각 (10g)
청양고추 ········· 1개 (10g)
꽈리고추 ······· 10개 (60g)
홍고추 ············· 1개 (10g)
물 ················· ½컵 (60ml)
맛술 ············· ½컵 (60ml)
황설탕 ············· 2 큰술
진간장 ··········· ½컵 (60ml)
식용유 ················· 1큰술

1 꽈리고추는 2등분하고, 생강은 0.3cm 두께로 편 썬다. 홍고추는 0.5cm 두께로, 청양고추는 0.3cm 두께로 송송 썬다.

2 꽁치통조림 내용물을 체에 받쳐 국물을 걸러 낸다.

3 깊은 팬에 편 썬 생강을 깐다.

4 생강이 담긴 팬에 황설탕을 넣는다.

5 진간장을 넣어 일본식 조림의 향을 낸다.

6 맛술과 물을 넣은 후 잘 섞는다.

7 체에 받쳐 둔 꽁치를 양념물에 넣고 불을 켜고 강불에서 끓인다.

8 국물이 자작해지면 청양고추를 넣어 향을 살린다.

9 식용유를 넣어 윤기를 낸다.

꽈리고추 대신
마늘종
사용 가능.

10 꽈리고추를 넣어 향을 더한다.

11 꽁치를 뒤집어 가며 국물이 거의 없어질 때까지 조린다.

12 국물이 거의 없어지면 홍고추를 넣고 팬을 흔들어 섞어서 마무리한다.

백종원의
tip

통조림 꽁치는 이미 한번 익혔기 때문에 오래 익힐 필요가 없다. 겉만 살짝 익힌다는 기분으로 조리하면 된다.
생강은 얇게 썰어야 맛이 빨리 우러나온다.
조린 고추와 꽁치를 함께 먹으면 더욱 맛있다. 취향에 따라 고추를 더 많이 넣고 조리해도 된다.

건새우볶음

재료 (4인분)

건새우 ……… 1½컵 (45g)
대파 ……… 2큰술 (14g)
청양고추 ……… 3개 (30g)
식용유 ……… 1큰술
황설탕 ……… ½큰술
꽃소금 ……… ¼큰술

1 청양고추와 대파를 0.3cm 두께로 송송 썬다.

2 건새우를 체에 밭쳐 불순물을 털어 낸다.

3 넓은 팬에 식용유를 두른 후 건새우, 황설탕, 꽃소금을 넣고 볶는다.

4 건새우에 황설탕과 꽃소금이 잘 어우러지면 대파와 청양고추를 넣고 한 번 더 볶아서 완성한다.

압력밥솥콩나물밥

Point 가정용 전기압력밥솥을 이용하면서도 콩나물의 볼륨감,
식감, 향을 모두 살릴 수 있는 조리법을 소개한다.

백종원의
tip

콩나물을 데치는 물의 양을 가늠하기 어렵다면 밥물을 잡아보고, 같은 양으로 하면 된다.
취향에 따라 양념장에 고춧가루나 마늘종을 넣어도 좋다.
밥을 비빌 때 버터를 조금 넣으면 풍미가 배가된다.

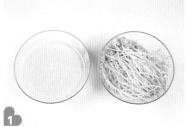

1 콩껍질을 제거한 콩나물과 쌀을 씻어 둔다.

2 냄비에 물을 붓고 끓인 후 꽃소금을 넣는다.

뚜껑은 열거나 닫거나 하나만!

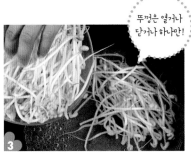

3 콩나물을 넣고 물이 다시 끓어오른 후 2~3분간 더 끓인다.

4 콩나물 데친 물은 따로 담아서 식혀 둔다. 데친 콩나물은 찬물로 헹군 뒤 물기를 빼 둔다.

콩나물 데친 물을 식혀서 사용.

5 전기압력밥솥에 쌀과 콩나물 데친 물을 넣고 밥을 안친다.

6 대파, 청양고추, 홍고추를 길게 반 가른 후 0.3cm 두께로 썰어 볼에 넣는다.

7 황설탕, 깨소금, 간 마늘, 진간장, 참기름을 넣고 섞어서 양념장을 만든다.

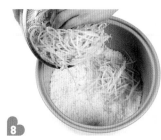

8 취사가 완료된 밥에 데친 콩나물을 넣고 섞는다. 밥을 그릇에 담고 양념장과 함께 낸다.

콩나물무침

Point ♩ 간단해 보이면서도 의외로 맛내기가 어려운 것이 콩나물무침이다.

기본 맛은 마늘과 참기름으로 내고,

나머지 재료는 취향에 따라 선택하면 된다.

🏮 재료 (4인분)

콩나물 ······ 3컵 (210g)
（물 3컵 + 꽃소금 약간）
간 마늘 ······· ½ 큰술
꽃소금 ········ ½ 큰술
깨소금 ·········· 1 큰술
참기름 ········ ½ 큰술

기본콩나물무침

1 냄비에 물을 붓고 끓인 후 꽃소금을 넣는다.

2 콩나물을 넣고 물이 다시 끓어오른 후 2~3분간 더 끓인다.

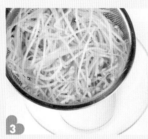

3 데친 콩나물을 찬물로 헹구고 체에 받쳐 물기를 뺀다.

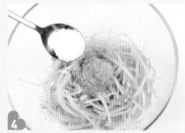

4 볼에 데친 콩나물을 넣고, 간 마늘, 꽃소금, 깨소금을 넣는다.

5 참기름을 넣고 골고루 섞으면 기본콩나물무침이 완성된다.

기본콩나물무침 + 쪽파

6 쪽파 1대(12g)를 0.3cm 길이로 송송 썬다.

7 기본콩나물무침에 쪽파를 넣고 잘 섞어서 완성한다.

기본콩나물무침 + 쪽파 + 당근

6 쪽파 1대(12g)를 0.3cm 길이로 송송 썬다.

7 기본콩나물무침에 쪽파를 넣는다.

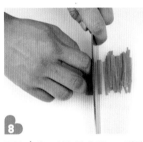

8 당근 ⅛개(30g)를 두께 0.3cm, 길이 6cm로 채 썬다.

9 당근을 넣고 잘 섞어서 완성한다.

백종원의
tip

담백한 기본콩나물무침에 쪽파나 당근을 넣어 색감을 더하거나 고춧가루와 진간장을 넣어 좀 더 자극적인 맛을 낼 수도 있다. 깔끔한 맛을 원한다면 기본 콩나물무침을 하면 된다. 나머지 재료들은 모두 선택 사항이다.
콩나물을 데칠 때는 뚜껑을 처음부터 계속 열거나, 처음부터 계속 닫거나 한 가지 노선만 선택해야 비린내가 나지 않는다.

기본콩나물무침 + 쪽파 + 당근 + 간장 + 고춧가루

6
쪽파 1대(12g)를 0.3cm 길이로 송송 썬다.

7
기본콩나물무침에 쪽파를 넣는다.

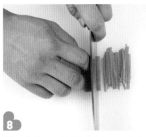

8
당근 $\frac{1}{8}$개(30g)를 두께 0.3cm, 길이 6cm로 채 썬다.

9
당근을 넣고 잘 섞는다.

10
진간장 $\frac{1}{3}$큰술을 넣는다.

11
굵은 고춧가루 $\frac{1}{2}$큰술을 넣고 섞어서 완성한다.

얼큰콩나물찌개

Point 콩나물로는 맑은 국을 끓이는 게
제격이라는 편견을 뒤집어줄 찌개요리다.
집밥 식탁에도, 술안주로도, 속 쓰린 아침 해장국으로도
손색이 없는 깊고 시원한 맛이 난다.

🏠 재료 (4인분)

콩나물 ·········· 3컵 (210g)
대파 ·············· 1대 (100g)
(파기름용 ½대, 고명용 ½대)
간 돼지고기 ······ 1컵 (90g)
양파 ·············· 1개 (250g)
표고버섯 ········· 5개 (100g)
청양고추 ·········· 1개 (10g)
홍고추 ············ 1개 (10g)
물 ············· 3½컵 (630ml)
식용유 ·············· 4큰술
굵은 고춧가루 ······ 3큰술
진간장 ········· ½컵 (45ml)
간 마늘 ·············· 1큰술
꽃소금 ·············· 1큰술

백종원의 tip

새우젓이나 멸치액젓으로 기본 간을 하고, 간장이나 소금으로 부족한 간을 보충해줘도 된다.
이 찌개는 한 번 끓여서 식힌 후 다시 끓이면 맛이 더욱 깊어진다.

1 청양고추, 홍고추, 대파는 두께 0.5cm, 길이 3cm로 어슷 썬다. 양파는 0.5cm 두께로 썬다. 표고버섯은 0.5cm 두께로 썬다.

2 깊은 팬에 식용유를 두르고 썰어 둔 대파의 절반을 넣은 후 불을 켜고 살짝 볶는다.

3 대파가 노릇노릇해지면 간 돼지고기를 넣고 뭉치지 않게 잘 풀어 주며 볶는다.

4 돼지고기가 하얗게 익으면 굵은 고춧가루를 넣고 섞는다.

> 물은 콩나물이 잠길 정도로.

5 콩나물, 양파, 표고버섯, 물을 넣고 끓인다.

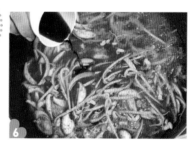

6 찌개가 끓기 시작하면 진간장을 넣어 간을 한다.

7 간 마늘을 넣고, 꽃소금으로 부족한 간을 한 후 끓인다.

8 콩나물이 완전히 익을 때까지 끓인 뒤 남은 대파와 청양고추, 홍고추를 넣고 섞어 마무리한다.

❷ 집밥메뉴 54

콩나물볶음밥

Point ♪ 만능닭갈비소스와 콩나물만 있으면
쉽게 만들 수 있는 콩나물볶음밥이다.
밥을 넣기 전에 파기름과 소스를 먼저 볶아서
맛을 내는 것이 포인트다.

🍯 재료 (4인분)

콩나물 ………… 6컵 (420g)
 (물 6컵 + 꽃소금 약간)
밥 …………… 4공기 (800g)
당근 …………… ⅓개 (55g)
대파 …………… ½대 (50g)
달걀 …………… 4개
식용유 ………… ⅓컵 (60ml)
조미 김가루 ……… 1컵
통깨 …………… 2큰술

만능닭갈비소스

진간장 ……………… ½컵
맛술 ………………… ½컵
황설탕 ……………… ½컵
굵은 고춧가루 …… ½컵
고추장 ……………… ½컵
간 마늘 …………… ½컵

백종원의
tip

만능닭갈비소스의 양은 입맛
에 따라 조절해서 넣으면 된
다. 보통 2컵 정도 사용하면
간이 맞다. 사용하고 남은 소
스는 2주 정도 냉장 보관 가
능하다. 이 소스는 닭갈비 외
에도 콩나물불고기 등 다양
한 요리에 사용 가능하다.

1 콩나물을 데쳐서 찬물에 헹군 뒤 체에 밭쳐 둔다.

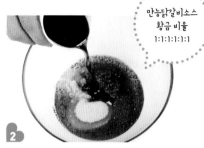

만능닭갈비소스
황금 비율
1:1:1:1:1:1

2 진간장, 맛술, 황설탕, 굵은 고춧가루, 고추장,
간 마늘을 섞어 만능닭갈비소스를 만든다.

3 대파는 0.3cm 두께로 얇게 썰고, 당근은 0.3cm
두께로 채 썬 후 잘게 다진다.

4 넓은 팬에 식용유와 대파를 넣고 불을 켜고 강
불에서 파가 노릇노릇해질 때까지 볶는다.

5 파가 노릇노릇해지면 당근을 넣고, 만능닭갈
비소스를 넣어 저어 가며 살짝 조린다.

6 살짝 졸아든 양념에 밥을 넣고 고루 섞는다.

7 데친 콩나물을 넣고 주걱으로 잘 섞어서 완성
한다.

8 볶은 밥을 그릇에 담고 김가루, 통깨, 달걀프
라이를 얹어 낸다.

콩나물불고기

Point ♪ 콩나물불고기는 평범한 재료로 쉽게 완성할 수 있는
근사한 일품요리일 뿐 아니라,
고기와 함께 많은 양의 채소를 먹을 수 있는
건강요리이기도 해서
집밥 메뉴로 강력 추천한다.

🔥 재료 (4인분)

콩나물 ·············· 6컵 (420g)
대패삼겹살 ············· 470g
대파 ·················· 2대(200g)
양파 ·················· 1개(250g)
새송이버섯 ········· 1개(40g)
깻잎 ·················· 8장(16g)
통깨 ·················· 1큰술

만능닭갈비소스

진간장 ··············· ½컵
맛술 ················· ½컵
황설탕 ··············· ½컵
굵은 고춧가루 ····· ½컵
고추장 ··············· ½컵
간 마늘 ············· ½컵

백종원의
tip

콩나물불고기는 물을 전혀 넣지 않고 콩나물을 비롯한 여러 채소들의 수분으로 요리를 하기 때문에 감칠맛이 난다.
식탁 한가운데 올려 두고 콩나물이나 고기는 계속 추가해서 끓이면서 먹으면 좋다.
소스는 한꺼번에 넣지 말고 처음엔 반 정도만 넣고, 간을 봐 가면서 추가하도록 하자.

1 대패삼겹살은 크기가 큰 것을 반으로 갈라 준비한다. 양파는 0.5cm 두께로 썰고, 대파는 5cm 길이로 썬다.

2 깻잎은 길게 반 갈라 2cm 길이로 썰어 뭉치지 않게 풀어 둔다. 새송이버섯은 두께 0.5cm, 길이 6cm로 어슷 썬다.

3 볼에 진간장, 맛술, 황설탕, 굵은 고춧가루, 고추장, 간 마늘을 섞어 만능닭갈비소스를 만든다.

4 넓은 팬에 콩나물을 수북히 쌓는다.

소스는 일단 반 정도만 사용.

5 콩나물 위에 대파, 양파, 새송이버섯, 대패삼겹살, 깻잎을 순서대로 올린다.

6 미리 만들어 둔 만능닭갈비소스를 붓는다.

7 통깨를 뿌린 후 약불에서 끓이다가 채소에서 수분이 나오기 시작하면 중불로 끓인다.

8 국물이 자작하게 끓으면 불을 약불로 줄인다. 약불로 끓이면서 양념을 잘 섞고 고기를 먹기 좋은 크기로 자르며 먹는다.

❷ 집밥메뉴 54

오징어 요리의 기초

1 오징어 몸통 갈라 손질하기

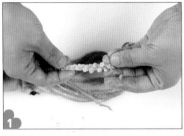

1 오징어 다리(촉수)의 빨판을 세게 쭉쭉 훑어서 이물질을 제거한다.

2 가위로 오징어 몸통 뒷면 가운데를 끝까지 가른다.

3 내장이 위로 올라오도록 몸통을 펼친다.

4 한 손으로 몸통 끝부분을 잡고 다른 손으로 내장을 잡아 쭉 잡아당겨 떼 낸다.

중간에 끊어지지 않게 주의!

5 몸통 중앙에 있는 투명한 대를 떼 낸다.

6 오징어의 눈이 안 보이게 뒤집은 후 다리의 중앙을 가위로 가른다.

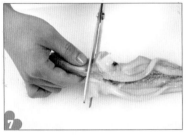

7 가위로 내장과 다리를 분리한다.

8 눈을 떼서 버린다.

9 입을 뗀 후 뒤에서 눌러 이빨을 제거하고 사용한다.

백종원의 tip

오징어는 몸통이 진한 붉은색을 띠며 눈이 또렷한 것일수록 신선하다. 신선한 오징어일수록 빨판의 이물질이 많으므로 꼼꼼히 제거해야 한다.

10 마른 키친타월로 몸통 끝부분의 껍질을 잡고 살살 잡아당겨 벗겨낸다. 지느러미의 껍질도 같은 방법으로 제거한다.

2 통오징어로 손질하기

몸통 윗부분을 밀면서!

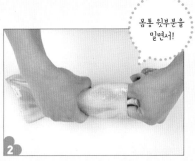

1 오징어 다리의 빨판을 세게 쭉쭉 훑어서 이물질을 제거한다.

2 몸통 안쪽 끝까지 손가락을 넣어 몸통과 내장이 연결된 부분을 떼어 낸다.

3 다리를 잡아당겨 내장을 꺼낸다.

4 몸통 안에 남아 있는 투명한 대와 기타 이물질을 제거한다.

5 다리와 내장은 '몸통 갈라 손질하기(6~9번)'와 같은 방법으로 손질한다.

6 마른 키친타월을 이용해 몸통과 지느러미의 껍질을 벗긴다.

3 오징어 데치기

바로 식혀야 식감이 좋다.

1 냄비에 물 5컵을 넣고 끓인 후 맛술 2큰술과 식초 1큰술을 넣는다.

2 오징어를 넣고 탱글탱글하게 익을 때까지 끓인다.

3 데친 오징어를 바로 찬물이나 얼음물에 담가 식힌 후 바로 꺼내 체에 받쳐 둔다.

4 초고추장 만들기

1 고추장 3큰술, 황설탕 1큰술, 식초 1큰술, 물 2큰술을 볼에 넣고 잘 섞는다.

2 취향에 따라 쪽파나 마늘을 추가한다.

백종원의 tip

마늘 넣은 초고추장을 만들 때 마늘을 미리 넣으면 숙성되어 맛이 변하기 때문에 먹기 직전에 넣어야 한다.

오징어숙회

Point 오징어는 오래 데치면 질겨진다.
샤브샤브보다 살짝 더 익혀서
오징어의 모양이 잡히고 흰색을 띨 때까지만 데쳐야
쫄깃하고 탱글탱글한 식감의 숙회를 즐길 수 있다.

얇게 썰어야
식감이 좋다.

1 청양고추의 반은 0.3cm 두께로 얇게 썰고, 반은 2cm 두께로 송송 썬다. 마늘은 얇게 편 썬다.

2 오징어는 통으로 손질한 후 껍질을 벗기고 데쳐서 몸통을 0.4cm 두께로 얇게 썬다.

젓가락을 사용하면
가지런히 놓을 수
있다!

3 접시에 꽃상추와 깻잎을 깔고, 그 위에 오징어 몸통을 올린다. 꽃상추와 깻잎 대신 다른 잎채소를 사용해도 된다.

4 오징어 하단에서 다리만 잘라 내고 나머지 특수부위는 잘게 썬다.

5 볼에 잘게 썬 특수부위와 0.3cm 두께로 썬 청양고추를 넣고 잘 섞어 둔다.

6 몸통이 놓인 접시에 특수부위무침과 다리를 올리고 편 마늘, 2cm 두께로 썬 청양고추로 장식한다. 몸통에 통깨를 솔솔 뿌린다.

7 고추장, 황설탕, 식초, 물을 섞어 초고추장을 만든다.

8 만든 초고추장을 2개의 종지에 나누어 담는다. 한 종지에는 간 마늘과 통깨 약간을 넣고, 다른 종지에는 쪽파와 참기름, 통깨 약간을 넣어 두 가지 초고추장을 완성해 오징어와 함께 낸다.

오징어초무침

Point

초고추장으로 기본 간을 하고,
색을 내기 위해 고춧가루를, 향을 내기 위해 진간장을
쓰는 것이 포인트인 오징어초무침이다.

재료 (4인분)

오징어 ·········· 1마리 (300g)
양파 ·············· ½개 (125g)
청양고추 ·········· 1개 (10g)
대파 ·············· ½대 (50g)
오이 ·············· ½개 (110g)
당근 ·············· ½개 (55g)
깻잎 ·············· 4장 (8g)
꽃상추 ·········· 3장 (30g)
굵은 고춧가루 ·········· 1큰술
진간장 ·········· 1큰술
간 마늘 ·········· ½큰술
참기름 ·········· 1큰술
통깨 ·········· 1큰술

오징어 데치기

물 ·········· 5컵 (900ml)
맛술 ·········· 2큰술
식초 ·········· 1큰술

초고추장

고추장 ·········· 3큰술
황설탕 ·········· 1큰술
식초 ·········· 1큰술
물 ·········· 2큰술

1 통으로 손질하고 껍질을 벗긴 오징어를 데친 후 먹기 좋은 크기로 썬다.

오징어 모양에 맞춰 길쭉하게 썬다.

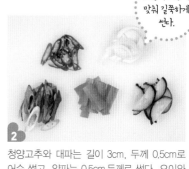

2 청양고추와 대파는 길이 3cm, 두께 0.5cm로 어슷 썰고, 양파는 0.5cm 두께로 썬다. 오이와 당근은 길게 반 갈라 두께 0.4cm, 길이 4cm 로 썬다.

잎채소는 모두 같은 방법!

3 깻잎과 상추는 끝부분을 잘라 내고 잘게 찢은 후 볼에 넣고 풀어 준다.

4 깻잎과 상추가 담긴 볼에 썰어 둔 채소를 모두 넣고 잘 섞는다.

5 채소가 담긴 볼에 썰어 둔 오징어를 넣는다.

6 굵은 고춧가루, 간 마늘, 진간장을 넣는다.

7 고추장, 황설탕, 식초, 물을 섞어 만든 초고추장으로 간을 맞추며 무친다. 초고추장은 한꺼번에 다 넣지 말고 간을 보며 취향대로 넣는다.

8 참기름과 통깨를 넣고 잘 섞어서 마무리한다.

❷ 집밥메뉴 54

오징어볶음

Point 파기름으로 맛을 낸 오징어볶음이다.
밥 위에 달걀프라이와 함께 올리면
맛있는 오징어덮밥으로도 즐길 수 있다.

오징어볶음

재료 (4인분)

오징어 ········· 2마리(600g)
대파 ·············· 1대(100g)
(파기름용 ⅓대, 볶음용 ⅔대)
양파 ············· 1개(250g)
청양고추 ········· 3개(30g)
홍고추 ············ 1개(10g)
당근 ············· ⅓개(55g)
양배추 ········· ⅙통(400g)
물 ················ ½컵(90ml)
식용유 ················ 3큰술
황설탕 ············ 1½큰술
간 마늘 ·············· 1큰술
고추장 ················ 1큰술
진간장 ········· ¼컵(45ml)
굵은 고춧가루 ······ 3큰술
참기름 ················ 2큰술
통깨 ·················· 1큰술

백종원의
tip

오징어볶음을 할 때는 오징
어의 껍질을 굳이 벗기지 않
아도 된다. 오징어 껍질에 양
념이 잘 스며들어서 껍질을
살리면 더 맛있는 볶음을 만
들 수 있다. 단, 껍질이 남아
있으면 식감이 질길 수 있고,
썰 때 미끄러우니 주의하자.

1 대파 ⅓대는 0.3cm 두께로 얇게 썰고, 홍고추와 청양고추는 두께 0.5cm, 길이 3cm로 어슷 썬다. 양파는 1cm 두께로 썰고, 대파 ⅔대는 5cm 길이로 썬다. 당근은 두께 0.4cm, 길이 5cm로 썰고, 양배추는 두께 1.5cm, 길이 5cm로 썬다.

2 양배추를 낱장으로 분리한 후 0.3cm 두께로 썬 파기름용 대파를 제외한 채소를 한 데 모아 고루 섞는다.

껍질을
벗기지않고
사용!

3 오징어를 통으로 손질하고 껍질을 벗기지 않은 상태에서 1.5cm 두께로 썬다.

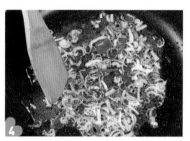

4 넓은 팬에 0.3cm 두께로 썬 대파와 식용유를 넣고 불을 켜고 강불에서 대파가 노릇노릇해질 때까지 볶는다.

5 대파가 노릇노릇해지면 썰어 둔 오징어를 넣는다.

6 강불에서 팬을 흔들며 오징어가 반쯤 익을 때까지 볶는다.

단맛은
분자가 커서
제일 먼저
넣어야 한다.

7 오징어가 반 정도 익으면 황설탕을 넣고 섞는다.

8 간 마늘, 고추장, 굵은 고춧가루, 진간장을 넣는다.

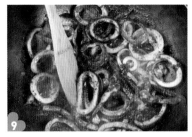

팬을 흔들며 잘 섞는다.

물을 넣고, 양념이 뭉치지 않게 잘 풀어 준다.

양념이 끓으면 섞어 둔 채소를 한꺼번에 넣는다.

강불에서 저어 가며 볶다가 채소의 숨이 살짝 죽으면 약불로 줄인다.

백종원의
tip

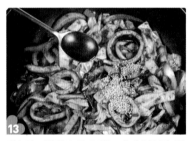

채소의 아삭함이 살아 있는 상태에서 참기름과 통깨를 넣고 잘 섞어서 마무리한다.

오징어를 볶기 전에 미리 데치면 살짝 볶아도 되고, 모양이 예쁘다. 반면 데치지 않고 볶으면 모양은 예쁘지 않지만 감칠맛이 살아난다. 데쳐서 볶든 생으로 볶든 조리 순서는 같으니 취향대로 선택하자.

채소를 넣기 전 양념은 짜고 진하다 싶은 정도로 해야 채소를 넣은 후 적당한 간과 색이 나온다.

그릇에 담을 때는 상추나 깻잎을 깔고 오징어볶음을 높이 쌓는 느낌으로 올리자.

재료 (1인분)

오징어볶음 ········ 1인분, 적당량
밥 ························· 1공기 (200g)
달걀 ···························· 1개
식용유 ···················· ½컵 (60ml)
고추장 ························· ½큰술
참기름 ························· ½큰술
통깨 ···························· ½큰술

오징어덮밥

14 밥공기를 이용해 접시 중앙에 밥을 올린다.

15 팬에 식용유를 넉넉히 두르고 충분히 달군 뒤 달걀을 깨 넣고 튀기듯 프라이한다.

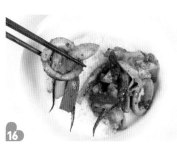

16 미리 만들어 놓은 오징어볶음을 밥 한쪽에 올린다.

입맛에 따라 고추장으로 부족한 간 보충.

17 달걀프라이와 고추장, 참기름, 통깨를 올려 낸다.

백종원의 tip

덮밥이나 볶음밥에는 중국식달걀프라이가 제격이다. 중국식달걀프라이의 핵심은 기름을 충분히 붓고 뜨거운 온도에서 튀기듯 조리하는 것이다. 프라이를 익히는 동안에도 계속 노른자 위에 뜨거운 식용유를 끼얹어 주면 좋다.

중국식오징어꼬치

뜨거운 파기름과 고춧가루를 섞어서
건더기가 많은 중국풍 고추기름을 만들어 맛을 내보았다.
이 고추기름은 콩나물무침 등 다양한 요리에 활용 가능하다.

재료 (4인분)

오징어 ·············· 2마리 (600g)
대파 ······················ ⅓대 (25g)
식용유 ·············· 6컵 (1080ml)
(고추기름용 ⅓컵, 튀김용 5⅔컵)
굵은 고춧가루 ··········· 3큰술

꼬치는 모양을 잡아주는 역할.

1 몸통을 갈라 손질한 오징어의 몸통과 다리를 반으로 자른다.

2 반 자른 오징어 몸통을 꼬치에 지그재그로 끼우고, 끝에 다리도 함께 꽂는다.

3 몸통 가장자리에 1cm 간격으로 가위집을 낸 후 키친타월로 물기를 제거한다.

4 대파는 길게 반 가른 후 0.3cm 두께로 얇게 썬다.

백종원의 tip

이빨을 제거한 오징어 입을 꼬치에 꽂아서 함께 튀겨 먹을 수도 있다.

5 넓은 팬에 식용유와 대파를 넣고 불을 켜고 강불에서 파가 노릇노릇해질 때까지 볶는다.

6 볼에 굵은 고춧가루를 넣고, 노릇노릇해진 파기름을 넣어 잘 섞어 고추기름을 만들어 둔다.

7 깊은 팬에 식용유를 붓고 강불로 달군다.

8 달궈진 기름에 꼬치에 끼워 둔 오징어를 넣는다.

9 기름이 튀지 않게 뚜껑을 덮고 강불에서 튀긴다.

10 중간중간 뚜껑을 열고 오징어를 뒤집어 가며 먹기 좋게 익을 때까지 튀긴 후 건져 낸다.

11 건져 낸 오징어에 미리 만들어 둔 고추기름을 바른다.

12 꼬치에서 오징어를 빼고 가위로 먹기 좋게 잘라서 낸다.

백종원의 tip

고추기름은 파기름이 뜨거울 때 고춧가루와 섞어서 만들어야 한다.
오징어는 튀기기 전에 반드시 물기를 제거해야 한다. 튀길 때도 꼭 뚜껑을 덮어야 기름이 튀는 것을 막을 수 있다. 취향에 따라 튀긴 오징어에 카레가루를 함께 뿌려 먹어도 좋다.

감자채볶음

🍳 재료 (4인분)

감자 ········· 2개 (360g)	식용유 ····· ⅕컵 (45ml)
(물 8컵 + 꽃소금 ½큰술)	꽃소금 ········· ⅓큰술
당근 ········· 1컵 (40g)	후춧가루 ········· 약간
양파 ········· ½개 (125g)	

채칼로 채소의 굵기를 일정하게.

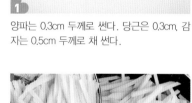

1 양파는 0.3cm 두께로 썬다. 당근은 0.3cm, 감자는 0.5cm 두께로 채 썬다.

2 끓는 물에 감자와 꽃소금을 넣고 익힌 후 건져서 체에 밭쳐 둔다.

3 넓은 팬에 식용유를 두르고 달군 후 양파와 당근을 넣고 볶는다.

4 당근과 양파가 익어서 투명한 빛이 돌면 데친 감자를 넣고 섞는다.

청양고추나 대파 추가 가능!

5 꽃소금과 후춧가루로 간을 하고 잘 섞어 마무리한다.

집밥 4장

특별한 날 먹는
별미집밥

외식보다 더 맛있고
특별한 별미집밥 메뉴

집에서도 고깃집 못지 않게 맛있는 돼지고기구이를,
손님 접대용으로 손색이 없는 카레 요리를,
추억의 경양식집 돈가스를 요리해
온 가족이 즐거운 별미집밥을 선물해 보자.

돼지고기구이

Point♪ 잘만 하면 집에서 프라이팬에 구워 먹는 돼지고기가
밖에서 숯불에 구운 것보다 더 맛있을 수도 있다.
집에서 맛있게 돼지고기를 즐길 수 있는 꿀팁을 모았다.

밑간하기

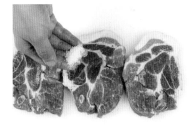

삼겹살

꽃소금을 뿌린다

목살

꽃소금과 후춧가루를 뿌린다.

항정살

꽃소금, 후춧가루, 간 마늘을 넣는다.

참기름을 넣고 잘 섞는다.

양념장 3종 만들기

백종원의
tip

기름양념장

꽃소금 1큰술, 참기름 2큰술, 후춧가루 약간을 넣고 잘 섞는다.

마늘양념장

간 마늘 1큰술, 참기름 2큰술을 넣고 섞는다.

돼지고기 밑간의 기본은 소금이다. 밑간의 간은 다른 양념장 없이도 먹을 수 있을 정도로 하면 된다.
마늘양념장은 소고기와도 잘 어울린다.
쌈장에 들어가는 사이다는 설탕물로 대체 가능하다.

쌈장

된장 1큰술, 고추장 ½큰술, 굵은 고춧가루 1큰술, 간 마늘 ½큰술, 사이다 2큰술, 참기름 1큰술을 넣고 잘 섞는다.

양조식초 사용!

1 볼에 진간장, 식초, 황설탕, 굵은 고춧가루, 간 마늘을 넣고 섞어 양념장을 만든다.

2 볼에 파채를 넣은 후, 만들어 둔 양념장을 넣고 섞는다.

재료 (4인분)

파채 ····················· 3컵 (150g)
황설탕 ··················· ½큰술
진간장 ··················· 2½큰술
식초 ····················· ½큰술
굵은 고춧가루 ········· 1½큰술
간 마늘 ················· ½큰술
참기름 ··················· ½큰술

3 참기름을 넣어 향을 더한다.

4 파채에 양념이 배도록 젓가락으로 잘 섞는다.

백종원의 tip

일반적인 파무침 스타일은 세 가지 정도다. 참기름과 고춧가루로 무칠 수도 있고, 간장과 식초를 넣을 수도 있고, 초고추장을 이용할 수도 있다. 여기서 소개하는 것은 간장과 식초를 이용한 스타일로 마지막에 참기름을 넣는 것이 포인트다. 식초와 참기름이 만나면 생각지 못했던 풍부한 맛이 난다.
사과식초는 신맛이 약하므로 양조식초를 사용하는 것이 좋다.

5 가위로 파채를 먹기 좋은 크기로 자른다.

양배추쌈 만들기

1 양배추를 먹을 만큼 잘라서 전자레인지용 그릇에 담는다.

2 양배추가 담긴 그릇에 물을 붓는다.

3 그릇에 랩을 씌우고, 젓가락으로 3~4회 찔러서 공기 구멍을 낸 후 전자레인지에서 약 10분간 익힌다.

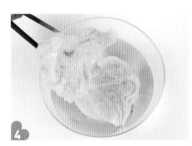

4 익힌 양배추를 찬물에 헹군 뒤 물기를 빼서 쌈장, 고기와 함께 먹는다.

재료 (4인분)

양배추 ······· ½통 (600g)
물 ·············· 1컵 (180ml)

❷ 집밥메뉴 54

백종원의 tip

돼지고기 굽기 팁

고기를 굽기 전에 팬은 강불에서 충분히 달궈야 한다. 고기는 강불에서 튀기듯이 굽고, 자주 뒤집지 않아야 육즙이 빠지지 않는다. 한 판을 다 구운 후에는 팬에 남아 있는 기름을 닦아 낸 후 다시 시작해야 한다. 고기를 구울 때 기름이 튄다면 키친타월로 살짝 덮어 두면 된다. 여러 부위의 돼지고기를 섞어서 먹을 때는 기름기가 적은 부위부터 기름기가 많은 부위 순서로 먹어야 고소한 맛을 잘 느낄 수 있다. 예를 들면 목살에서 시작해서 갈매기살을 먹은 후 가브리살이나 갈비살을 먹고 삼겹살은 가장 나중에 먹는 식이다.

양파 캐러멜 카레

Point 양파를 오래 볶아서 깊은 풍미와 향을 살린 카레다.
카레가루는 다른 재료가 충분히 익은 후에 넣고
살짝 끓이기만 하면 된다.
맛을 내는 핵심은 카레가루가 아니라 오래 볶은 양파다.

白종원의
tip

재료 (4인분)

시판용 카레가루 ········ 1봉지 (100g)
소고기 (불고기용) ········· 3컵 (270g)
양파 ······················· 2개 (500g)
감자 ····················· 1½개 (225g)
당근 ························ ½개 (135g)
물 ······················· 4컵 (720ml)
식용유 ··················· ½컵 (90ml)
후춧가루 ························· 약간

카레용 채소 모양에 대한 선입견을 버리자. 채소를 채 썰어서 사용하면 익는 속도도 빠르고 색다른 모양을 낼 수 있다.
이 조리법에 설탕 ½큰술을 더 넣으면 부드러운 맛이 배가되고, 고운 고춧가루 ½큰술을 넣으면 색감이 진해지고 매콤해진다. 더 매콤한 맛을 원한다면 생강을 소량 추가할 수도 있다. 케첩이나 토마토를 ½컵 정도 넣으면 새콤하면서도 깊은 맛이 난다. 버터 1조각을 넣으면 맛이 더 고소해진다. 취향대로 응용하자.

질긴 고기일수록 얇게.

1 감자와 당근은 두께 0.3cm, 길이 3cm로 채 썬다. 소고기는 3cm 길이로 얇게 썰고, 양파는 0.3cm 두께로 썬다.

2 깊은 팬에 식용유를 두르고 양파와 후춧가루를 넣은 후, 중불에서 양파가 옅은 캐러멜색이 될 때까지 볶는다.

3 양파가 옅은 캐러멜색으로 익으면 소고기를 넣는다.

4 채 썬 감자와 당근도 함께 넣고 볶는다.

5 건더기가 어느 정도 익으면 물을 넣는다. 물의 양은 카레 봉지에 적힌 양을 참고하자.

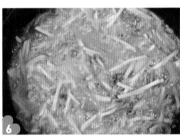

6 중불에서 육수가 충분히 우러나와 국물이 옅은 캐러멜색이 될 때까지 끓인다.

7 카레가루를 넣고 잘 풀어 준 후 불을 끄고 마무리한다.

목살스테이크카레

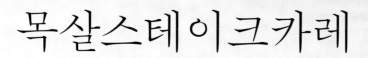

Point 고기 스테이크와 큼직큼직하게 썬 채소로
고급스러운 느낌을 낸 카레 요리이다.
맛도 보기도 좋아 손님 접대 메뉴로도 훌륭하다.

🔖 재료 (4인분)

돼지고기 목살 ········· 4덩이 (600g)
양파 ·························· 2½개 (625g)
당근 ·························· ⅜개 (180g)
감자 ·························· 2개 (360g)
시판용 고형 카레 ······· 1팩 (120g)
홍 파프리카 ··············· ½개 (70g)
황 파프리카 ··············· ½개 (70g)
청 파프리카 ··············· ½개 (70g)
물 ··························· 7컵 (1260ml)
밥 ··························· 4공기 (800g)
식용유 ······················ ⅓컵 (45ml)
꽃소금 ························ 약간
후춧가루 ····················· 약간

1 파프리카, 당근, 감자는 3~5cm 크기로 큼직하게 썬다. 양파는 0.5cm 두께로 얇게 썬다.

2 목살에 꽃소금과 후춧가루로 밑간한다.

고기가 익으면서
모양이 틀어지는
것을 방지!

3 목살을 돌려 가며 가장자리에 칼집을 낸다.

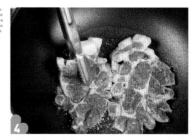

4 강불에서 뜨겁게 달군 팬에 밑간한 목살을 올린다.

양파는
빨리 넣을수록
좋다.

5 썰어 둔 양파를 넣고 목살과 함께 굽는다.

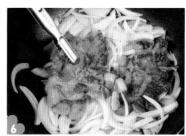

6 목살을 너무 익혔나 싶을 때까지 익힌 후 뒤집는다.

7 목살을 뒤집은 후 그 위에 당근과 감자를 넣고 함께 익힌다.

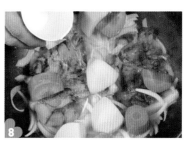

8 목살을 바싹 더 익힌 후 물을 붓는다.

❷
집
밥
메
뉴
54

269

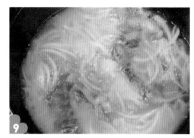

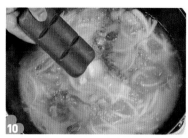

중불에서 감자가 익고 육수가 충분히 우러날 때까지 끓인다.

감자가 익으면 고형 카레를 넣고 잘 풀어 주며 살짝 끓인다.

파프리카는 생략 가능.

완성된 카레에 큼직하게 썰어 둔 세 가지 색의 파프리카를 넣어 색감을 더한다.

접시에 밥을 올리고, 그 옆에 목살과 채소를 올린 후 카레를 부어서 낸다.

백종원의 tip

고형 카레는 카레가루에 팜유를 넣고 굳힌 것이다. 기름이 더 들어갔기 때문에 카레가루보다 더 고소하고 풍미가 있다.
목살 대신 감자나 당근으로 속을 채운 통오징어나 닭다리 등 다른 재료를 이용할 수도 있다. 재료에 따라 끓이거나 굽는 시간을 조절하자.
닭고기를 주재료로 하고 청양고추, 대파, 고춧가루, 간장 등 기본 양념을 추가하여 익히면 간단하게 카레닭볶음탕도 만들 수 있다.

잔치국수

Point ♪ 잔치국수는 양념장, 고명, 육수, 면을 따로따로 준비해야 해서
만들기 번거로운 음식 중 하나다. 그래서 고명과 육수를 한꺼번에
준비할 수 있는 조리법을 생각해 보았다.

🍲 재료 (4인분)

청양고추 ············· 3개(30g)
쪽파 ··················· 8대(80g)
물 ······················ ⅛컵(30ml)
간 마늘 ················ 1큰술
굵은 고춧가루 ······· 2큰술
황설탕 ················· ⅔큰술
깨소금 ················· 2½큰술
진간장 ··············· ⅓컵(70g)
국간장 ··············· ⅓컵(70g)
참기름 ················· 2큰술

양념장 만들기

파와 고추
양의 비율은
3:1

1 쪽파는 1cm 길이로, 청양고추는 0.5cm 두께로 송송 썬다.

2 볼에 쪽파, 청양고추, 간 마늘을 넣는다.

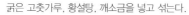
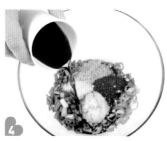

깨소금과
고춧가루로
농도 조절.

3 굵은 고춧가루, 황설탕, 깨소금을 넣고 섞는다.

4 진간장과 국간장을 넣어 간을 맞춘다.

❷ 집밥메뉴 54

백종원의
tip

잔치국수 하면 보통 육수의 중요성만 생각하지만, 육수 못지않게 중요한 것이 양념 장이다. 사실 양념장만 잘 만들면 따뜻한 물에 말아 먹는 국수도 맛있다.
양념장 제조의 핵심은 먼저 파와 고추, 깨소금 등을 듬뿍 넣고 섞은 뒤 마지막에 간장을 넣어 간을 맞춘다는 것이다.

5 물을 살짝 넣어 맛을 부드럽게 한다.

6 참기름을 듬뿍 넣고 잘 섞어서 마무리한다.

재료 (4인분)

건소면 ················ 400g

물 ············ 21컵 (3780ml)

(채수용 10컵, 면 삶기용 11컵)

양파 ············· 1개 (250g)

애호박 ········· 1개 (320g)

당근 ············· ½컵 (60g)

표고버섯 ······· 5개 (100g)

달걀 ····················· 2개

진간장 ········· ½컵 (70g)

국간장 ········· ½컵 (70g)

꽃소금 ············· ½큰술

잔치국수 만들기

집에 있는 모든 채소 활용 가능!

1 양파와 표고버섯은 0.3cm 두께로 썬다. 당근과 애호박도 0.3cm 두께로 얇게 채 썬다.

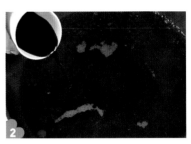

2 냄비에 물 10컵을 넣고 끓인 후 진간장과 국간장을 넣어 간을 한다.

3 국물의 간을 보고, 부족한 간을 꽃소금으로 보충한다.

4 간을 맞춘 국물에 썰어 둔 채소를 넣고 채소가 익을 때까지 끓인다.

백종원의 tip

일반적으로 잔치국수의 육수는 멸치, 디포리, 건새우 같은 건어물이나 고기에 양파나 무 같은 채소를 넣고 한 시간 이상 푹 끓여서 만든다. 여기서는 고명으로 올라갈 채소를 이용해서 채수를 내었다. 이렇게 하면 고명과 국물을 동시에 해결할 수 있어 편하다.

5 볼에 달걀을 깨 넣고 잘 푼다.

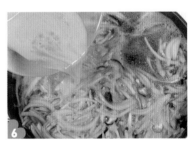

6 채수에 풀어 놓은 달걀을 휘 돌려 넣고 불을 꺼 둔다.

7 손으로 소면을 쥐어 조리할 분량을 준비해 둔다. 500원짜리 동전 크기 정도로 잡으면 1인분이다.

8 깊은 냄비에 물 10컵을 넣고 팔팔 끓인 후 소면을 펼쳐서 넣는다. 젓가락으로 저어 소면이 물에 잠기도록 풀어 준다.

막 끓어오른 후 살짝 기다렸다가 물 투하.

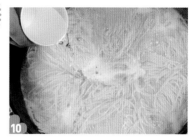

9 물이 끓어오르면 냉수 ½컵을 붓고 젓가락으로 저으며 계속 끓인다.

10 물이 두 번째로 끓어오르면 다시 냉수 ½컵을 붓고 젓가락으로 저으며 끓인다.

11 물이 세 번째로 끓어오르면 불을 끄고, 체로 소면을 건져 낸다.

12 건져 낸 소면을 재빨리 찬물이나 얼음물에 넣고 빨듯이 강하게 비벼서 전분을 제거한 후 체에 받쳐 물기를 뺀다.

백종원의 tip

13 물기를 짠 소면을 엄지와 검지로 들어올려 늘어뜨린 후 한 바퀴 돌려서 그릇에 담는다.

14 면이 담긴 그릇에 채수와 건더기를 붓고 양념장을 올려서 완성한다.

양념장과 국물을 먼저 준비해 두고 면을 삶아야 한다. 면을 먼저 삶아 두면 퍼져 버린다. 불지 않은 탱글탱글한 면발을 원한다면 두 가지를 기억하자. 첫째, 삶을 때 두 번의 찬물 투하. 둘째, 면을 헹굴 때 강하게 빨아주듯 비벼서 면에 붙은 전분을 완전히 제거할 것.

비빔국수

Point 김치와 고추장으로 매콤하고 달콤하면서도
살짝 새콤한 맛을 낸 초간단 비빔국수다.

재료 (4인분)

건소면 ························· 400g
물 ···················· 11컵 (1980ml)
김치 ············· 2⅓컵 (약 350g)
황설탕 ······················ 2큰술
진간장 ······················ 4큰술
고추장 ······················ 2큰술
굵은 고춧가루 ··········· 2큰술
조미 김가루 ················· 1컵
참기름 ··················· 1½ 큰술

1 소면은 삶은 후 찬물에서 빨듯이 강하게 비벼 전분을 제거하고 체에 밭쳐 둔다. (274~275쪽 참조)

2 볼에 김치를 넣고 가위로 1.5cm 길이로 자른다.

3 김치가 담긴 볼에 삶은 소면을 넣는다.

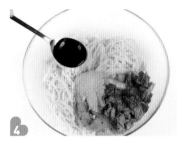

4 황설탕과 진간장을 넣고 섞는다.

5 고추장을 넣고 잘 비빈다.

6 굵은 고춧가루를 넣어 색감을 더한다.

7 참기름을 넣어 향과 윤기를 더한다.

8 비빔국수를 그릇에 담고 김가루를 뿌려 마무리한다.

❷ 집밥메뉴 54

열무물국수

Point 시원한 미역냉국이나 오이냉국으로도 활용이 가능한 열무물국수다.
고기를 구워 먹고 느끼해진 입맛을 깔끔하게 마무리해 줄
메뉴로도 제격이다.

1
소면은 삶은 후 찬물에서 빨듯이 강하게 비벼 전분을 제거하고 체에 밭쳐 둔다. (274~275쪽 참조)

2
오이는 길이 5cm, 두께 0.5cm로 채 썬다. 청양고추는 0.3cm 두께로 송송 썬다.

재료 (4인분)

건소면 ····················· 400g
물 ················· 17컵(3060ml)
　(면 삶기용 11컵, 냉국용 6컵)
열무김치 ············ 2컵(240g)
오이 ·················· 2컵(190g)
청양고추 ············· 2개(20g)
진간장 ············· ⅓컵(60ml)
식초 ················· ½컵(90ml)
황설탕 ··············· ⅓컵(70g)
간 마늘 ················· ½ 큰술
사각얼음 ··················· 16개
깨소금 ·················· ½ 큰술

3
볼에 진간장, 식초, 물 6컵, 황설탕을 넣고 잘 섞어 냉국을 만든다.

4
냉국에 오이와 청양고추를 넣는다.

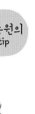
백종원의 tip

얼음, 국수, 채소 같은 싱거운 재료가 많이 들어가므로 처음에 만드는 냉국의 간은 조금 강하게 잡아 주는 것이 좋다. 맑은 국물을 원한다면 간장 대신 소금으로 간을 하면 된다.

5
냉국에 간 마늘을 넣고 섞는다.

6
가위로 열무김치를 4cm 길이로 잘라서 냉국에 넣는다.

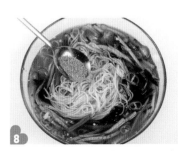

7
얼음을 넣고 재료가 잘 섞이도록 젓는다.

8
냉국에 소면을 넣고 깨소금을 뿌려 마무리한다.

❷ 집밥메뉴 54

만두전

Point 냉동만두의 고급진 변신!
구워만 먹던 냉동만두에 약간의 아이디어를 더하면
색다른 전으로 즐길 수 있다.

❷ 집밥메뉴 54

재료 (4인분)

시판용 만두 ·················· 14개
쪽파 ····················· 2 큰술 (8g)
물 ························· ½컵(45ml)
부침가루 ················ 1½ 큰술
식용유 ····················· 2 큰술

백종원의
tip

만두전을 접시에 담은 후 같은 크기의 접시를 포개서 뒤집으면 만두가 보이지 않게 낼 수 있다.

시판용 냉동만두를 그냥 구워 먹을 때는 코팅팬에 만두를 올리고 식용유를 두른 후 약한 불에 굽다가 만두가 익기 시작하면 물을 넉넉하게 붓고 뚜껑을 닫고 익히면 된다.

1 쪽파를 0.3cm 두께로 송송 썬다.

2 물과 부침가루를 섞어 둔다.

반드시 코팅팬 사용!

3 넓은 팬에 만두를 가지런히 올린다.

4 만두 사이사이에 식용유를 고루 두르고 불을 켠 후 약불로 달군다.

5 팬이 뜨겁게 달궈지면 부침가루물을 만두 사이사이에 붓는다. 만두들이 이어질 정도의 양만 넣으면 된다.

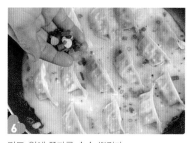

6 만두 위에 쪽파를 솔솔 뿌린다.

7 뚜껑을 닫고 3~4분 정도 구워 만두가 다 익으면 완성이다.

경양식돈가스

Point ♩ 7080세대에게는 추억의 맛을,
젊은 세대에게는 새로운 집밥의 추억을
선물해 줄 경양식돈가스다.

재료 (4인분)

등심 ········· 80g 4덩이 (320g)
밀가루 ················· ⅓컵(40g)
달걀 ························· 1개
빵가루 ················ 2컵 (90g)
꽃소금 ······················ 약간
후춧가루 ···················· 약간

백종원의
tip

돈가스용 고기는 어느 부위
든 상관없지만, 경양식돈가
스에는 모양이 일정한 등심
이 제일 많이 쓰인다. 반면
일본식돈가스에는 안심이
많이 쓰인다.
기사 식당에서 나오는 넓
은 돈가스를 만들고 싶다면
180g 정도의 두툼한 고기를
사용하면 된다.
빵가루까지 입힌 돼지고기
는 위생비닐을 깔고 겹겹이
쌓은 후 밀봉하면 냉동 보관
이 가능하다.

돈가스용 고기 준비하기

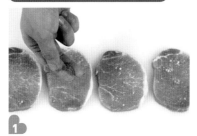

1 돈가스용 고기를 가지런히 펼친 후 꽃소금과 후춧가루로 밑간한다.

2 밑간한 고기를 위생비닐에 넣고 병을 세워 병 바닥으로 고기를 두드려 편다. 지름 12cm 정도로 넓게 펴면 된다.

3 손질한 고기를 비닐봉지째 냉장고에 넣고 1시간 정도 숙성시킨다.

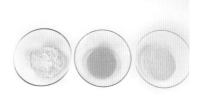

4 밀가루, 계란물, 빵가루를 각각 다른 그릇에 담아 순서대로 둔다.

5 냉장고에서 숙성시킨 고기를 꺼내 밀가루를 골고루 묻힌 후 한 번 털어 준다.

6 밀가루를 묻힌 고기를 포크 두 개로 집고 계란물을 양면으로 골고루 입힌다.

7 계란물 입힌 고기의 양면을 빵가루로 덮은 후 손으로 꾹꾹 눌러 준다.

8 빵가루 입힌 고기를 쟁반에 가지런히 올려 둔다.

재료 (4인분)

물 ···················· 2컵 (360ml)
우스터소스 ··········· 6큰술
케첩 ··············· ⅔컵 (140g)
밀가루 ················ 5큰술
버터 ····················· 55g
우유 ··············· 1컵 (180ml)
황설탕 ················ 4큰술
후춧가루 ·············· 약간

백종원의 tip

우스터소스가 없다면, 우스터소스 대신 진간장 ⅓컵과 식초 4큰술을 넣고 같은 방법으로 조리하면 비슷한 맛을 낼 수 있다.
루를 만들 때 꼭 기억할 점은 재료가 엉기거나 타지 않도록 고루 섞고 잘 저어야 한다는 것이다. 루에 넣을 양념도 미리 물에 넣고 잘 섞어 두어야 한다.

데미그라스소스 만들기

1 볼에 물, 우스터소스, 케첩을 넣고 섞어 양념물을 만들어 둔다.

밀가루와 버터는 같은 부피로.

2 넓은 팬에 밀가루와 버터를 넣는다.

3 약불에서 밀가루와 버터를 잘 저으며 볶아 루를 만든다.

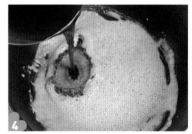

4 루가 연한 갈색이 되면, 섞어 둔 양념물을 부으며 저어 준다. 양념물은 과감하게 부어야 엉기지 않는다.

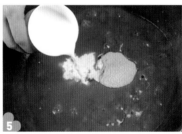

5 소스가 팔팔 끓으면 우유와 황설탕을 넣고 점성이 생길 때까지 천천히 저으며 끓인다.

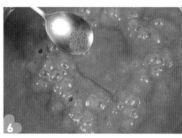

6 소스에 점성이 생기고 걸쭉해지면 후춧가루를 뿌리고 고루 저어서 완성한다.

넓고 깊은 팬에 식용유를 10컵 정도 붓고 강불에서 160~170도까지 달군다.

식용유에 빵가루를 넣어 기름 온도를 체크한다. 빵가루가 3초 만에 떠오르면 적정 온도에 도달한 것이다.

튀김옷을 입힌 돈가스를 두 손으로 잡고 팬 가장자리에서 살짝 넣고 튀긴다.

돈가스가 거의 익어서 떠오르면 뒤집어 가며 노릇하게 튀긴다.

노릇노릇하게 익은 돈가스를 건져 체 가장자리에 세워서 상온에 잠깐 둔다.

돈가스의 휘어진 부분이 위로 가도록 접시에 올리고 소스를 부은 후 샐러드 등과 함께 낸다.

백종원의 tip

돈가스를 튀길 때는 기름을 아끼지 말고 넉넉하게 쓰자. 튀기고 남은 식용유는 체에 거른 후 두세 번 재사용 가능하다.
돈가스가 바닥에 붙어버리는 경우도 있으니 한 번씩 체크하자.
돈가스가 익는 동안에는 자주 뒤집을 필요가 없다. 거의 다 익어서 노릇노릇한 빛깔로 떠올랐을 때부터 뒤집어 주자.
다 익은 돈가스를 세워 두면 기름이 잘 빠져 더 바삭해진다.

크림수프

Point 밀가루와 버터를 볶아 집에서 만들어 먹는 크림수프다.
이왕이면 크루통까지 함께 곁들여 근사하게 즐겨 보자.

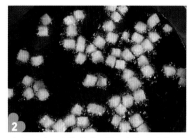
❷ 집밥메뉴 54

🍽 재료 (4인분)

식빵 가장자리 ········ 1컵 (24g)
식용유 ················· 1컵 (180ml)
밀가루 ··················· 5큰술
물 ····················· 2컵 (360ml)
우유 ··················· 2컵 (360ml)
버터 ························· 55g
꽃소금 ···················· ½ 큰술
후춧가루 ···················· 약간

1 식빵의 가장자리를 1cm 두께로 잘라 낸 후 다시 1cm 간격으로 썬다.

2 강불로 달군 식용유에 자른 식빵 가장자리를 넣고 노릇노릇해질 때까지 튀긴다.

3 노릇하게 튀겨진 크루통을 체로 건져 기름을 빼 둔다.

4 볼에 물과 우유를 붓고 섞어 둔다.

너무 볶으면 수프 색이 진해진다.

5 넓은 팬에 버터와 밀가루를 넣고 약불에서 연한 갈색이 될 때까지 볶는다.

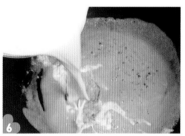

6 연한 갈색으로 볶은 루에 우유물을 붓고 저어가며 볶는다.

백종원의 tip

1~3번은 크루통을 만드는 과정이다. 수프의 모양을 위한 것이므로 생략 가능하다. 수프의 간을 소금으로만 하면 경양식집에서 먹던 맛은 안 난다. 옛날 그 맛을 원한다면 소량의 조미료를 더하자.

7 점성이 생길 때까지 끓인 후 꽃소금으로 간을 한다.

8 완성된 수프를 그릇에 담고 후춧가루와 크루통을 뿌려서 낸다.

마카로니샐러드

Point

옛날 경양식 집에서 먹던 추억의 마카로니샐러드.
마카로니는 원래 파스타 면의 한 종류이지만
샐러드 재료로도 많이 쓰인다.

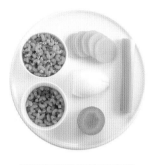

🍳 재료 (4인분)

마카로니 ········ 1½컵 (약 200g)
물 ····················· 11컵 (1980ml)
당근 ························· ⅕개 (40g)
양파 ··················· ⅛개 (약 40g)
단무지 ··············· ⅓컵 (30g)
셀러리 ·············· 2큰술 (16g)
마요네즈 ············· 1컵 (180g)
황설탕 ···················· 1½큰술
후춧가루 ····················· 약간

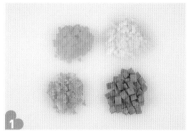

1 단무지, 양파, 셀러리는 0.3cm 두께로 썬 후 잘게 다진다. 당근은 사방 0.7cm의 주사위 모양으로 썬다.

2 냄비에 물을 끓인 후 마카로니를 넣고 약 15분 정도 삶는다.

3 삶은 마카로니는 체로 건져서 물기를 뺀다.

4 볼에 당근, 양파, 단무지, 셀러리, 삶은 마카로니를 넣고 섞는다.

5 황설탕, 후춧가루, 마요네즈를 넣는다.

6 그릇을 살살 돌려 가며 고루 섞어서 완성한다.

백종원의 tip

마카로니의 탱글탱글한 식감을 살리려면 끓는 물에서 15~20분 정도 충분히 삶아 주는 것이 좋다.
샐러드에 셀러리를 다져 넣으면 이국적인 맛을 낼 수 있다. 물론 생략 가능하다.

감자샐러드

Point 감자샐러드에서 기억해야 할 포인트는
재료를 섞는 순서와 온도다.
뜨거울 때 넣어야 할 재료와
약간 식힌 후에 넣어야 할 재료를 구분하자.

재료 (4인분)

감자 ················ 3개 (540g)
물 ················ 11컵 (1980ml)
당근 ················ 2큰술 (30g)
양파 ············ ½개 (약 40g)
단무지 ··········· ⅓컵 (30g)
마요네즈 ········· 1컵 (180g)
황설탕 ··············· 2큰술
식초 ·················· 3큰술
후춧가루 ·············· 약간

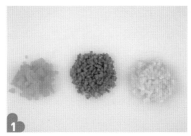

1 단무지, 당근, 양파를 0.3cm 두께로 썬 후 잘게 다진다.

2 껍질 벗긴 감자를 2~4등분한다.

3 끓는 물에 감자를 넣고 15분 정도 삶아 푹 익힌다.

4 감자가 푹 삶아지면 집게로 건져 볼에 넣고 국자로 으깬다.

5 감자가 어느 정도 으깨지면 양파를 넣고 섞는다.

6 감자를 실온에서 식힌 후 당근과 단무지를 넣고 섞는다.

백종원의 tip

감자가 뜨거울 때 양파를 섞으면 양파의 향이 살아나고 매운맛이 가셔서 좋다.
반면 당근이나 단무지는 뜨거울 때 섞으면 물이 생기므로 감자를 식힌 후에 섞는 것이 좋다.

식초가 고소함을 배가시킨다.

7 황설탕, 후춧가루, 식초를 넣고 섞는다.

8 채소와 양념이 섞인 감자를 냉장고에 넣어 식힌 후 마요네즈를 넣고 살살 돌려 가며 고루 섞어서 완성한다.

❷ 집밥메뉴 54

돈가스샌드위치

Point ♪ 돈가스와 소스를 직접 만드는 것이 부담스러운 분들을 위해
시판용 돈가스를 이용한 색다른 간식을 준비했다.

❷
집밥메뉴
54

재료 (4인분)

시판용 냉동 돈까스 ····· 150g 4장 (600g)	
식용유 ···························· 6컵 (1080ml)	
식빵 ·· 8장	
마요네즈 ································ 4큰술	
데미그라스소스 ······················· 4큰술	

1 넓고 깊은 팬에 식용유를 붓고 강불에서 160~170도 정도까지 달군다.

2 식용유에 빵가루를 넣어 기름 온도를 체크한다. 빵가루가 3초 만에 떠오르면 적정 온도에 도달한 것이다.

3 달궈진 기름에 냉동 돈가스를 넣고 튀긴다.

4 돈가스가 거의 익어서 떠오르면 뒤집어 가며 노릇하게 튀긴다.

5 앞뒤가 노릇노릇하게 익은 돈가스를 건져 체 가장자리에 세워 놓는다.

6 식빵의 한쪽 면에 마요네즈를 고루 펴서 바른다.

데미그라스소스는 시판용 돈가스소스로 대체 가능.

7 마요네즈 위에 튀긴 돈가스를 올리고 그 위에 데미그라스소스를 바른다.

8 식빵을 올리고 손으로 꾹 누른 후 먹기 좋은 크기로 잘라 낸다.

백종원이
추천하는
집밥 메뉴
55

만능된장으로 만든 밑반찬

초간단 만능된장의 대활약!

냉장고에 남아 있는 자투리 채소나
저렴하고 맛있는 제철 채소에 만능된장을 넣고
잘 섞기만 하면 고소하고 감칠맛 나는 다양한 반찬이 완성된다.
5~10분 만에 누구나 쉽게 만들 수 있는
만능된장을 활용한 즉석반찬을 만나 보자.

만능된장 만들기

POINT

요리의 자신감을 높여 주는 만능된장!
채소를 찍어 먹거나 찌개를 끓여 먹던 된장이
다양한 반찬을 만들 수 있는 만능소스로 변신했다.
만능된장 하나만 있으면 냉장고에 있는
모든 채소가 맛있는 반찬이 된다.

된장 : 통깨 : 간 마늘 = 5 : 5 : 1

* 된장은 염도가 높아서 염도 조절이 힘들다.
  된장 반찬은 짠맛을 잡는 것이 핵심인데,
  만능된장은 짠맛을 잡기 위해 통깨를 활용하였다.

* 집된장은 시판용 된장보다 염도가 더 높을 수 있으니 주의하자.

재료

된장 5큰술
통깨 5큰술
간 마늘 1큰술
황설탕 ½큰술
참기름 2큰술

* 황설탕   * 참기름   * 간 마늘

* 된장   * 통깨

2. 만능된장 만들기

1
통깨를 준비한다.

2
통깨를 갈아서 고소한 향을 살린다.

3
볼에 된장, 간 마늘, 갈아 놓은 깨를 넣는다.

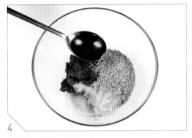

4
황설탕과 참기름을 넣는다.

5
재료를 잘 섞는다.

완성!

3. 만능된장 활용과 보관

1

2

* 어떤 채소든 만능된장을 활용하면
  맛있고 다양한 반찬이 완성된다.
  쑥갓, 마늘종, 오이고추 등 책에 나오지 않은
  다양한 제철 채소를 활용해 보자.

* 무침뿐만 아니라 생선통조림이나
  멸치 등을 활용한 강된장을 만들 때도
  만능된장만 있으면 쉽게 완성할 수 있다.

* 만능된장은 밀폐용기에 담아 냉장 보관하면
  2~3주 정도 두고 먹을 수 있다.

❸ 집밥메뉴 55

오이무침

재료(4인분)

오이 1개(220g)
만능된장 1큰술 (25g)
굵은 고춧가루 ½큰술

1 오이를 0.5cm 두께로 썬다 .

2 볼에 썰어 놓은 오이를 넣고, 만능된장을 넣는다.

3 굵은 고춧가루를 넣어 색을 더한다.

4 볼에 담긴 오이에 양념이 잘 배도록 무쳐서 완성한다.

달래무침

 재료(4인분)

달래 2컵(60g)
만능된장 1큰술 (25g)

1
달래를 4cm 길이로 썬다.

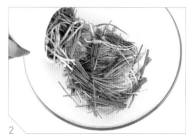

2
볼에 썬 달래를 담는다.

3
달래가 담긴 볼에 만능된장을 넣는다.

4
볼에 담긴 달래에 양념이 잘 배도록 무쳐서 완성한다.

가지무침

그냥도 먹기 좋은 생채소는
만능된장을 넣고 무치면 끝이다.
가지는 한 번 익힌 후에
만능된장을 넣고 무치면 된다.
가지와 식감이 비슷한 새송이버섯,
표고버섯 같은 버섯류도
같은 방법으로 조리가 가능하다.

재료 (4인분)

가지 1개 (100g)
청양고추 1개 (10g)
만능된장 1큰술 (25g)
참기름 2큰술

1
꼭지를 떼고, 손질한 가지를 반으로 가른다.

2
반으로 가른 가지를 0.5cm 두께의 반달 모양으로 썬다.

3
청양고추는 길게 반 갈라 0.3cm 두께로 얇게 썬다.

4
넓은 팬을 약불에서 달군 후 참기름을 두른다.

너무 익히면 식감이 나빠진다.

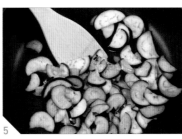
5
참기름을 두른 팬에 썰어 둔 가지를 넣고 살짝 볶는다.

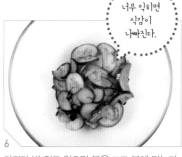
6
가지가 반 정도 익으면 불을 끄고 볼에 담는다.

Tip

마늘처럼 딱딱한 재료를 만능된장과 무칠 때는 무친 후 냉장고에서 하루나 이틀 정도 숙성시킨 후에 먹으면 좋다.

7
가지가 담긴 볼에 청양고추와 만능된장을 넣는다.

8
볼에 담긴 가지에 양념이 잘 배도록 무쳐서 완성한다.

미나리무침

상큼한 미나리도 초고추장이 아닌 된장 무침이 가능하다.
살짝 데친 후 만능된장을 넣고 무치기만 하면 끝.
미나리의 상큼한 향과 된장의 구수한 향이 섞여
밥 생각이 절로 나는 반찬이 된다.

재료(4인분)

미나리 12줄기 (66g)
(물 4컵 + 꽃소금 ⅓큰술)
만능된장 1큰술 (25g)

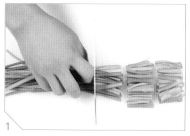
1. 미나리를 5cm 길이로 먹기 좋게 썬다.

2. 냄비에 물을 붓고 끓인다.

미나리의 색이
선명해진다.

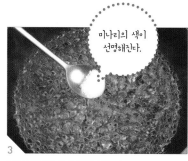
3. 물이 끓으면 꽃소금을 넣는다.

4. 끓는 물에 미나리를 넣는다.

5. 미나리를 1~2분 정도 살짝 데친다.

6. 데친 미나리를 찬물에 헹군다.

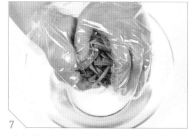
7. 미나리를 손으로 꼭 짜서 물기를 충분히 제거
한다.

8. 볼에 물기를 제거한 미나리와 만능된장을 넣
는다.

9. 볼에 담긴 미나리에 양념이 잘 배도록 무쳐서
완성한다.

된장달걀볶음

집에 달걀 말고는 아무것도 없는 날,
밥에 비벼 먹을 수 있는 맛있는 반찬이다.
스크램블 에그에 된장의 짭짤하고 구수한 맛이 더해져
색다른 매력을 풍긴다.

 재료.(4인분)

달걀 2개
대파 ½대 (25g)
만능된장 1큰술 (25g)
식용유 2큰술

1 대파는 길게 반 가른 후 0.3cm 두께로 얇게 썬다.

2 볼에 달걀을 미리 깨 둔다.

3 넓은 팬에 식용유를 두른다.

4 대파를 넣고 불을 켠 후 강불에서 파기름을 낸다.

5 파기름에 깨 놓은 달걀을 넣는다.

6 스크램블을 만들듯 젓가락으로 달걀을 휘휘 저으며 익힌다.

Tip

된장달걀볶음은 밥에 비벼 먹을 수도 있지만, 쌈장으로 활용할 수도 있다. 달걀이 섞여 있어 다른 쌈장보다 맛이 훨씬 부드럽다.

7 달걀이 반쯤 익었을 때 만능된장을 넣는다.

8 달걀과 만능된장이 잘 섞이도록 젓가락으로 볶아서 완성한다.

❸
집밥메뉴
55

멸치강된장

 만능된장과 멸치를 이용해서 만든 강된장이다.
쌈장으로 사용할 수도 있고, 밥에 비벼 먹어도 맛있다.

 재료(4인분)

국물용 멸치 13마리 (30g)
만능된장 2큰술 (50g)
쌀뜨물 ⅔컵 (120ml)

1 국물용 멸치의 머리와 내장을 제거한다.

2 뚝배기에 멸치와 만능된장을 넣는다.

멸치의 식감이 싫다면, 갈아서 사용 가능!

3 뚝배기에 쌀뜨물을 붓는다.

4 재료가 잘 섞이도록 숟가락으로 젓는다.

 Tip

멸치 외에 고등어, 참치, 꽁치통조림을 활용한 강된장을 만들 수도 있다. 생선통조림의 뼈를 바르고 잘게 부순 후 만능된장과 쌀뜨물을 넣고 끓이면 완성이다. 통으로 된 멸치의 식감이 싫다면, 믹서로 갈아서 멸치가루(멸치가루 만들기 397쪽 참조)를 만든 후 사용하면 된다. 취향에 따라 양파, 애호박, 대파 등 채소도 함께 넣고 끓여도 된다.

❸ 집밥메뉴 55

5 강불에서 재료를 잘 섞어 가며 끓인다.

6 국물이 끓어오르면 중불로 줄인 후 적당히 졸여서 완성한다.

만능된장!

집밥 2장

행복한 한 그릇, 일품요리

한 그릇으로 뚝딱 한 끼 해결!

매일 먹어도 질리지 않는 김치볶음밥,
건새우볶음밥, 굴밥, 무밥을 쉽고 맛있게 만드는 법!
그리고 사 먹어야 한다고만 생각했던
짜장면, 짬뽕, 칼국수, 파스타, 스테이크까지!
이제 집에서 만들어서 행복하게 즐겨 보자.

짜장면

POINT

맛, 가격, 비주얼
어느 것 하나 빠지지 않는
홈메이드 중화요리 첫 번째!
맛있는 짜장면의 핵심은
춘장을 기름을 많이 붓고
튀기듯 오래 볶아야
한다는 것이다.

춘장 볶기

춘장 1봉지 (300g)
식용유 2컵 (360ml)

 재료(4인분)

생면 4인분 (640g)
돼지고기 (찌개용) 1컵 (140g)
대파 1컵 (60g)
양파 3컵 (270g)
양배추 3컵 (150g)
돼지호박 2컵 (140g)
오이 적당량 (고명용)
볶은 춘장 ⅔컵 (120g)
진간장 3큰술
황설탕 4큰술
식용유 ½컵
(90ml, 춘장 볶고
따라 낸 식용유 사용)
물 18컵 (3,240ml)
(짜장 만들기용 2컵,
생면 삶기용 16컵)

전분물

감자전분 1큰술
물 4큰술

1. 춘장 볶기

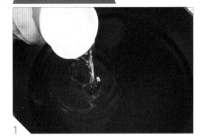

> 봉지를
> 젓가락 사이에
> 끼워서 알뜰하게
> 사용하자!

1
깊은 팬에 식용유를 붓는다.

2
식용유가 담긴 팬에 춘장을 짜 넣는다.

> 춘장이
> 잘 풀어지고,
> 식용유가
> 잘 밸 때까지!

3
주걱으로 춘장을 골고루 섞어 주며 약불에서 튀기듯 볶는다.

4
식용유가 보글보글 끓기 시작한 후로 10~15분 정도 더 볶는다.

5
불을 끄고 춘장에서 식용유를 따라 내고 사용한다.

> 따라 낸 식용유는
> 재사용 가능!

 Tip

춘장을 사서 그대로 먹는 것보다는 튀기듯 볶아서 먹는 것이 훨씬 고소하고 맛있다.
한 번 볶아 둔 춘장은 냉장고에서 짧게는 2~3개월, 길게는 1년까지도 보관 가능하다.

짜장면에 윤기를 내고 싶다면, 마지막에 식용유를 살짝 뿌려 주면 된다.

2. 짜장면 만들기

1
돼지호박은 길게 6등분한 후 0.5cm 두께로, 대파는 0.3cm 두께로 얇게 썬다. 오이는 두께 0.4cm, 길이 5cm로 채 썬다.

2
양파와 양배추는 가로, 세로 2cm의 사각형으로 썬다.

3
감자전분과 물 4큰술을 섞은 후 잘 저어서 전분물을 만든다.

4
깊은 팬에 따라 둔 식용유와 썬 대파를 넣고 불을 켠 후 강불에서 볶아 파기름을 낸다.

고기는 지방이 많은 부위를 사용!

5
파기름에 돼지고기를 넣고 잘 섞으며 볶는다.

6
돼지고기의 지방과 파기름이 잘 어우러졌을 때 진간장을 팬 가장자리에 빙 둘러 넣는다.

7
양파를 넣고 양파가 투명하게 익을 때까지 볶는다.

8
양파가 투명해지면 돼지호박, 양배추를 넣고 잘 섞으며 볶는다.

9
채소가 익으면, 황설탕을 넣고, 볶은 춘장을 조금씩 넣어 가며 양을 조절하면서 볶는다.

10
재료가 잘 섞이고 짜장 향이 올라오면, 물 2컵을 붓고 3~5분 정도 끓인다.

11
끓고 있는 짜장소스에 전분물을 조금씩 넣어 저으면서 농도를 조절하여 소스를 완성한다.

면 삶기

12
생면을 물에 살짝 씻어서 건져 내어 전분가루를 제거한다.

13
냄비에 물 15컵을 넣고 팔팔 끓인 후 생면을 넣는다.

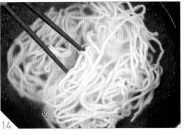

14
면을 젓가락으로 풀며 끓이다가, 한 번 끓어오르면 찬물 ½컵을 붓고 익힌다.

15
물이 다시 끓어오르면 찬물 ½컵을 한 번 더 붓고 끓인다.

16
물이 세 번째로 끓어오르면 불을 끄고 면을 건져 내고, 찬물에 한 번 헹군 후 체에 밭쳐 둔다.

17
그릇에 면을 살짝 틀듯이 동그랗게 담는다.

오이는 취향에 따라 생략 가능.

18
면에 준비된 짜장소스를 붓고 채 썬 오이를 올려서 완성한다.

짬뽕

POINT

짬뽕은 개운하고 시원하면서도 매콤하여
짜장면과 함께 중국집의 인기 메뉴다.
집에서도 짬뽕을 만들어 보자.

 재료(4인분)

생면 4인분 (640g)
돼지고기채 1컵 (150g)
오징어 2컵 (260g)
홍합 28개 (280g)
청양고추 2개 (20g)
부추 1컵 (35g)
대파 1컵 (60g)
양파 2컵 (140g)
양배추 2컵 (120g)
당근 1컵 (60g)
돼지호박 2컵 (170g)
간 생강 약간
굵은 고춧가루 1컵 (90g)
진간장 3큰술
꽃소금 1½큰술
후춧가루 ⅓큰술
식용유 ½컵 (90ml)
물 24컵 (4,320ml)
(짬뽕 국물 만들기용 8컵,
생면 삶기용 16컵)

 Tip

홍합의 수염(족사)은 먹을 수 없는 부분이다. 잡아당겨서 제거해야 한다.

1 양파와 양배추는 0.4cm 두께로 썰고, 돼지호박과 당근은 두께 0.4cm, 길이 6cm로 채 썬다.

2 청양고추는 0.4cm 두께로, 대파는 0.3cm 두께로 얇게 썰고, 부추는 6cm 길이로 썬다.

3 오징어는 깨끗이 손질하여 반 갈라 1cm 두께로 채 썰고, 홍합은 튀어나온 수염(족사)을 제거하고 씻어 둔다.
(오징어 손질하기 347쪽 참조)

4 깊은 팬에 식용유, 대파, 간 생강을 넣고 불을 켠다.

5 강불에서 대파와 간 생강을 볶아 파기름을 낸다.

돼지고기는 길게 자른 것이나 간 것 사용.

6 파기름에 돼지고기채를 넣고 함께 볶는다.

❸ 집밥메뉴 55

7 고기가 하얗게 익으면 오징어를 넣고 잘 섞으며 볶는다.

8 오징어가 익으면, 진간장을 팬 가장자리에 빙 둘러 넣는다.

9 양배추와 양파를 넣고 함께 볶는다.

10 양파가 투명하게 익으면 당근과 돼지호박을 넣는다.

11 청양고추를 넣고 잘 섞으며 볶는다.

12 굵은 고춧가루를 넣은 후 잘 섞어 가며 볶는다.

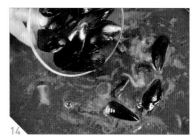

13 물 8컵을 붓는다.

14 국물에 손질해 둔 홍합을 넣는다.

15 후춧가루와 꽃소금을 넣어 간을 한 후 끓인다.

16 국물이 끓어오르면 부추를 넣어 짬뽕 국물을 완성한다.

면은 시판용 칼국수면이
나 생면을 사용하면 된
다. 면 모양이 넓적한 것보다
는 둥근 것이 식감이 더 좋
다. 면을 삶은 후에 바로 찬
물에 헹궈야 잘 붇지 않는
다. 면을 헹군 후 물이 스며
들기 전에 바로 끓는 물에
넣어야 한다.

면 삶기

17 생면을 물에 살짝 씻어서 건져 내어 전분가루
를 제거한다.

18 냄비에 물 15컵을 넣고 팔팔 끓인 후 생면을
넣는다.

19 면을 젓가락으로 풀며 끓이다가, 한 번 끓어
오르면 찬물 ½컵을 붓고 익힌다.

20 물이 다시 끓어오르면 찬물 ½컵을 한 번 더 붓
고 끓인다.

21 물이 세 번째로 끓어오르면 불을 끄고 면을
건져 내고, 찬물에 한 번 헹군 후 체에 밭쳐
둔다.

22 그릇에 면을 살짝 틀듯이 동그랗게 담는다.

23 면에 짬뽕 국물과 건더기를 부어서 완성한다.

얼큰한
국물!

중국식볶음밥

POINT

중국집에서
짜장면, 짬뽕 다음으로
인기 있는 메뉴가
아마 볶음밥일 것이다.
간단한 재료로 쉽게 만드는
볶음밥 조리법을 만나 보자.

중국식볶음밥의 핵심은 기름 코팅이 된 살아 있는 밥알이다.
이를 위해서는 반드시 밥을 식혀서 사용해야 한다. 밥을 넓은 접시에 펴서
식히면 된다. 만약 시간이 없다면, 밥을 냉동실에 살짝 넣어서 식히자.

 재료(2인분)

달걀 3개
밥 2공기 (400g)
대파 1컵 (60g)
당근 2큰술 (30g)
진간장 1큰술
꽃소금 약간
후춧가루 약간
참기름 ¼큰술
식용유 ¼컵 (45ml)

1 밥은 미리 접시에 펴서 식혀 두고, 달걀은 볼에 깨 둔다. 대파는 0.3cm 두께로 얇게 썰고, 당근은 사방 0.3cm 두께로 사각형으로 썬다.

파는 듬뿍!

2 넓은 팬에 식용유와 대파를 넣고 불을 켠 후 강불에서 볶아 파기름을 낸다.

3 익은 대파를 한쪽으로 밀고, 빈 공간에 깨 둔 달걀을 넣는다.

4 스크램블을 만들듯 주걱으로 달걀을 저으며 골고루 익힌다.

5 당근을 파기름 위에 올린 후 섞으며 볶는다.

6 달걀이 익으면 재료를 다 같이 골고루 섞은 후 진간장을 팬 가장자리에 빙 둘러 넣는다.

7 식혀 둔 밥을 넣고 재료와 섞은 후, 국자로 누르면서 볶아 준다.

8 후춧가루를 살짝 뿌리고, 꽃소금으로 간을 맞춘다.

9 참기름을 살짝 넣고 섞어서 완성한다.

김치볶음밥

POINT

어느 집에나 있는 재료로 누구나 도전할 수 있는 쉬운 한 그릇 요리!
대파와 김치만으로 맛을 낸 김치볶음밥 조리법이다.

볶음밥은 계속 볶아야 한다는 선입견을 버리자.
김치만 강불에서 잘 볶고, 밥은 불을 끄고 여유롭게 비빈다고 생각하면 된다.
대파는 가급적 흰 부분을 사용하고 생각보다 많이 넣을수록 맛있다.

재료 (2인분)

신김치 1컵 (130g)
밥 2공기 (400g)
달걀 2개
대파 (흰 부분) $\frac{1}{2}$컵 (30g)
굵은 고춧가루 1큰술
진간장 2큰술
꽃소금 약간
황설탕 $\frac{1}{2}$큰술
참기름 $\frac{1}{2}$큰술
(볶음용 $\frac{1}{4}$큰술, 마무리용 $\frac{1}{4}$큰술)
깨소금 $\frac{1}{3}$큰술
식용유 $\frac{1}{3}$컵 (60ml)

김치가 덜 익었을 때는 식초 추가!

1 밥은 미리 접시에 펴서 식혀 둔다. 볼에 신김치를 넣고 가위로 최대한 잘게 자른다. 대파는 0.3cm 두께로 얇게 썬다.

2 넓은 팬에 식용유를 두르고 강불로 충분히 달군 후 팬을 앞으로 살짝 기울여 기름에 튀기듯 달걀 프라이를 한다.

3 달걀 프라이에 꽃소금을 뿌린 후 접시에 담아 둔다.

4 팬에 식용유와 대파를 넣고 불을 켠 후 강불에서 볶아 파기름을 낸다.

5 파기름에 김치와 굵은 고춧가루를 넣고 함께 볶는다.

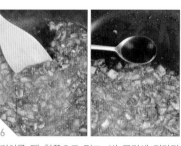

6 김치를 팬 한쪽으로 밀고, 빈 공간에 진간장을 넣고 살짝 눌린 후 김치와 다시 섞는다.

설탕이 김치의 누린내를 잡아준다.

7 김치에 물기가 없이 잘 볶아지면 불을 끄고 황설탕을 넣고 잘 섞는다.

8 불을 끈 상태에서 식혀 둔 밥을 넣고 김치와 잘 섞는다.

9 다시 불을 켜고 강불에서 살짝 볶은 뒤 참기름 $\frac{1}{4}$큰술을 넣고 잘 섞는다.

10 그릇에 완성된 김치볶음밥을 담고, 준비해 둔 달걀 프라이를 올린 후 깨소금과 참기름 $\frac{1}{4}$큰술을 올려서 완성한다.

건새우 볶음밥

다른 재료 없이 건새우, 달걀, 대파만 사용한 초간단 볶음밥이다.
건새우를 믹서기로 갈아서 딱딱한 식감은 없애고, 새우 향으로 감칠맛을 살려 보았다.

재료(2인분)

건새우 1컵 (30g)
밥 2공기 (400g)
달걀 4개
대파 1대 (100g)
진간장 1큰술
꽃소금 약간
식용유 6큰술

1 달걀은 볼에 깨 두고, 건새우를 믹서기에 넣고 갈아서 새우가루를 만든다. 밥은 미리 접시에 펴서 식혀 둔다.
(새우가루 만들기 397쪽 참조)

2 대파는 반 가른 후 0.3cm 두께로 얇게 썬다.

3 깊은 팬에 대파와 식용유를 넣고 불을 켠 후 강불에서 파기름을 낸다.

4 대파가 익으면 대파를 한쪽으로 밀고, 빈 공간에 깨 둔 달걀을 넣고 스크램블을 하듯 주걱으로 저으며 골고루 익힌다.

볶음밥을 할 때 간장으로 간을 한다면 항상 팬 가장자리에서 간장을 살짝 눌러서 향을 내는 것을 잊지 말자.

새우가루를 많이 넣을수록 맛있다.

5 파기름 위에 새우가루를 뿌리고 파와 가루를 잘 섞으며 튀기듯 익힌다.

6 새우 향이 충분히 올라오면 꽃소금을 넣고, 모든 재료를 다 같이 잘 섞는다.

7 식혀 둔 밥을 넣는다.

8 국자로 누르면서 밥을 볶아 준다.

9 팬 한쪽에 진간장을 넣고 살짝 눌린 후 밥과 섞어서 완성한다.

소고기튀김덮밥

POINT

불고기용 소고기가 애매하게 조금 남았을 때
만들 수 있는 요리로,
훌륭한 한 끼 식사가 된다.

재료 (4인분)

소고기 (불고기용) 4컵 (360g)
밥 4공기 (800g)
쪽파 4대 (40g)
튀김가루 1½컵 (약 133g)
꽃소금 약간
후춧가루 약간
식용유 1통 (1.8L)

소스

우스터소스 1큰술
진간장 ¼컵 (45ml)
황설탕 1½큰술
식초 3큰술
맛술 3큰술

1 쪽파는 0.5cm 두께로 송송 썬다.

2 소고기를 한 장씩 떼어서 넓은 그릇에 펼쳐 놓는다.

3 소고기에 꽃소금과 후춧가루로 밑간을 한다.

4 진간장, 식초, 맛술, 황설탕, 우스터소스를 섞어 소스를 만든다.

5 넓은 볼에 튀김가루를 넣고, 양손으로 소고기에 튀김가루를 골고루 입힌다.

6 깊은 팬에 식용유를 붓고 강불에서 달궈 준다.

7 튀김가루를 묻힌 소고기를 손으로 넓게 펴서 달군 식용유에 넣는다.

8 소고기를 바삭하게 튀겨 낸다.

9 그릇에 밥을 담고, 소고기튀김을 올린 후 쪽파와 소스를 골고루 뿌려서 완성한다.

무밥

POINT

전기압력밥솥으로 밥을 할 때
채 썬 무와 버섯만 더해 주면
향긋하고 달콤한 무밥을 즐길 수 있다.

재료 (4인분)

불린 쌀 4컵 (500g)
마른 표고버섯 3개 (15g)
무 3컵 (330g)
물 3컵 (540ml)

양념장

대파 ½대 (50g)
청양고추 2개 (20g)
홍고추 ½개 (5g)
간 마늘 ½큰술
진간장 ⅔컵 (135ml)
황설탕 1큰술
참기름 1큰술
깨소금 1½큰술

무밥의 핵심은 물 조절이
다. 무처럼 수분이 많은 채
소를 함께 넣고 밥을 할 때
는 평소보다 물을 적게 넣어
야 한다는 것을 잊지 말자.

1 마른 표고버섯은 30분 이상 물에 불린다.

2 물에 불린 표고버섯을 0.5cm 두께로 썰고, 무는 채칼로 가늘게 채 썬다.

무의 양은 취향에 따라 조절 가능.

3 전기압력밥솥에 불린 쌀과 무를 넣는다.

4 무 위에 버섯을 올리고 물을 부어 밥을 짓는다.

5 대파, 청양고추, 홍고추를 길게 반으로 가른 후 0.3cm 두께로 얇게 썰어 볼에 넣는다.

양념장 재료는 취향대로 선택!

6 간 마늘, 황설탕, 깨소금, 참기름, 진간장을 섞어서 양념장을 만든다.

7 무밥이 완성되면 주걱으로 뒤섞은 후 그릇에 담고, 양념장과 함께 낸다.

굴밥

POINT

다른 반찬이 필요 없는 든든한 한 끼!
겨울에는 영양 만점 굴로 밥을 지어
가족의 건강을 챙겨 보자.

취향에 따라 버터와 함께 비벼 먹어도 좋다. 양념장에 달래를 넣으면 향긋한 맛을 즐길 수 있다.

 재료 (4인분)

 양념장

불린 쌀 4컵 (500g)
굴 2봉지 (500g)
새송이버섯 ½개 (30g)
표고버섯 1½개 (30g)
무 1½컵 (165g)
물 2컵 (360ml)

대파 (흰 부분) 1대 (60g)
쪽파 ½컵 (25g)
청양고추 3개 (30g)
간 마늘 1큰술
굵은 고춧가루 1큰술
진간장 ½컵 (약 60ml)
황설탕 ½큰술
참기름 ½큰술
통깨 1큰술

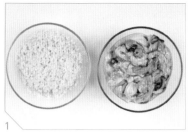

1 불린 쌀을 준비하고, 굴은 흐르는 물에 살살 씻어 둔다.
(굴 손질하기 373쪽 참조)

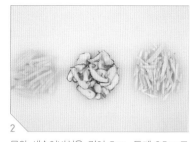

2 무와 새송이버섯은 길이 5cm, 두께 0.5cm로 채 썰고, 표고버섯은 0.5cm 두께로 썬다.

3 대파는 흰 부분을 반 갈라 0.3cm 두께로, 청양고추도 반 갈라 0.3cm 두께로 얇게 썬다. 쪽파는 0.3cm 두께로 송송 썬다.

물은 평소보다 살짝 적게!

4 전기압력밥솥에 불린 쌀과 물을 넣는다.

5 쌀 위에 채 썬 무를 올린다.

6 무 위에 채 썬 새송이버섯과 표고버섯을 올린다.

7 버섯 위로 굴을 고르게 펴서 올리고 밥을 짓는다.

8 볼에 대파, 쪽파, 청양고추, 간 마늘, 진간장을 넣는다.

9 굵은 고춧가루, 황설탕, 참기름, 통깨를 넣고 잘 저어 양념장을 만든다.

10 굴밥이 완성되면 주걱으로 뒤섞은 후 그릇에 담고 양념장과 함께 낸다.

해장김치죽

POINT

콩나물해장국용 육수에 김치와 밥을 넣고 끓인 죽이다.
속 쓰린 아침을 달래 줄 매콤하고 맛있는 죽을 만나 보자.

과정 **④~⑥**번은 콩나물해장국(69쪽)의 육수 끓이는 방법과 동일하다. 두 배로 끓여 콩나물해장국을
만들고 남으면, 냉장 보관해 두었다가 해장김치죽을 끓일 때 사용하면 된다. 해장김치죽만 끓일 때는
오징어는 생략 가능하다.

재료(4인분)

신김치 2컵 (260g)
밥 2공기 (400g)
떡국떡 1½컵 (150g)
멸치가루 2큰술
마른 표고버섯채 ½컵 (6g)
북어대가리 2개 (116g)
다시마 14g (2조각)
대파 1컵 (60g)
양파 ½개 (125g)
간 마늘 1큰술
굵은 고춧가루 2큰술
국간장 1큰술
물 16컵 (2,880ml)

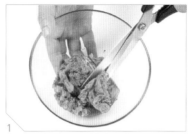

1 신김치는 볼에 넣고 가위로 최대한 잘게 자른다.

2 마른 표고버섯채와 멸치가루를 준비하고 양파는 껍질째 깨끗이 씻어서 2등분한다. 북어대가리와 다시마는 젖은 행주로 잘 닦는다.
(멸치가루 만들기 397쪽 참조)

떡국떡은
생략 가능.

3 대파는 0.3cm 두께로 얇게 썰고, 떡국떡은 물에 불린다.

4 냄비에 물, 북어대가리, 마른 표고버섯채, 다시마, 양파, 멸치가루를 넣고 강불에서 끓이다가 끓기 시작하면 약불로 줄인다.

5 끓이는 중간에 북어대가리가 부드럽게 익으면 가위로 2등분한다.

6 1시간 이상 푹 끓인 육수를 체에 밭쳐 육수만 걸러 낸다.

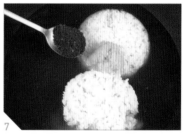

7 냄비에 걸러 놓은 육수 6컵, 밥, 간 마늘, 굵은 고춧가루를 넣는다.

시간이 없을 때는
밥을 믹서에
갈아서!

8 재료를 잘 섞으며 중불에서 끓인다.

9 밥알이 어느 정도 퍼지면 김치와 불려 놓은 떡국떡을 넣는다.

10 대파를 넣은 후 국간장으로 간을 하고 잘 섞어서 완성한다.

멸치칼국수

POINT

 쉽게 끓이는 옛날 칼국수 레시피다.
멸치와 다시마만으로 깊은 맛을 내 보았다.
기호와 상황에 따라 다른 재료로도 응용이 가능하다.

 시판용 칼국수면에는 전분이 있어서 그대로 사용하면 냄비 바닥이 타고 국물이 지저분해진다.
육수가 끓기 시작하면 바로 물에 헹궈서 살살 육수에 넣어야 한다. 소면처럼 박박 문지를 필요는
없다. 또 칼국수면은 개봉한 순간부터 마르기 시작하므로 사용 직전에 개봉하는 것이 좋다.

재료 (2인분)

칼국수용 생면 2인분 (320g)
멸치가루 1큰술
다시마 7g (1조각)
대파 ½대 (50g)
청양고추 2개 (20g)
감자 ½개 (100g)
양파 ½개 (125g)
당근 ½컵 (12g)
애호박 ½개 (160g)
간 마늘 1큰술
국간장 3큰술
꽃소금 ½큰술
후춧가루 약간
물 6½컵 (1,170ml)

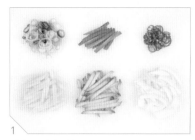

1 대파와 청양고추는 0.3cm 두께로 얇게 썰고, 당근, 감자, 애호박, 양파는 길이 6cm, 두께 0.4cm로 채 썬다.

2 냄비에 물을 붓고 다시마와 멸치가루를 넣고 강불에서 끓인다.
(멸치가루 만들기 397쪽 참조)

3 육수가 끓어오르면 감자와 당근, 양파를 넣는다.

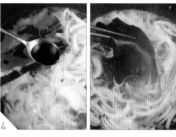

4 국간장으로 향을 내고, 다시마를 건져 낸다.

5 칼국수면을 흐르는 물에 가볍게 씻어서 전분을 제거한 후 육수에 넣는다.

6 젓가락으로 면을 살살 풀며 끓인다.

7 육수가 팔팔 끓기 시작하면, 애호박과 대파를 넣는다.

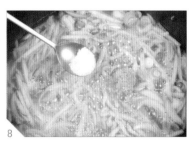

8 간 마늘과 꽃소금을 넣고 잘 섞어서 한소끔 더 끓인다.

9 칼국수를 그릇에 담고 청양고추와 후춧가루를 뿌려서 완성한다.

장칼국수

POINT

고추장을 기본 양념으로 하여 얼큰하고,
고소하면서도 시원한 맛이 나는 칼국수다.
밥을 말아 먹어도 맛있는 별미다.

🕐 재료 (2인분)

칼국수용 생면
2인분 (320g)

바지락 2봉지
(1봉지당 200g짜리)

멸치가루 2큰술

달걀 2개

대파
½대 (50g) + 2큰술 (14g)
(국물용 ½대, 고명용 2큰술)

청양고추 2개 (20g)

감자 ½개 (100g)

양파 ½개 (125g)

애호박 ½개 (160g)

된장 ½큰술

고추장 2큰술

간 마늘 1큰술

굵은 고춧가루 1큰술

고운 고춧가루 2큰술

국간장 1큰술

꽃소금 ½큰술

조미김가루 4큰술

통깨 약간

물 8컵 (1,440ml)

1
대파와 청양고추는 0.3cm 두께로 얇게 썰고, 감자, 애호박, 양파는 길이 6cm, 두께 0.4cm 로 채 썬다.

2
냄비에 물을 붓고, 감자, 양파, 멸치가루를 넣은 후 강불에서 끓인다.
(멸치가루 만들기 397쪽 참조)

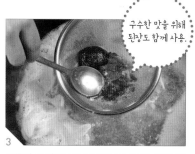

구수한 맛을 위해 된장도 함께 사용.

3
국물이 끓어오르면 된장과 고추장을 체에 밭쳐 풀어 넣는다.

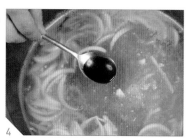

4
국물에 간 마늘과 국간장을 넣는다.

5
칼국수면을 흐르는 물에 가볍게 씻어서 전분을 제거한 후, 국물에 넣는다.

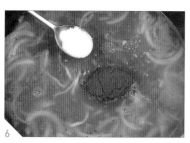

6
고운 고춧가루, 굵은 고춧가루를 넣고, 꽃소금으로 간을 한다.

7
대파, 애호박, 청양고추를 넣는다.

바지락 대신 오징어나 홍합도 가능!

8
바지락을 넣어 잘 젓고 끓인다.

9
바지락 입이 벌어지면, 달걀을 풀어서 휘 두른 후 젓가락으로 면을 살짝 들어 주면서 달걀을 익힌다.

10
완성된 장칼국수를 그릇에 담고, 고명용 대파, 통깨, 조미김가루를 올려서 완성한다.

봉골레파스타

 POINT

집밥으로 즐길 수 있는 파스타 요리!
만능오일을 만들어 두면 조개 대신
햄, 토마토, 양송이, 어묵 등
다양한 버전의 파스타를 만들 수 있다.

만능오일

올리브유 1컵 (180ml)
통마늘 17개 (85g)
월계수잎 4장
페페론치노 20개 (8g)
꽃소금 1큰술

1. 만능오일 만들기

1
통마늘을 잘게 다진다.

2
팬에 페페론치노, 꽃소금, 월계수잎, 다진 마늘, 올리브유를 넣는다.

3
불을 켜고 약불에서 재료를 잘 저으며 볶는다.

4
마늘이 노릇해지기 직전에 불을 끄고, 만능오일을 완성하여 식혀 둔다.

재료 (2인분)

파스타면 200g
(물 12컵 + 꽃소금 ⅔큰술)
바지락 4봉지
(1봉지당 200g짜리)
대파 (파란 부분) 약간 (고명용)
만능오일 ⅔컵 (110g)
맛술 2큰술

2. 봉골레파스타 만들기

1
물을 끓인 후, 꽃소금을 넣는다.

2
끓는 소금물에 파스타면을 펼쳐 넣는다.

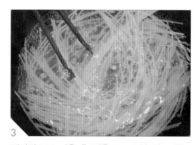

3
젓가락으로 저은 후 면을 7~10분 정도 삶는다.

4
대파를 가위로 길이 5cm, 두께 0.3cm로 잘라서 준비한다.

Tip
파스타면은 삶은 뒤 찬물에 헹구지 않는 게 좋다. 면을 삶은 뒤 바로 팬으로 옮기는 게 가장 좋다. 파스타면을 삶은 면수는 파스타의 육수로도 사용할 수 있다. 면수를 버리지 말고, 파스타에 물기가 부족하다고 느껴지면 한 국자 떠서 넣으면 된다.

5
넓은 팬에 만능오일 ⅔컵을 넣는다.

6
만능오일이 달궈지도록 볶는다.

7
만능오일이 달궈지면 바지락을 넣고 볶는다.

바지락은 너무 오래 볶으면 질겨진다!

8
바지락 입이 벌어지며 익기 시작하면, 팬을 기울여서 육수를 모아 육수가 바지락에 잘 스며들게 하면서 육수가 증발하는 것을 막으며 볶는다.

9
맛술을 넣어 비린내를 잡는다.

10
삶은 파스타면을 넣고 잘 섞으면서 볶는다.

11
그릇에 완성된 파스타를 담고 준비해 둔 대파를 고명으로 올려서 완성한다.

Tip

바지락 해감법

1. 볼에 채반을 받치고 바지락을 넣고 꽃소금을 뿌려 준다.

2. 바지락이 잠길 만큼 물을 붓고 꽃소금이 녹도록 잘 저어 준다.

3. 쿠킹 호일이나 검정 비닐봉지로 덮어서 서늘한 곳에 3시간 정도 놓아 준다. 소금물에 담근 바지락은 어두운 곳에 놓아 두어야 해감이 잘 되며, 너무 오래 해감하면 조개의 단맛이 빠져나갈 수 있으니 3시간 이상은 하지 않는 게 좋다.

4. 해감이 되면 바지락을 물에서 불순물을 깨끗이 씻어 준다.

 # 만능오일

1. 만들 때 주의할 점

* 만능오일을 만들 때는 무조건 올리브유를 사용해야 한다.
  파스타를 만들 때는 올리브유를 사용하는 것이 가장 좋다는 것을 알아 두자.
  단, 올리브유는 발연점이 낮아서 튀김용으로 사용하면 안 된다.

* 마늘은 흰색에서 노란색으로 변하려고 하는 정도까지만
  살짝 익혀야 한다. 그래야 요리할 때 마늘이 너무 익거나 타지 않는다.

2. 만능오일 활용

* 올리브유를 베이스로 한 모든 요리에 활용이 가능하다.

* 만능오일에 파스타면만 넣어서 알리오올리오를 만들어도 되고,
  햄, 버섯, 베이컨 등 집에 있는 재료를 활용하여 다양한 오일 파스타를 만들 수 있다.

3. 만능오일 보관

* 만능오일은 밀폐용기에 넣어 냉장 보관하면 2~3개월은 두고 먹을 수 있다.

밀폐용기에
냉장 보관

1

2

❸
집밥메뉴
55

341

카수엘라

POINT

만능오일을 활용한 두 번째 요리!
이름은 낯설지만 한마디로
올리브해물뚝배기라고 생각하면 된다.
빵과 함께 먹으면
든든하고 근사한 스페인식
한 끼 식사가 된다.

만능오일

재료(4인분)

오징어 ½마리 (150g)
칵테일 새우 14마리 (70g)
양송이버섯 5개 (100g)
식빵 적당량
바게트빵 적당량
만능오일 1컵 (165g)
올리브유 ⅓컵 (60ml)
꽃소금 약간
후춧가루 약간

1
양송이버섯은 4등분하고, 오징어는 손질하여 가로 2cm, 세로 2cm로 사각형으로 썬다.
(오징어 손질하기 347쪽 참조)

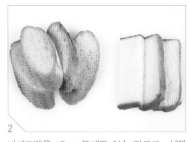

2
바게트빵은 1.5cm 두께로 어슷 자르고, 식빵은 4등분하거나 길게 3등분한다.

3
낮은 뚝배기에 만능오일을 넣는다.
(만능오일 만들기 341쪽 참조)

4
만능오일에 올리브유를 추가하여 불을 켜고 강불에서 끓인다.

5
기름이 끓어오르기 전에 양송이버섯을 넣는다.

6
손질한 오징어와 칵테일 새우를 넣는다.

7
재료를 잘 섞고 꽃소금을 넣어 간을 한다.

8
마늘이 노릇노릇해지고 오징어가 하얗게 익을 때까지 숟가락으로 저으면서 끓인다.

9
불을 끄고 후춧가루를 뿌린다.

10
완성된 카수엘라를 빵과 함께 낸다.

함박스테이크

POINT

밖에서만 먹던 함박스테이크를 집에서!
일반 스테이크보다 손이 많이 가지만
냉동실에 있는 간 고기를 활용해 저렴하게 만들 수 있다.

간 소고기 2½컵 (250g)

간 돼지고기 3½컵 (350g)

달걀 2개

양파 2컵 (200g)

빵가루 2컵 (90g)

우스터소스 ¼컵 (45ml)

토마토케첩 1½큰술

간 마늘 1큰술

버터 40g

꽃소금 ½큰술

후춧가루 약간

식용유 2큰술

반죽은 잘 치대야 나중에 터지지 않는다. 반죽은 가운데는 얇고 가장자리는 두툼하게 해야 모양이 예쁘게 나온다.
함박스테이크를 만들고 남은 고기 반죽은 크림소스미트볼을 만들 때 사용한다.

1. 고기 반죽하기

1
양파를 잘게 다진다.

2
팬에 식용유와 버터를 넣고 불을 켠 후 다진 양파와 후춧가루, 꽃소금을 넣고 볶는다.

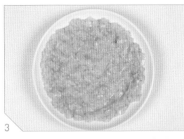

3
양파의 숨이 완전히 죽을 때까지 볶은 후 접시에 담아 식힌다.

4
볼에 간 소고기, 간 돼지고기, 빵가루, 간 마늘을 넣고 손으로 잘 섞어 반죽을 만든다.

5
반죽에 토마토케첩, 볶아서 식혀 놓은 양파, 우스터소스를 넣는다.

반죽이 질다면, 빵가루 추가.

6
재료를 잘 섞은 후 달걀을 넣고 섞는다.

7
반죽이 잘 뭉쳐질 때까지 치댄 후, 야구공만한 크기로 동그랗게 뭉친다.

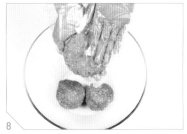

8
동그란 반죽을 두툼하고 납작한 모양이 되도록 만든다.

❸ 집밥메뉴 55

345

스테이크 굽기

고기 반죽 160g 4덩어리 (640g)
식용유 ½컵(90ml)
물 1컵(180ml)

함박소스

새송이버섯 1개 (60g)
양파 ½개 (125g)
버터 40g
진간장 1큰술
황설탕 2큰술
토마토케첩 2큰술
후춧가루 약간
물 ⅓컵 (60ml)

함박스테이크는 밥이나
달걀 프라이와 함께 내도
좋다.

2 함박스테이크 만들기

1
새송이버섯은 반 갈라 0.5cm 두께의 반달 모양으로 썰고, 양파는 0.5cm 두께로 썬다.

2
팬에 식용유를 두르고 강불에서 달군 후 고기 반죽을 놓고, 물 1컵을 붓는다.

3
팬의 뚜껑을 닫고, 약불에서 고기 반죽을 익힌다.

4
뚜껑을 열고 중간 중간 뒤집으며 고기 반죽의 속까지 잘 익힌 후 꺼낸다.

5
고기 반죽을 익힌 팬에 양파, 새송이버섯, 버터, 황설탕, 후춧가루, 토마토케첩, 물 ⅓컵, 진간장을 넣는다.

6
양파가 투명하게 익을 때까지 볶아서 소스를 완성한다.

7
스테이크를 접시에 담고 그 위에 소스를 뿌려서 완성한다.

오징어 손질 방법

오징어 몸통 갈라 손질하기

1 오징어 다리(촉수)의 빨판을 세게 쭉쭉 훑어서 이물질을 제거한다.

2 가위로 오징어 몸통 뒷면 가운데를 끝까지 가른다.

3 내장이 위로 올라오도록 몸통을 펼친다.

4 한 손으로 몸통 끝부분을 잡고 다른 손으로 내장을 잡아 쭉 잡아당겨 떼 낸다.

중간에 끊어지지 않게 주의!

5 몸통 중앙에 있는 투명한 대를 떼 낸다.

6 오징어의 눈이 안 보이게 뒤집은 후 다리의 중앙을 가위로 가른다.

7 가위로 내장과 다리를 분리한다.

8 눈을 떼서 버린다.

9 입을 뗀 후 뒤에서 눌러 이빨을 제거하고 사용한다.

10 마른 키친타월로 몸통 끝부분의 껍질을 잡고 살살 잡아당겨 벗겨 낸다. 지느러미의 껍질도 같은 방법으로 제거한다.

③ 집밥메뉴 55

크림소스미트볼

 POINT

 함박스테이크와 함께 고기 반죽을 이용한
색다른 집밥 요리!

재료(4인분)

고기 반죽 약 350g
(미트볼 13개)

양파 1컵(70g)

새송이버섯 ½개(30g)

바게트빵 적당량

우유 1½컵(270ml)

밀가루 2큰술

버터 10g

간 마늘 ½큰술

꽃소금 약간

식용유 ⅓컵(60ml)

여기에 파스타면을 삶아서 함께 볶으면 크림소스미트볼파스타가 된다. 양파와 새송이버섯을 볶을 때 미트볼이 부서질 것 같으면, 미트볼은 건져 내고 버섯과 양파를 볶은 후에 다시 합쳐도 된다.

1
새송이버섯은 반 갈라 0.5cm 두께의 반달 모양으로 썰고, 양파는 0.5cm 두께로 썬다.

고기 반죽
만드는 법은
345쪽 과정 1~6번
참조.

2
고기 반죽을 숟가락으로 뚝뚝 떠서 동그랗게 미트볼을 만들어 밀가루 위에 올려 놓는다.

다시 손으로
둥글게 빚어
모양을 잡아도
된다.

3
밀가루가 든 접시를 흔들어 미트볼에 밀가루를 골고루 입힌다.

4
넓은 팬에 식용유를 두르고 달군 뒤 미트볼을 넣는다.

5
주걱으로 미트볼을 굴려 가며 약불에서 익힌다.

6
미트볼이 노릇노릇하게 익으면, 팬에 양파, 새송이버섯, 버터를 넣고 함께 볶는다.

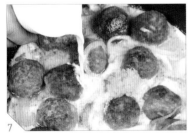

7
양파가 투명하게 익으면 꽃소금, 간 마늘, 우유를 넣는다.

8
약불에서 국물이 걸쭉하게 졸아들 때까지 잘 저으며 조린다.

9
완성된 미트볼을 바게트빵과 함께 낸다.

❸
집밥메뉴
55

집밥 3장

따뜻한
사랑을 담은,
국물요리

집밥 하면 떠오르는
따끈한 국물요리 !

좋은 추억으로 남는 집밥을 떠올려 보면
거기엔 항상 따뜻한 국 한 그릇이 함께 있기 마련이다.
봄 향기를 전해 줄 냉이된장찌개,
한겨울에 든든하게 속을 데워 줄 굴탕,
그리고 20분만에 완성하는 육개장 등
누구나 좋아할 국물요리를 만나 보자.

소고기뭇국

POINT

 누구나 좋아할 국물요리 첫 번째!
소고기뭇국의 주재료인 무와 소고기는 오래 끓일수록 깊은 맛이 난다.
맛에 자신이 없다면 일단 오래 끓여 보자.

 여기서는 냉장고에 가장 많이 있을 법한 불고기감을 사용했다. 불고기용 소고기 말고 양지를 사용해도 좋다.
단, 이때는 무를 더 두껍게 썰어서 더 오래 끓여야 양지의 질긴 식감이 사라진다. 무의 두께는 국을
얼마나 끓일 것인가에 따라 결정하면 된다. 얼큰한 맛을 원한다면 고춧가루를 추가하여 끓이면 된다.

재료(4인분)

소고기(불고기용) 3컵(270g)
대파 6큰술 (42g)
무 4컵 (360g)
간 생강 약간
간 마늘 2큰술
국간장 3큰술
꽃소금 ⅔큰술
후춧가루 약간
참기름 3큰술
물 9컵 (1,620ml)

1 대파는 0.5cm 두께로 썰고, 무는 가로 3cm, 세로 3cm, 두께 0.5cm로 사각형으로 썬다.

2 소고기는 5cm 길이 정도로 먹기 좋게 썬다.

3 썬 고기는 찬물에 한 번 헹군 후 체에 밭쳐 핏물을 제거하고 물기를 충분히 뺀다.

4 냄비에 참기름을 두르고 달군 후 소고기를 넣고 강불에서 볶는다.

5 소고기의 핏기가 없어질 때까지 볶아 준 후 무를 넣고 함께 볶는다.

6 무가 투명해질 때까지 볶다가 물을 붓는다.

7 국물에 꽃소금, 간 생강, 국간장을 넣는다.

황설탕을 조금 넣으면 감칠맛이 더해진다.

8 간 마늘을 넣고, 중불에서 15~20분 정도 충분히 끓인다.

9 충분히 끓었으면 대파와 후춧가루를 넣어서 완성한다.

❸
집밥메뉴
55

콩나물해장국

POINT

해장국 중 가장 인기 있는 메뉴!
다시마와 북어대가리 육수로
제대로 끓인 해장국 조리법을 소개한다.

 재료(4인분)

콩나물 1봉지 (320g)
마른 표고버섯채 ½컵 (6g)
북어대가리 2개 (116g)
멸치가루 2큰술
다시마 14g (2조각)
오징어 1마리 (300g)
달걀 4개
양파 ½개 (125g)
청양고추 2큰술 (8g)
대파 8큰술 (56g)
간 마늘 1큰술
굵은 고춧가루 약간
국간장 3큰술
식용유 약간
물 21컵 (3,780ml)
(육수용 16컵, 수란용 5컵)

> 양파는 껍질째
> 사용하는 것이
> 좋다.

1 청양고추와 대파는 0.3cm 두께로 얇게 썰고, 양파는 껍질째 깨끗이 씻어서 2등분하고, 마른 표고버섯채를 준비해 놓는다.

2 북어대가리와 다시마는 젖은 행주로 깨끗이 닦는다.

3 냄비에 물 16컵, 북어대가리, 마른 표고버섯채, 다시마, 양파, 멸치가루를 넣는다.
(멸치가루 만들기 397쪽 참조)

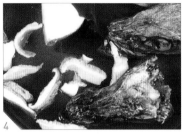

4 강불에서 육수를 끓이다가 끓기 시작하면 약불로 줄여서 약 1시간 정도 끓인다.

5 끓이는 중간에 북어대가리가 부드럽게 익으면 가위로 2등분한다.

6 오징어를 깨끗이 씻어서 손질한다.
(오징어 손질하기 347쪽 참조)

Tip

육수에서 오징어 국물 맛이 나는 것이 싫다면, 오징어를 육수에 삶지 않고, 따로 물을 끓여서 삶으면 된다.

7 손질한 오징어를 끓고 있는 육수에 넣고 1분 정도 데친다.

8 데친 오징어를 가로 1cm, 세로 1cm 크기로 잘게 썬다.

❸
집
밥
메
뉴
55

355

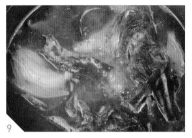

9 육수를 1시간 이상 푹 끓인다.

10 작은 종지에 식용유를 바른다.

11 식용유를 바른 종지에 달걀을 깨 넣고 냄비에 물 5컵과 종지를 넣고 끓인다.

강불로 익히면 수란에 구멍이 생긴다.

12 물이 끓기 시작하면 약불로 줄여서 수란을 익힌다.

13 1시간 이상 끓인 육수를 체에 거른다.

14 체에 거른 육수를 냄비에 넣고, 국간장을 넣어 간을 하고 끓인다.

15 육수가 끓어오르면 콩나물을 넣는다.

살짝 익혀야 아삭하다.

16 육수가 한 번 끓어오르면 콩나물을 바로 건져 낸다.

Tip

취향에 따라 완성된 해장국에 새우젓이나 김가루를 추가할 수 있다. 수란은 생략 가능하다.
오징어 고명 대신 소고기(불고기용)에 국간장과 양파를 넣고 끓여서 고기 고명을 올릴 수도 있다.
이때 불고기용 고기를 사용해야 고기가 금방 익는다.

17 뚝배기를 준비한 후 데친 콩나물과 육수를 넣는다.

18 뚝배기에 오징어 고명, 청양고추, 대파 1큰술, 간 마늘, 굵은 고춧가루를 올려 주고 끓인다.

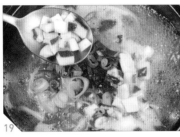

19 다시 한 번 육수가 끓어오르면 대파 1큰술, 오징어 고명을 한 번 더 넣고 불을 끈다.

20 해장국을 만들어 둔 수란과 함께 낸다.

콩나물의 시원한 맛!

냉이된장국

POINT

숙취 해소와 피로 회복에 좋다는 냉이!
다듬는 법만 잘 알면 의외로 쉬운 것이 냉이 요리다.
냉이된장국을 끓여 봄 향기 가득한 밥상을 차려 보자.

재료(4인분)

냉이 2컵 (60g)
멸치가루 4큰술
대파 1컵 (60g)
청양고추 4개 (40g)
된장 4큰술
간 마늘 2큰술
쌀뜨물 8컵 (1,440㎖)

1 냉이의 뿌리를 칼로 긁어서 잔뿌리와 흙을 제거하고, 시든 잎을 떼어 낸다.

2 뿌리가 굵은 냉이는 반으로 가른다.

3 손질한 냉이를 물에 30분 정도 담가 두었다가 흙이 가라앉으면 흐르는 물에 씻는다.

4 준비된 냉이를 5cm 길이로 먹기 좋게 썬다.

5 대파는 0.5cm 두께로, 청양고추는 0.3cm 두께로 얇게 썬다.

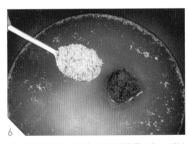

6 냄비에 쌀뜨물, 된장, 멸치가루를 넣고 강불에서 끓이면서 된장을 잘 풀어 준다.
(멸치가루 만들기 397쪽 참조)

Tip

된장국을 끓일 때는 된장으로만 간을 해야 깔끔하고 맛있다는 것을 기억하자. 멸치가루는 다양한 요리에 응용할 수 있다. 멸치육수를 내는 대신 멸치가루를 사용한다고 생각하면 된다.

7 국물이 끓어오르면 대파, 청양고추, 간 마늘을 넣는다.

8 냉이를 넣고 국물이 충분히 우러나면 불을 끈다.

냉이된장라면

POINT

냉이와 된장은 가장 잘 어울리는 조합이다.
이 조합을 라면에 응용하면
향긋하고 깔끔한 별미를 즐길 수 있다.

재료(2인분)

냉이 2컵 (60g)
라면 2개
달걀 2개
대파 ⅓컵 (40g)
된장 1큰술
물 7컵 (1,260ml)

1 냉이의 뿌리를 칼로 긁어서 잔뿌리와 흙을 제거하고, 시든 잎을 떼어 낸다. 뿌리가 굵은 냉이는 반으로 가른다.

2 손질한 냉이를 물에 30분 정도 담가 두었다가 흙이 가라앉으면 흐르는 물에 씻는다.

3 준비된 냉이를 2cm 길이로 썬다.

4 대파는 0.5cm 두께로 썬다.

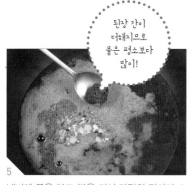

된장 간이 더해지므로 물은 평소보다 많이!

5 냄비에 물을 붓고 불을 켜서 라면의 건더기 스프와 분말 스프, 된장을 넣고 끓인다.

6 물이 끓기 시작하면 라면을 넣고 끓인다.

냉이 양은 취향에 따라 조절.

7 손질해 둔 냉이를 넣는다.

달걀은 생략 가능.

8 달걀을 깨 넣고 적당히 익힌다.

9 면을 건져서 그릇에 담은 후 달걀이 면 위로 올라오도록 담는다.

10 남은 국물에 대파를 넣고 데치듯 끓인 후, 그릇에 부어서 완성한다.

감자고추장찌개

POINT

고추기름을 활용하여
감칠맛이 나고 얼큰한 고추장찌개!
식탁 위에서 보글보글 끓여서 온 가족이 둘러앉아 즐길 수 있는 메뉴다.

과정 ❷ ~ ❹번은 감자고추장찌개 말고도 웬만한 찌개에다 응용 가능한 고추기름을 만드는 방법이다.
참기름 : 식용유 : 고추장 = 2 : 2 : 1의 비율로 반드시 약불에서 조리해야 한다. 그렇지 않으면
쉽게 타버린다. 칼국수면을 물에 한 번 헹궈서 추가해 주면 더 근사하게 즐길 수 있다.

 재료(4인분)

대패 삼겹살 100g
청양고추 3개 (30g)
느타리버섯 2컵 (80g)
대파 ½대 (50g)
양파 ½개 (125g)
감자 3컵 (300g)
고추장 1큰술
간 마늘 1큰술
굵은 고춧가루 2큰술
국간장 5큰술
멸치액젓 1큰술
참기름 2큰술
식용유 2큰술
물 5컵 (900ml)

1
대파와 청양고추는 0.5cm 두께로 썰고, 대패 삼겹살은 2.5cm 폭으로 썬다. 감자는 4등분한 후 0.5cm 두께로, 양파는 1cm 두께로 썬다. 느타리버섯은 잘게 찢는다.

2
깊은 팬에 참기름, 식용유, 고추장을 넣는다.

3
불을 켜고 약불에서 재료를 볶는다.

4
고추장이 볶아지면 굵은 고춧가루를 넣고 볶아서 고추기름을 낸다.

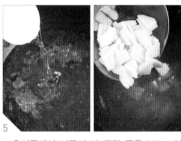

5
고추기름에서 거품이 날 무렵 물을 붓고, 감자를 넣은 후 강불에서 끓인다.

기호에 따라 고춧가루 추가!

6
국물이 끓어오르면 자른 대패 삼겹살을 넣는다.

다른 액젓도 사용 가능.

7
국간장, 간 마늘, 멸치액젓을 넣어 간을 한다.

❸ 집밥메뉴 55

8
느타리버섯을 넣고 끓인다.

9
국물이 끓어오르면 양파를 넣고 끓인다.

10
양파가 투명하게 익으면 대파와 청양고추를 넣어서 완성한다.

묵은지찌개

POINT

묵은지와 멸치만으로 맛을 낸
담백하고 시원한 묵은지찌개!
다른 국물요리의 육수로도 활용할 수 있는 팔방미인 찌개다.

재료(4인분)

묵은지 ½포기 (약 670g)
국물용 멸치 1컵 (약 35g)
간 마늘 1큰술
국간장 3큰술
들기름 4큰술
쌀뜨물 7컵 (1,260ml)

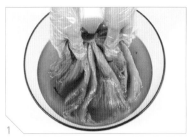

1 묵은지는 소를 털어 내고 물에 씻어서 준비한다.

멸치양은 취향에 따라 조절!

2 국물용 멸치의 내장과 머리를 제거해 둔다.

쌀뜨물이 없으면 물 사용!

3 냄비에 묵은지와 멸치를 넣고 쌀뜨물을 붓는다.

4 간 마늘과 들기름을 넣고 강불에서 끓인다.

5 가위로 김치의 끝부분을 잘라 준다.

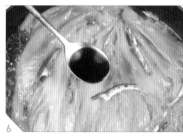

6 묵은지가 투명해질 때까지 끓인 후 국간장으로 간을 하여 완성한다.

Tip

묵은지 대신 총각김치를 같은 방법으로 끓여도 맛있다. 묵은지찌개를 육수라고 생각하고 국, 찌개, 라면 국물이나 수제비 국물로 활용하자.
단, 라면을 끓일 때는 국물에 기본 간이 있기 때문에 스프의 양을 조절해야 한다.

❸ 집밥메뉴 55

잔치불고기

POINT

양념에 재우지 않고 바로 먹을 수 있는 불고기!
갑자기 손님이 찾아왔을 때 유용하게 활용할 수 있다.
식탁 위에서 보글보글 즉석으로 끓여서 고기와 채소를 소스에 찍어 먹으면 된다.

냉동한 지 오래된 고기는 물에 담가 핏물을 빼면서 해동해서 쓰자.
과정 **7**번에서 찍어 먹을 소스를 만들 불고기소스를 3컵 정도 덜어 둔다. 고기와 채소를 건져 먹고
남은 국물에 신김치를 잘게 잘라 넣고, 밥, 달걀, 쪽파를 넣어 죽을 끓여 먹어도 맛있다.

채소의 종류는 취향대로!

재료 (4인분)

소고기 (불고기용) 4컵 (360g)
얼린 두부 ½모 (250g)
대파 1대 (100g)
새송이버섯 1개 (60g)
팽이버섯 ½개 (60g)
표고버섯 2개 (40g)
쑥갓 5줄기 (50g)
알배추 1컵 (45g)
양파 ½개 (125g)
당근 1컵 (60g)
간 생강 약간
간 마늘 1큰술
후춧가루 약간
참기름 2큰술

불고기소스

진간장 1½컵 (270ml)
황설탕 1컵 (140g)
맛술 1컵 (180ml)
물 6컵 (1,080ml)

찍어 먹는 소스 (1인분)

쪽파 1큰술 (4g)
연겨자 ⅓큰술
불고기소스 3컵 (540ml)
굵은 고춧가루 2큰술
식초 ⅕컵 (36ml)
뜨거운 물 ⅓컵 (60ml)

1 알배추는 1cm 두께로 썰고, 얼린 두부는 해동 후 반 갈라 1cm 두께로 썰고, 쪽파는 0.5cm 두께로 송송 썬다. 대파는 반 가른 후 6cm 길이로, 양파는 0.5cm 두께로 썬다. 당근은 길이 6cm, 두께 0.5cm로 채 썬다.

2 팽이버섯은 뿌리를 제거해 주고, 표고버섯은 기둥을 제거한 후 0.5cm 두께로 썬다. 새송이 버섯은 길게 반 가른 후 0.5cm 두께로 썰고, 쑥갓은 잎 부분만 준비한다.

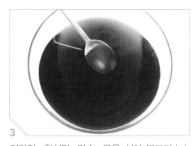

3 진간장, 황설탕, 맛술, 물을 섞어 불고기소스를 만든다.

4 볼에 핏물을 제거한 소고기를 넣고, 고기가 잠길 정도로 ❸번의 불고기소스를 붓는다.

5 소고기가 담긴 볼에 간 마늘, 간 생강, 후춧가루, 참기름을 넣고 섞어 둔다.

재료를 한꺼번에 넣지 말고 중간 중간에 넣어가며 먹는다.

6 전골냄비에 양념에 섞어 둔 고기와 채소를 넣고 끓이면서 소스에 찍어 먹는다.

찍어 먹는 소스 만들기

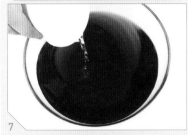

7 새로운 볼에 ❸번의 불고기소스 3컵과 식초를 넣는다.

8 새로운 볼에 굵은 고춧가루를 넣고 뜨거운 물을 부어 불린다.

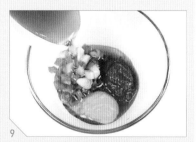

9 오목한 소스 종지에 연겨자, ❽번의 불린 굵은 고춧가루, 쪽파를 넣고 ❼번에서 만들어 놓은 소스를 넣어 찍어 먹는 소스를 만든다.

❸ 집밥메뉴 55

동태찌개

POINT

동태는 생선 중에서 다루기 쉽고,
저렴하면서 맛있고, 보관도 쉽다.
비린내가 적기 때문에 간만 잘 맞추면
담백한 생선찌개를 만들 수 있다.

재료(4인분)

동태 1마리 (1kg)
동태알 1컵 (120g)
동태간 1컵 (120g)
동태이리 1컵 (120g)
두부 ½모 (250g)
대파 2대 (200g)
청양고추 3개 (30g)
홍고추 2개 (20g)
쑥갓 5줄기 (50g)
무 210g (7조각)
된장 ½큰술
고추장 1큰술
새우젓 ⅔큰술
간 생강 약간
간 마늘 1큰술
굵은 고춧가루 1½큰술
국간장 4큰술
물 7컵 (1,260ml)

1

동태의 위와 창자를 버리고, 간, 이리, 알은 따로 빼 두고 물로 깨끗이 씻어 손질해 둔다.
(동태 손질하기 377쪽 참조)

2

두부는 반 가른 후 1cm 두께로, 무는 가로 5cm, 세로 4cm, 두께 1cm의 사각형으로 썬다. 대파는 길게 반 가른 후 5cm 길이로, 쑥갓은 8cm 길이로 줄기를 제거해서 준비한다. 홍고추와 청양고추는 0.8cm 두께로 어슷 썬다.

물은
동태가
잠길 정도로!

3

냄비에 손질해 둔 동태, 무, 물을 넣고 강불에서 끓인다.

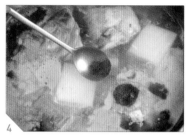

4

동태가 하얗게 익으면, 고추장과 된장을 넣고 중불에서 10분 정도 더 끓인다.

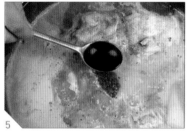

5

무가 투명하게 익으면 간 마늘, 간 생강, 굵은 고춧가루, 새우젓, 국간장을 넣는다.

6

간, 이리, 알을 넣고 잘 섞는다.

7

두부를 넣는다.

8

내장이 하얗게 익으면 대파, 홍고추, 청양고추를 넣고 섞는다.

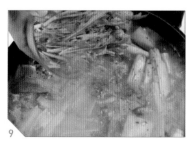

9

국물이 끓어오르면 불을 끄고, 쑥갓을 올려서 완성한다.

굴탕

Point

추위를 날려 줄 겨울철 대표 보양식!
이 조리법은 홍합탕이나 조개탕을 끓일 때도
그대로 응용할 수 있다.

재료(4인분)

굴 1봉지 (250g)
대파 ½대 (50g)
애호박 1컵 (75g)
홍고추 1개 (8g)
청양고추 2개 (20g)
표고버섯 2개 (40g)
부추 ½컵 (약 18g)
무 ½컵 (55g)
새우젓 1큰술
간 마늘 ½큰술
국간장 1큰술
식초 1큰술
물 4컵 (720ml)

Tip

취향에 따라 두부나 쑥갓을 추가할 수 있다. 굴탕처럼 단백질이 있는 국물에 식초를 소량 넣으면 비린내와 잡내를 잡아 맛이 담백해진다는 것도 기억하자.

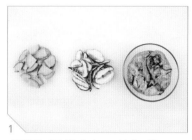
1
애호박은 4등분한 후 0.5cm 두께로 썰고, 표고버섯은 0.5cm 두께로 썬다. 굴은 흐르는 물에 살살 씻어 둔다.
(굴 손질하기 373쪽 참조)

2
홍고추, 청양고추, 대파는 길이 3cm, 두께 0.5cm로 어슷 썰고, 부추는 5cm 길이로 썰고, 무는 길이 5cm, 두께 0.5cm로 채 썬다.

3
뚝배기에 물을 붓고 무, 애호박, 표고버섯, 대파를 넣은 후 강불에서 끓인다.

4
국물이 끓어오르면 간 마늘을 넣고 잘 섞는다.

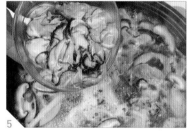
5
씻어 둔 굴을 넣는다.

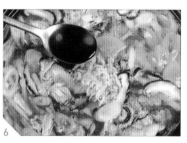
6
새우젓과 국간장으로 간을 한다.

7
국물이 다시 끓어오르면 청양고추, 홍고추, 부추를 넣는다.

8
식초를 넣어 비린내와 잡내를 잡는다.

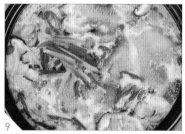
9
팔팔 끓기 시작하면 불에서 내리고 식탁 위에서 보글보글 끓이면서 먹는다.

냉굴탕

시원한 겨울철 별미, 냉굴탕이다.
끓이지 않고, 신선한 굴의 풍미와 새콤달콤한 맛을 즐길 수 있는 요리다.

재료 (4인분)

굴 1봉지 (250g)
배 ½개 (275g)
쪽파 ½컵 (25g)
청양고추 2개 (20g)
간 생강 ½큰술
간 마늘 ½큰술
굵은 고춧가루 2큰술
진간장 ⅓컵 (60ml)
황설탕 1½큰술
식초 5큰술
물 2컵 (360ml)

1
배는 껍질을 제거한 후 길이 5cm, 두께 0.5cm 로 채 썰고, 쪽파는 0.5cm 두께로, 청양고추 는 0.3cm 두께로 얇게 썬다. 굴은 흐르는 물 에 살살 씻어 둔다.

2
볼에 황설탕, 식초, 진간장, 물을 넣는다.

3
재료를 잘 섞어서 냉굴탕 국물을 만든다.

4
국물에 배, 쪽파, 청양고추를 넣고 섞는다.

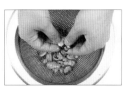

시판용 굴은 봉지를 뜯어서 그대로 볼에 담아 굴을 하 나씩 손으로 만져가며 껍질 조각을 제거한다.
그러고 나서 흐르는 물에 한 번 살살 씻어 둔다.

양념 양은 취향에 따라 조절!

5
간 생강, 굵은 고춧가루, 간 마늘을 넣고 섞 는다.

6
국물에 씻어 둔 굴을 넣는다.

7
재료를 잘 섞어서 냉장고에 넣어 시원하게 만 든다.

8
투명한 볼에 먹기 좋게 담아서 완성한다.

20분 육개장

POINT

육개장은 손이 많이 가는 음식이다.
제대로 끓이려면
기본적으로 3시간은 걸린다.
전통적인 육개장 조리법을
살짝 변형하여 20분 만에
완성할 수 있는
초간단 레시피를 소개한다.

재료(4인분)

소고기 (불고기용) 2컵 (180g)

달걀 2개

불린 당면 2컵 (120g)

대파 2½대 (228g)
(육개장용 2대, 고명용 ½대)

느타리버섯 2컵 (80g)

표고버섯 2컵 (60g)

불린 고사리 140g

숙주 4컵 (280g)

간 생강 약간

간 마늘 1½큰술

굵은 고춧가루 3큰술

국간장 ⅓컵 (60ml)

꽃소금 ½큰술

후춧가루 약간

참기름 6큰술

식용유 2큰술

물 6컵 (1,080ml)

1 물에 불린 고사리는 5cm 길이로 듬성듬성 썰고, 불린 당면을 준비한다.

2 대파 2대는 길게 반으로 가른 후 5cm 길이로, 대파 ½대는 0.3cm 두께로 얇게 썬다. 소고기는 결 반대 방향으로 2cm 폭으로 썬다. 표고버섯은 0.4cm 두께로 썰고, 느타리버섯은 두꺼운 부분을 손으로 잘게 찢는다.

3 깊은 팬에 참기름과 식용유를 두르고 불을 켠 후 5cm 길이로 썬 대파를 넣는다.

4 대파가 숨이 죽을 때까지 볶아 준다.

5 대파가 살짝 숨이 죽으면 소고기를 넣고, 소고기의 핏기가 없어질 때까지 볶는다.

6 소고기의 핏기가 없어지면 굵은 고춧가루를 넣고 볶는다.

7 굵은 고춧가루가 잘 볶아져서 고추기름이 나오면 물을 붓는다.

8 고사리, 표고버섯, 느타리버섯, 간 마늘, 꽃소금, 국간장을 넣고 강불에서 끓인다.

❸
집밥메뉴
55

육개장은 끓인 후 한 번 식 혔다가 다시 끓이면 맛이 더 깊어진다. 똑같은 레시피로 소고기로 끓이면 육개장, 닭고기로 끓이면 닭개장, 돼지고기로 끓이면 돈개장이 된다.

9 채소가 익으면 숙주와 간 생강을 넣는다.

10 팔팔 끓기 시작하면 달걀을 풀어 빙 둘러 넣고 익힌다.

11 그릇에 불린 당면을 넣어 완성한 육개장을 담은 후 후춧가루, 고명용으로 잘라 둔 대파를 올려서 완성한다.

20분 만에 끓여 낸 깊은 맛의 육개장!

명태

명태 관련 용어

생태	생 명태
북어	명태를 말린 것
황태	명태를 얼렸다 녹였다 하면서 말린 것
동태	명태를 얼린 것
코다리	명태를 반건조한 것
노가리	명태의 새끼
명란	명태의 알
창란	명태의 창자

명태는 맛있어!

동태

동태 손질법

1

2

* 지느러미는 가위로 제거한다.

* 위와 창자는 떼어서 버린다.

* 간(애), 이리, 알은 따로 떼서 요리에 활용하면
 깊은 맛을 낼 수 있다.

* 간(애)
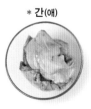

* 이리

* 알

❸ 집밥메뉴 55

잡채유부전골

POINT

남은 명절 음식 중 하나인
잡채를 넣어 유부주머니를 만들어서
달착지근하면서도 칼칼한
일본식 국물 맛을 즐겨 보자.

![저울 아이콘] **재료**(4인분)

잡채 3컵 (300g)
사각 유부 15장 (75g)
시금치나물무침 ½컵 (30g)
느타리버섯무침 ½컵 (약 37g)
콩나물무침 ½컵 (30g)
무채나물무침 ½컵 (40g)
고사리나물무침 ½컵 (약 27g)
달걀 1개
대파 ½대 (50g)
청양고추 ½개 (5g)
쑥갓 1줄기 (10g)
표고버섯 2개 (40g)
양파 ½컵 (35g)
간 생강 약간
진간장 2큰술
황설탕 1큰술
물 6컵 (1,080ml)

![냄비 아이콘] **추가 육수**

진간장 3큰술
황설탕 1큰술
물 2컵 (360ml)

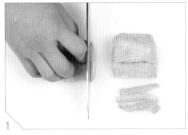

1 유부의 한쪽을 0.3cm 정도 잘라 내어 입구를 만든다.

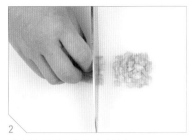

2 잘라 낸 유부는 잘게 다져 둔다.

3 청양고추는 길이 2cm, 두께 0.3cm로, 대파는 길이 3cm, 두께 0.5cm로 어슷 썬다. 표고버섯과 양파는 0.3cm 두께로 얇게 썰고, 쑥갓은 반으로 자른다.

> 김치, 나물, 전 등을 추가해도 된다.

4 볼에 잡채와 잘게 다져 놓은 유부 자투리를 넣는다.

5 가위로 잡채와 유부 자투리를 잘게 잘라 속을 만든다.

6 유부의 ⅔정도를 속으로 채운 후 이쑤시개를 지그재그로 끼워 유부주머니를 만든다.

7 물 2컵, 진간장, 황설탕을 섞어 추가 육수를 미리 만든다.

8 넓고 낮은 냄비 가장자리에 유부주머니를 동그랗게 빙 둘러 놓는다.

나물의 종류는 자유롭게.

9 냄비 중앙에 각종 나물을 넣는다.

10 나물 옆에 양파와 표고버섯도 곁들여 놓는다.

11 재료가 잠길 듯 말 듯한 정도가 되도록 물 6컵을 붓는다.

12 진간장, 간 생강, 황설탕을 넣고 강불로 끓인다.

13 국물이 끓어오르면, 냄비 중앙에 달걀을 넣는다.

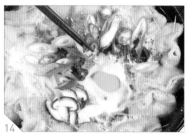

14 달걀을 피해서 청양고추와 대파를 넣는다.

Tip

유부주머니는 밀폐용기에 차곡차곡 쌓아서, 냉동 보관하면 두고두고 활용이 가능하다. 전골뿐만 아니라 라면이나 찌개 등 국물 요리에 넣으면 다 잘 어울린다.
완성된 전골은 냄비째 테이블 위에 올려 두고, 과정 ❼번에서 만든 육수를 보충하면서 끓여 먹으면 좋다.

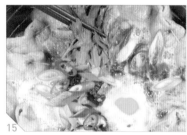

15 쑥갓을 올린 후 끓이면서 먹는다. 국물이 졸아들면 미리 만들어 둔 ❼번의 육수를 추가한다.

집밥 4장

집밥이
풍성해지는,
반찬과 간식

쉽고 맛있는 반찬 요리!

한식은 밥과 국물이 있어도 반찬을 따로 준비해야 해서
번거롭다고 느낄 수도 있다. 그러나 맛있는 반찬 하나만 있으면
밥 한 그릇 뚝딱 먹을 수 있는 것이 또 한식의 묘미이다.
10분 만에 간단하게 만들 수 있는 나물 반찬,
특별한 날 밥상을 빛내 줄 고기 요리,
출출한 식구들의 작은 행복을 만들어 줄 간식 메뉴들을 소개한다.

무나물

POINT

부드럽게 익은 무의 식감과 고소한 들기름의 조합!
냉장고에 방치된 무를 꺼내 고소하고 달콤한 나물을 만들어 보자.

 재료(4인분)

대파 2큰술 (14g)
무 3컵 (330g)
간 마늘 ½큰술
진간장 3큰술
황설탕 ½큰술
들기름 3큰술
깨소금 2큰술
(버무림용 1큰술, 고명용 1큰술)
쌀뜨물 ½컵 (90ml)

들기름 대신 참기름이나 식용유를 사용해도 된다. 칼칼한 맛을 원한다면 청양고추를 얇게 썰어서 넣으면 된다.

1 대파는 0.3cm 두께로 얇게 썰고, 무는 두께 0.5cm, 길이 7cm로 채 썬다.

2 넓은 팬에 들기름을 두른다.

3 대파를 넣고 불을 켠 후 중불에서 볶아 파기름을 낸다.

4 파가 노릇노릇하게 익으면, 무를 넣고 볶는다.

5 무를 볶다가 쌀뜨물을 부어 무가 익는 동안 타지 않게 하고 감칠맛을 더한다.

6 황설탕, 간 마늘, 깨소금 1큰술, 진간장을 넣고 볶는다.

7 무가 투명하게 익고, 국물이 자작하게 졸아들 때까지 볶는다.

8 완성된 무나물을 접시에 높이 쌓듯이 담은 후, 깨소금 1큰술을 뿌려서 완성한다.

들기름묵은지볶음

묵은지를 활용한 초간단 반찬!
맛도 좋고 보관도 용이한 효자 밑반찬을 소개한다.

재료(4인분)

묵은지 ¼포기 (약 670g)
대파 ½대 (50g)
간 마늘 1큰술
황설탕 ½큰술
들기름 8큰술
통깨 1큰술

1
대파는 0.3cm 두께로 얇게 썬다.

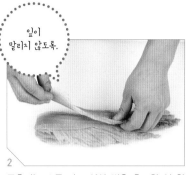

잎이
말리지 않도록.

2
묵은지는 소를 털고 살살 씻은 후, 한 잎 한 잎 잘 편다.

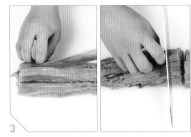

3
묵은지는 반 갈라 잎 부분은 길이 1cm, 폭 2cm로 잘게 썰고, 줄기 부분은 길이 2cm, 폭 2cm로 굵게 썬다.

4
넓은 팬에 들기름을 넉넉히 두르고, 대파를 넣은 후 불을 켜고 중불에서 볶는다.

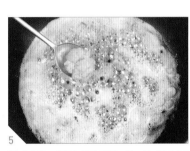

5
들기름의 거품이 올라오면, 간 마늘을 넣고 볶는다.

간이 부족하면
국간장 추가.

6
묵은지를 넣고 섞으면서 볶는다.

❸ 집밥메뉴 55

Tip

묵은지볶음은 냉장으로 2~3주 정도 보관이 가능하다. 오래 보관하고 싶다면, 오래 볶아서 물기를 많이 날려 주면 된다.

7
묵은지를 볶다가 황설탕을 넣어 묵은지의 군내를 잡는다.

8
묵은지가 푹 익도록 충분히 볶은 후 통깨를 뿌려서 완성한다.

데친순두부와 양념장

POINT

순두부는 집에서 해 먹기 어렵다는
선입견을 없애 줄
아주 간단한 순두부 요리법이다.

Tip　과정 ❸ ~ ❺번에서 만든 양념장은 콩나물밥이나 칼국수 등 양념장이 필요한 다양한 요리에 활용 가능하다.
과정 ❼번에서 멸치가루물 대신 콩나물국, 된장국, 미역국, 쌀뜨물 등 집에 있는 다양한 국물을
사용해도 된다.

재료(4인분)

순두부 2팩 (700g)
김치 4큰술 (60g)
멸치가루 2큰술
쪽파 2큰술 (8g)
조미김가루 2큰술
진간장 1큰술
참기름 1큰술
깨소금 약간
물 2컵 (360ml)

양념장

청양고추 ½개 (약 5g)
대파 3큰술 (21g)
간 마늘 ½큰술
굵은 고춧가루 ½큰술
진간장 3큰술
황설탕 ½큰술
참기름 1큰술

1 대파와 쪽파는 0.3cm 두께로 얇게 썰고, 청양고추는 길게 반 가른 후 0.3cm 두께로 얇게 썬다.

2 볼에 김치를 넣고, 가위로 최대한 잘게 자른다.

양념장 만들기

진간장 양은 재료가 잠길 정도.

3 볼에 대파, 청양고추, 간 마늘, 진간장을 넣는다.

4 굵은 고춧가루, 황설탕, 참기름을 넣는다.

5 재료를 잘 섞어 양념장을 만든다.

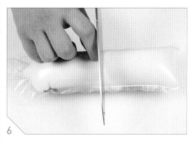

6 순두부는 포장을 벗기지 않은 상태에서 2등분한다.

7 팬에 물을 붓고, 순두부를 포장지를 벗겨 넣은 후 멸치가루를 넣고 중불에서 끓인다.
(멸치가루 만들기 397쪽 참조)

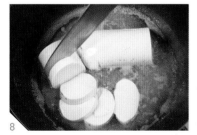

8 국물이 끓으면 칼로 팬 안의 순두부를 1.5cm 두께로 자른다.

9 진간장, 참기름을 빙 둘러 넣은 후 팔팔 끓으면 불을 끈다.

국물도 함께 담는다.

10 넓은 접시에 완성된 순두부와 김치, 양념장, 쪽파, 깨소금, 조미김가루를 올려 낸다.

꽈리고추삼겹살볶음

냉동실에 방치된 오래된 삼겹살의 부활!
꽈리고추가 아삭아삭 씹히는
짭짤하고 매콤한 밥도둑을 소개한다.

 재료(4인분)

냉동 돼지고기(삼겹살) 3장 (180g)
꽈리고추 11개 (66g)
대파 1대 (100g)
청양고추 5개 (50g)
간 마늘 1큰술
진간장 ½컵 (60ml)
황설탕 1큰술
물 ½컵 (60ml)

Tip

냉동 삼겹살 보관법

비닐팩이나 식재료 전용 종이를 이용하여 고기가 서로 달라붙지 않게 고기를 한 장씩 비닐팩 사이로 넣으면 고기가 얼어도 쉽게 분리할 수 있다. 그런 후 다시 공기가 통하지 않도록 랩으로 싼다. 그 위에 포장 날짜와 고기 부위를 기록해 둔다.

1 청양고추와 대파는 0.5cm 두께로 썰고, 꽈리고추는 꼭지를 따서 다듬은 후에 2cm 두께로 썬다.

2 냉동 돼지고기를 1cm 폭으로 잘게 썬다.

3 넓은 팬에 돼지고기를 넣고 강불에서 볶는다.

4 돼지고기가 노릇노릇하게 익으면 대파를 넣고 함께 볶는다.

5 황설탕과 물을 넣는다.

6 간 마늘, 진간장을 넣고 잘 섞으며 볶는다.

7 청양고추와 꽈리고추를 넣고 볶는다.

8 고추에 양념이 잘 배도록 볶아서 완성한다.

❸
집
밥
메
뉴
55

닭볶음탕

얼큰하고 푸짐한 닭볶음탕 레시피다.
닭 껍질에는 지방이 많아 고소한 맛을 낸다.
껍질을 벗길지 말지는
취향에 따라 선택하면 된다.

재료 (4인분)

토막 닭고기 (10호) 1마리
대파 2대 (200g)
청양고추 3개 (30g)
홍고추 2개 (20g)
새송이버섯 2개 (120g)
표고버섯 3개 (60g)
당근 ½개 (90g)
양파 1개 (250g)
감자 2개 (400g)
간 마늘 1큰술
굵은 고춧가루 ½컵 (45g)
고운 고춧가루 1큰술
진간장 ⅘컵 (144ml)
황설탕 3큰술
후춧가루 약간
물 3컵 (540ml)

Tip

지방을 줄여서 조리하고 싶다면, 닭고기를 끓이기 전에 팬에 살살 볶아서 기름을 낸 후 기름만 따라 내고 끓이면 된다.

간을 하는 순서를 잘 지켜야 한다. 황설탕이 제일 먼저, 그다음이 진간장, 굵은 고춧가루는 제일 나중에 넣어야 간이 잘 배고, 색도 잘 난다.

1
토막 닭고기는 뼛가루 등 불순물과 내장을 물에 씻어서 제거한 후 가위집을 내어 준다.

2
홍고추와 청양고추는 2cm 길이로, 대파는 4cm 길이로 썬다. 표고버섯은 기둥을 제거하고, 새송이버섯, 감자, 당근, 양파는 먹기 좋은 크기로 큼직큼직하게 썬다.

물은 고기가 반쯤 잠길 정도.

3
깊은 팬에 닭고기, 물, 황설탕을 넣고 뚜껑을 연 채로 강불에서 끓인다.

4
닭고기가 하얗게 익기 시작하면 감자와 당근, 양파를 넣는다.

진간장 대신 꽃소금이나 액젓 사용 가능.

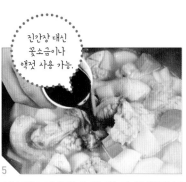

5
15분 정도 더 끓인 후 간 마늘과 진간장을 넣고 잘 섞은 후 끓여 준다.

간을 보고 물이나 진간장 추가.

6
표고버섯, 새송이버섯과 굵은 고춧가루, 고운 고춧가루를 넣고 섞는다.

7
대파, 홍고추, 청양고추를 넣고 섞는다.

8
후춧가루를 뿌려 잘 섞어서 완성한다.

❸
집밥메뉴
55

찜닭

 아이, 어른 할 것 없이
모두 맛있게
먹을 수 있는 가족 특식!
달콤하고, 짭짤하고, 고소한
집에서 먹는 색다른 닭요리를
준비해 보자.

⏱ 재료(4인분)

토막 닭고기(10호)1마리
떡볶이떡 2컵 (320g)
불린 당면 3컵 (180g)
새송이버섯 2개 (120g)
표고버섯 3개 (60g)
청양고추 2개 (20g)
대파 2대 (200g)
양파 1개 (250g)
감자 1개 (200g)
고구마 ½개 (150g)
당근 ⅓개 (약 68g)
말린 홍고추 1개 (4g)
물 1컵 (180ml)

🍶 양념장

대파 1컵 (60g)
간 생강 ½큰술
간 마늘 1큰술
진간장 1컵 (180ml)
황설탕 ⅓컵 (56g)
맛술 ½컵 (90ml)
참기름 2큰술
물 1컵 (180ml)

1 불린 당면을 준비하고, 토막 닭고기는 깨끗이 손질하여 가위집을 낸다. 떡볶이떡은 씻어 둔다.

2 감자, 고구마, 당근, 양파, 새송이버섯, 표고버섯은 큼직큼직하게 썬다. 청양고추는 2cm 길이로, 대파 1컵은 0.5cm 두께로, 대파 2대는 5cm 길이로 썬다.

생강은 생략 가능.

3 볼에 진간장, 맛술, 황설탕, 간 마늘, 간 생강, 0.5cm 두께로 썬 대파, 물 1컵, 참기름을 넣는다.

4 재료를 잘 섞어서 양념장을 만든다.

5 깊은 팬에 손질한 닭고기와 양념장, 물 1컵을 넣고 불을 켠다.

6 말린 홍고추를 1cm 두께로 어슷하게 가위로 잘라 고추씨와 함께 넣는다.

7 재료가 잘 섞이도록 저은 후 끓인다.

8 닭고기가 하얗게 익으면 당근, 감자, 고구마, 양파를 넣고 15분간 더 끓인다.

❸ 집밥메뉴 55

아이들과 함께 먹을 때는 말린 홍고추 대신 피망이나 꽈리고추를 사용하면 좋다. 식당에서 먹는 찜닭의 짙은 색깔을 내고 싶다면, ⑩번 과정에서 캐러멜을 1큰술 추가하면 된다.

감자와 고구마가 익으면 표고버섯, 새송이버섯, 떡볶이떡을 넣는다.

재료를 잘 섞은 후 떡볶이떡이 말랑말랑하게 익을 때까지 끓인다.

떡볶이떡이 말랑말랑하게 익으면 물에 불려 둔 당면을 넣는다.

길게 썬 대파와 청양고추를 넣는다.

1등 가족 특식 찜닭!

재료를 잘 섞어서 완성한다.

멸치가루

1. 멸치가루 만드는 법

1
국물용 멸치를 준비한다.

2
멸치는 내장과 머리를 제거한다.

3
식용유 없이 팬에서 살짝 볶는다.

4
볶은 멸치를 식힌 후 믹서기로 곱게 갈아 멸치가루를 만든다.

2. 멸치가루 활용과 보관

* 통멸치를 넣었다 빼는 것보다 진하고 깔끔한 멸치육수를 낼 수 있다.

* 멸치의 식감을 싫어하는 사람들에게 추천한다.

* 물에 멸치가루를 넣고 끓이면 된장국 , 해장국 , 칼국수 등

　다양한 국물요리에 활용이 가능한 기본육수가 된다.

* 멸치가루는 밀폐용기에 담아 냉장 또는 냉동 보관하여 두고 사용할 수 있다.

완성!

새우가루

* 건새우를 믹서기로 곱게 갈아 새우가루를 만든다.

* 멸치가루와 마찬가지로 물과 함께 끓이면 국물요리의 기본육수로 사용 가능하다.

* 새우가루를 넣고 밥을 볶으면 간단하게 새우볶음밥을 만들 수 있다.

❸
집
밥
메
뉴
55

닭똥집볶음

POINT

닭똥집에 대한 선입견을 바꿔 줄 볶음요리다.
닭똥집을 기름에 잘 튀기면 냄새가 사라지고
고소하고 담백해진다.

재료(4인분)

닭똥집 1컵 (170g)
통마늘 4개 (20g)
맛소금 약간
후춧가루 약간
참기름 1큰술
식용유 ½통 (900ml)

튀김용 식용유가 적당한 온도로 달궈졌는지 알아보려면 편 마늘 한 쪽을 살짝 집어넣어 보면 된다. 보글보글 끓어오르면 적당한 온도라고 생각하면 된다.

1 닭똥집을 깨끗이 씻어서 물기를 제거한 후 길게 3등분한다.

2 통마늘을 0.5cm 두께로 편으로 썬다.

3 깊은 팬에 식용유를 붓고 불을 켜고 강불에서 달군다.

4 기름이 달궈지면 닭똥집을 넣고 튀긴다.

5 닭똥집이 하얗게 익었다 싶을 때 마늘도 함께 넣고 더 튀긴다.

6 마늘이 노릇노릇하게 익으면 닭똥집과 마늘을 체로 건져 내고 불을 끈다.

7 팬에 남아 있는 식용유는 따로 따라 내어 재활용할 수 있도록 보관한다.

8 건져 낸 닭똥집과 마늘을 다시 팬에 넣는다.

9 후춧가루, 맛소금, 참기름을 넣고 약불에서 버무리듯 볶아서 완성한다.

돼지고기묵은지찜

냉장고 자리만 차지하고 있던 묵은지의 고급스러운 변신!
한 시간 이상 푹 끓여서 묵은지의 쿰쿰한 냄새가
풍부한 풍미로 변하는 요리를 소개한다.

짧은 시간에 완성하는 돼지고기김치찌개를 할 때는 돼지고기를 미리 끓여서 맛을 우려내는 것이 좋지만,
돼지고기묵은지찜처럼 1시간 이상 푹 끓이는 음식일 때는 굳이 고기를 미리 익힐 필요가 없다.
돼지고기의 지방은 김치의 군내를 잡아 주는 역할을 해서 궁합이 좋다.

재료 (4인분)

돼지고기 (앞다리살) 700g
묵은지 ½포기 (약 1,300g)
양파 ½개 (125g)
대파 2대 (200g)
청양고추 4개 (40g)
간 생강 약간
간 마늘 1큰술
굵은 고춧가루 3큰술

양념물

된장 ½큰술
새우젓 3큰술
국간장 2큰술
꽃소금 ⅔큰술
황설탕 2큰술
물 7컵 (1,260ml)

1
양파는 0.5cm 두께로 썰고, 청양고추는 반으로 자르고, 대파는 5cm 길이로 썬다.

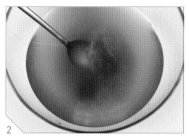

2
볼에 물, 황설탕, 국간장, 새우젓, 된장, 꽃소금을 넣고 잘 섞어서 양념물을 만든다.

3
깊은 팬에 돼지고기 앞다리살을 2등분해서 넣는다.

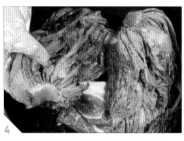

4
고기가 담긴 팬에 묵은지를 통째로 넣는다.

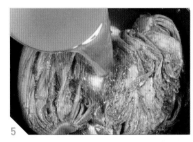

5
❷번에서 만들어 둔 양념물을 팬에 붓는다.

6
양파, 대파, 청양고추, 간 마늘, 간 생강, 굵은 고춧가루를 넣는다.

7
뚜껑을 덮고 불을 켠 후 강불에서 끓기 시작할 때까지 끓인다.

8
끓기 시작하면 뚜껑을 열고 저어 준 후 다시 뚜껑을 덮고 끓인다.

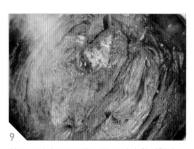

9
약 1〜1시간 30분 정도 푹 끓여서 완성한다.

❸ 집밥메뉴 55

갈비찜

POINT

갈비찜은 복잡할 것 같지만
시간이 오래 걸릴 뿐 의외로 간단한 요리다.
만능고기소스를 활용하여 간단하게 만들 수 있는
갈비찜 요리법을 소개한다.

 만능고기소스

대파 ½컵 (30g)
간 생강 ½큰술
간 마늘 2큰술
진간장 1컵 (180ml)
황설탕 ½컵 (70g)
맛술 ½컵 (90ml)
참기름 4큰술
물 1컵 (180ml)

1. 만능고기소스 만들기

1
대파를 0.3cm 두께로 얇게 썬다.

2
볼에 진간장, 황설탕, 맛술, 물 1컵, 간 마늘,
간 생강, 대파, 참기름을 넣는다.

3
재료를 잘 섞어서 만능고기소스를 완성한다.

 재료(4인분)

소고기(갈비) 2kg
무 100g (4조각)
당근 ½개 (135g)
새송이버섯 1개 (60g)
표고버섯 6개 (120g)
청양고추 3개 (30g)
꽈리고추 5개 (30g)
홍고추 2개 (20g)
대파 2대 (200g)
양파 1개 (250g)
물 10컵 (1,800ml)

2. 갈비찜 만들기

1
갈비는 찬물에 헹궈 불순물을 제거하고, 반나
절 정도 물에 담가서 핏물을 제거한다. 중간
에 물을 갈아 준다.

2
대파는 5cm 길이로 썰고, 양파는 4등분한다.

3
청양고추는 반으로 자르고, 홍고추는 2cm 길
이로 썰고, 꽈리고추는 2등분한다.

4
당근은 길게 2등분한 후 1.5cm 두께로 썰고,
무는 1.5cm 두께로 썬 후 4등분한다. 무와 당
근은 모서리를 깎아 둥글게 만든다.

5
새송이버섯은 1.5cm 두께로 썬다. 표고버섯은
밑동을 제거한 후 윗부분을 십자 모양으로 파
낸다.

6
냄비에 갈비를 넣고, 갈비가 잠길 정도로 만
능고기소스를 붓는다.

갈비 양에 따라
소스 양을
조절.

7
물 10컵을 추가하여 강불에서 끓이다가, 끓어
오르면 중불로 끓인다.

8
팔팔 끓으면 핏물의 거품을 걷어 낸다.

9
30~40분 정도 끓인 후 무를 넣고 더 끓인다.

10
15분 정도 끓여서 무가 적당히 익으면 당근,
표고버섯, 새송이버섯을 넣고 끓인다.

11
당근이 익으면 청양고추와 꽈리고추를 넣고
섞는다.

12
홍고추. 대파, 양파를 넣고 잘 섞어서 끓인다.

13
국물이 끓어오르면 불을 끄고, 잔열로 익혀서
완성한다.

갈비찜을 할 때 올라오는 거품에는 두 가지 종류가 있다. 지방과 핏물이다. 조리 전에 핏물을 충분히 제거하면,
지방 거품만 올라온다. 이것은 굳이 걷어 내지 않아도 된다. 그러나 핏물이나 불순물이 거품으로 올라올 때는
걷어 내는 것이 좋다. 단, 처음부터 걷어 내기 위해 너무 애쓰지 말고, 어느 정도 끓은 후에 걷어 내자.

맛있는 요리 상식

 # 만능고기소스

1. 만들 때 주의할 점 (만능고기소스 만들기 403쪽 참조)

* 대파는 많이 넣을수록 맛있다.

* 참기름은 많이 넣을수록 맛있지만, 너무 많이 넣으면 쓴맛이 날 수 있다.
  4큰술 정도가 적당하다.

* 황설탕 대신 사과나 배 같은 과일을 갈아서 넣으면
  고기가 더 연해지고 맛이 풍부해진다.

2. 만능고기소스의 활용

* 만능고기소스만 있으면, 고기를 양념에 재어 놓는 과정 없이 바로 함께 끓여서 요리할 수 있다.

* 갈비찜뿐만 아니라 닭갈비, 돼지갈비, 불고기, LA갈비 등 고기를 재료로 하는
  찜, 구이, 볶음 등 모든 요리에 활용이 가능하다.

만능고기소스만 있으면
어떤 고기요리도
OK!

골뱅이무침

야식으로 먹기 딱 좋은 메뉴, 골뱅이!
이제 시키지 말고, 집에서 직접 만들어 먹자.

![저울] 재료(4인분)

골뱅이통조림 1캔 (400g)
북어채 2컵 (50g)
건소면 100g
대파 ½개 (50g)
청양고추 2개 (20g)
깻잎 5장 (10g)
양파 ½개 (125g)
당근 ¼개 (약 68g)
오이 ½개 (110g)
양배추 1⅓컵 (100g)
간 마늘 1큰술
고운 고춧가루 3큰술
진간장 ½큰술
참기름 1큰술
(골뱅이무침용 ½큰술,
소면 양념용 ½큰술)
통깨 ½큰술
물 6컵 (1,080ml)

![양념병] 양념장

고추장 ½컵 (78g)
황설탕 ½컵 (약 47g)
식초 ½컵 (60ml)

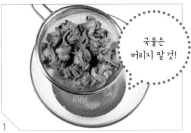

국물은 버리지 말 것!

1 골뱅이는 체에 밭쳐 국물을 따라 낸다.

2 양파는 0.3cm 두께로 얇게 썰고, 대파는 길이 3cm, 두께 0.5cm로 어슷 썬다. 양배추는 길이 7cm, 두께 0.7cm로 채 썰고, 골뱅이는 세로로 길게 반으로 자른다.

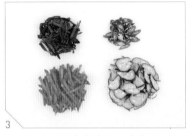

3 깻잎은 세로로 길게 반으로 잘라 0.5cm 두께로 채 썰고, 청양고추는 길이 3cm, 두께 0.3cm로 어슷 썬다. 당근은 길이 5cm, 두께 0.5cm로 채 썰고, 오이는 길게 반 가른 후 길이 4cm, 두께 0.5cm로 어슷 썬다.

4 볼에 손질한 채소를 모두 넣고 미리 잘 풀어서 섞어 둔다.

5 북어채는 먹기 좋게 잘라서 따라 낸 골뱅이 국물에 살짝 불린다.

6 고추장, 황설탕, 식초를 섞어서 양념장을 만든다.

❸ 집밥메뉴 55

통조림 국물은 사용하지 않는다.

7 ❹번에서 섞어 둔 채소에 골뱅이, 불린 북어채를 넣고 잘 섞는다.

8 간 마늘을 넣고, ❻번의 양념장을 조금씩 넣으면서 간을 보며 골고루 무친다.

9 색감을 살려 줄 고운 고춧가루와 참기름 ½큰술을 넣고 골고루 무친다.

10 냄비에 물 5컵을 넣고 팔팔 끓인 후 건소면을 펼쳐서 넣는다. 젓가락으로 저어 소면이 물에 잠기도록 풀어 준다.

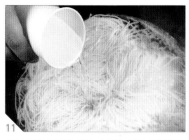

11 물이 끓어오르면 찬물 ½컵을 붓고 젓가락으로 저으며 계속 끓인다.

막 끓어오른 후
잠시 기다렸다가
물 투하.

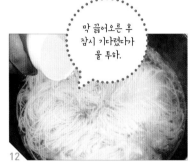

12 물이 두 번째로 끓어오르면 다시 찬물 ½컵을 붓고 젓가락으로 저으며 끓인다.

13 물이 세 번째로 끓어오르면 불을 끄고 체로 소면을 건져 낸다.

14 건져 낸 소면을 재빨리 찬물이나 얼음물에 넣고 빨듯이 강하게 전분을 제거한다.

15 볼에 소면을 담고 참기름 ½큰술과 진간장을 넣고 섞어 밑간을 한다.

16 접시에 골뱅이무침과 소면을 보기 좋게 담고 통깨를 뿌려서 완성한다.

Tip 골뱅이통조림은 제품마다 간이 다르므로, 먼저 먹어보고 간을 맞추는 것이 좋다.
과정 ❻번의 양념장은 고추장 : 황설탕 : 식초를 1 : 1 : 1의 비율로 섞으면 된다.

맛있는 요리 상식

무

무의 부위별 용도

*윗 부분
단맛이 강해
샐러드나 생채에 적합하다.

*중간 부분
조직이 단단하고 아삭아삭해
국, 전골, 조림 등에 적당하다.

*아랫 부분
맵고 단단하여
무나물이나 익힘 요리에 적합하다.

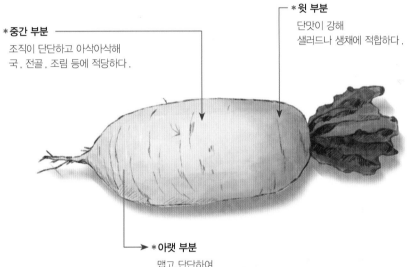

무의 구입과 보관 방법

* 무는 9~11월이 제철이라 가장 맛있다.

* 냉장 보관하면 1~2달도 보관 가능하다.

* 보관 과정에서 안쪽에 구멍이 생긴 것을 '바람이 들었다'라고 한다.
  이렇게 되면 수분이나 비타민 함량과 신선도가 상대적으로 떨어지게 된다.
  바람이 든 무는 크기에 비해 무게가 적게 나가므로 무를 들어 보고 고르면 좋다.

❸
집밥메뉴
55

가지튀김

Point

가지는 다양한 조리법으로 활용이 가능한 식재료다.
이번에는 반으로 갈라 속을 채운 후 튀기는
중국식 조리법을 활용해 보았다.
가지로 만들었지만, 고기만두 같은 맛이 나는 별미 요리다.

가지튀김은 초간장에 찍어 먹으면 잘 어울린다.
초간장은 진간장 3큰술, 식초 1큰술, 굵은 고춧가루 1큰술을 섞으면 된다.
이 초간장은 만두를 찍어 먹어도 맛있다.

재료 (4인분)

간 돼지고기 1컵 (100g)
대파 1컵 (60g)
부추 ½컵 (30g)
가지 2개 (200g)
튀김가루 ½컵 (25g)
간 생강 약간
꽃소금 약간
후춧가루 약간
참기름 3큰술
식용유 1통 (1.8L)

튀김옷 반죽

튀김가루 1⅓컵 (약 133g)
물 1컵 (180ml)

가지는 굵은 것이 좋다.

1 가지를 나무젓가락 사이에 끼우고, 1cm 두께로 어슷어슷 칼집을 낸다.

2 칼집 낸 가지가 2장씩 붙어 있게끔 자른다.

3 부추는 0.4cm 두께로, 대파는 0.3cm 두께로 얇게 썰어서 준비한다.

4 볼에 간 돼지고기, 부추, 대파, 간 생강, 튀김가루 ½컵, 꽃소금, 참기름, 후춧가루를 넣고 잘 섞어서 소를 만든다.

5 가지를 벌려서 섞어 둔 소를 넣고 손가락 두께로 잘 다진다.

6 볼에 튀김가루 1⅓컵과 물을 넣고 잘 섞어서 튀김옷을 만든다.

7 깊은 팬에 식용유를 붓고 식용유가 달궈지면 가지에 튀김옷을 묻혀 넣어 준다.

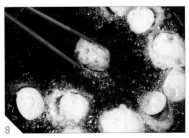

8 가지가 노릇해지도록 앞뒤로 뒤집어 주며 튀긴다.

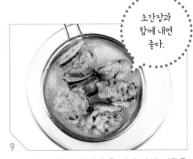

초간장과 함께 내면 좋다.

9 8분 정도 노릇하게 튀긴 후 체에 밭쳐 기름을 빼고 접시에 담아서 완성한다.

두부튀김

얼린 두부를 사용한 별미 요리다.
두부를 얼리면 구멍이 생겨 양념이 쏙쏙 잘 밴다.
양념이 잘 밴 두부와 고소하고 바삭한 멸치의 환상적인 조합을 만나 보자.

유통기한이 임박한 두부가 있다면 일단 냉동실에 넣자.
두부를 냉동하면 구멍이 생겨, 양념이 쏙쏙 잘 배는 훌륭한 식재료가 된다.
냉동된 두부는 물에 담가 해동한 후 위아래로 눌러서 물기를 제거하고 사용하면 된다.

재료 (4인분)

얼린 두부 1모 (290g)
잔멸치 ½컵 (20g)
쪽파 1큰술 (4g)
식용유 1통 (1.8L)

양념장

간 생강 약간
진간장 2½큰술
황설탕 ⅓큰술
식초 약간
맛술 1½큰술
물 3큰술

1 얼린 두부는 팩째로 물에 담가 해동한 후, 위아래로 눌러서 물기를 제거한다.

2 쪽파는 0.3cm 두께로 송송 썬다.

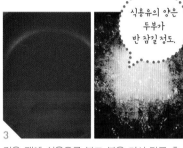

식용유의 양은 두부가 반 잠길 정도.

3 깊은 팬에 식용유를 붓고 불을 켜서 달군 후, 두부를 넣고 강불에서 튀긴다.

멸치 대신 건새우 가능.

4 두부를 뒤집어 가며 노릇하게 익힌 후 기름을 빼 둔다.

5 진간장, 물, 맛술, 황설탕, 식초, 간 생강을 섞어 양념장을 만든다.

6 잔멸치를 체에 밭쳐 두부를 튀겼던 식용유에 바삭하게 튀긴다.

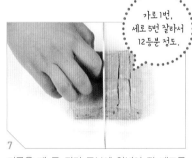

가로 1번, 세로 5번 잘라서 12등분 정도.

7 기름을 빼 둔 튀긴 두부에 양념이 잘 배도록 칼집을 낸 후 접시에 올린다.

8 두부 위에 튀긴 잔멸치를 올린 후 양념장을 붓는다.

9 썰어 둔 쪽파를 올려서 완성한다.

동태튀김

POINT

겉은 바삭, 속은 촉촉한
맛있는 동태튀김.
동태는 뼈가 적어
튀김으로 먹기 좋은
생선이다.

마요네즈소스가 느끼해서 싫다면, 짭짤한 진간장소스를 만들어서 함께 내도 된다.
진간장에 식초를 약간 섞고, 쪽파를 송송 썰어 넣으면 간단히 만들 수 있다.

재료 (4인분)

동태 1마리 (1kg)
튀김가루 ½컵 (50g)
꽃소금 ⅓큰술

후춧가루 약간
식용유 1통 (1.8L)
물 ¼컵 (45ml)

마요네즈소스

마요네즈 1컵 (180g)
다진 단무지 2큰술 (20g)
다진 양파 1큰술 (12g)
황설탕 ½큰술

레몬즙 1큰술
식초 1큰술
후춧가루 약간

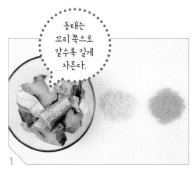

> 동태는 꼬리 쪽으로 갈수록 길게 자른다.

1 손질한 동태는 2~3cm 길이로 썰고, 양파와 단무지는 잘게 다진다.
(동태 손질하기 377쪽 참조)

2 동태에 꽃소금과 후춧가루를 넣고 골고루 버무려 밑간을 한다.

마요네즈소스 만들기

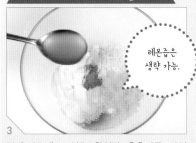

> 레몬즙은 생략 가능.

3 볼에 마요네즈, 식초, 황설탕, 후춧가루, 다진 단무지, 다진 양파, 레몬즙을 넣는다.

4 재료를 잘 섞어 튀김을 찍어 먹을 마요네즈소스를 만든다.

5 동태에 튀김가루를 넣고 골고루 섞는다.

6 동태에 튀김옷이 살짝 입혀질 정도로 농도를 맞추며 물을 붓고 잘 섞는다.

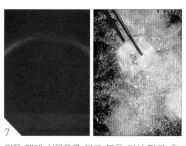

7 깊은 팬에 식용유를 붓고 불을 켜서 달군 후, 튀김옷을 입힌 동태를 넣고 강불에서 뒤집으며 튀긴다.

8 동태가 노릇노릇하게 익으면 체로 건져서 꺼내 둔다.

9 식용유를 더 달궈서 온도를 높인 후 동태를 다시 넣고 한 번 더 튀긴다.

10 두 번 튀겨 낸 동태튀김과 마요네즈소스를 함께 낸다.

감자전

겉은 바삭하고, 속은 쫀득한 감자전!
감자전은 감자를 강판에 갈아야 해서 힘든 요리다.
강판 대신 믹서기를 활용하면 쉽고 간단하게 감자전을 만들 수 있다.

전분을 가라앉히는 과정은 꼭 필요하다. 전분을 따로 가라앉혀서 감자와 다시 섞어 줘야 쫄깃한 전을 만들 수 있다.

 재료(4인분)

감자 2개(400g)
꽃소금 약간
식용유 4큰술
물 2컵(360ml)

 양념장

청양고추 1개 (10g)
진간장 3큰술
식초 1큰술

1 감자는 껍질을 벗겨 적당한 크기로 자르고, 청양고추는 길게 4등분한 뒤 0.3cm 두께로 얇게 썬다.

2 믹서기에 자른 감자와 물을 넣고 간다.

체 대신 얇은 면포 사용 가능.

3 가는 체에 간 감자를 거른 후, 체 밑으로 물과 전분이 가라앉도록 약 10~15분 정도 둔다.

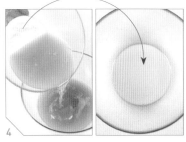

4 물과 전분이 가라앉으면 물을 따라 내고 전분만 남긴다.

5 전분만 남은 볼에 체에 걸러 둔 감자를 섞는다.

6 전분과 감자가 섞인 반죽에 꽃소금을 넣고 잘 섞는다.

잘 뒤집을 자신이 없으면 전을 작게 부친다.

7 넓은 팬에 식용유를 넉넉히 두르고 중불에서 팬을 달군 후 적당량의 반죽을 올린다.

❸ 집밥 메뉴 55

8 감자전을 뒤집어 가며 노릇하게 부쳐 준다.

9 볼에 진간장, 청양고추, 식초를 섞어서 양념장을 만든다.

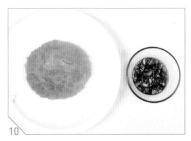

10 잘 익힌 감자전을 양념장과 함께 낸다.

감자수프

POINT

감자의 부드러운 변신!
삶은 감자를 활용하여
부드럽고 고급스러운 수프를 만들어 보자.

재료(4인분)

감자 2개(400g)
양파 ⅔개 (약 167g)
우유 4컵 (720㎖)
식빵 모서리 부분 4줄
버터 약 64g
(감자수프용 54g, 크루통용 10g)
꽃소금 약간
황설탕 약간
후춧가루 약간

감자를 삶을 때 마지막에 물이 갑자기 확 줄기 때문에 태우기 쉽다. 처음부터 물을 충분히 넣고, 마지막에 물이 부족한지 잘 살펴봐야 한다.

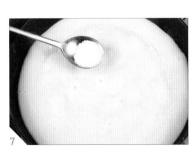

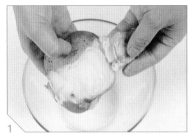

1
감자는 꽃소금과 황설탕을 약간 넣고 삶은 후 껍질을 벗긴다.

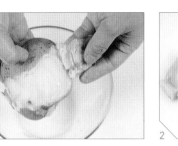

양파는 감자양의 ⅓정도.

2
삶은 감자는 큼직큼직하게 썰고, 식빵 모서리는 사각형으로 썬다. 양파는 0.3cm 두께로 얇게 썬다.

3
넓은 팬에 버터 54g을 녹이고, 양파를 넣고 중불에서 볶는다.

4
양파가 연한 갈색으로 익을 때까지 볶은 후 불을 끄고 식힌다.

우유는 농도에 따라 조절.

5
믹서기에 삶은 감자, 볶은 양파, 우유를 넣고 간다.

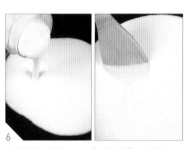

6
걸쭉하게 갈린 수프 재료를 깊은 팬에 넣고, 불을 켜고 중불에서 잘 저으며 끓인다.

7
수프가 보글보글 끓어오르면, 꽃소금을 넣어 간을 한다.

8
팬에 버터 10g을 녹이고 식빵 모서리를 볶아 크루통을 만든다.

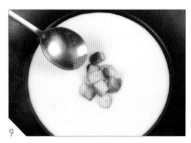

9
그릇에 수프를 담고, 크루통과 후춧가루를 뿌려서 완성한다.

토마토살사샐러드

POINT
토마토와 레몬으로 상큼하게 맛을 낸 샐러드다.
일반적인 살사소스에 청양고추를 더해서
한국인의 입맛에 더 잘 맞고 깔끔한 맛이 난다.

재료(4인분)

토마토 1개(230g)
레몬 ½개(45g)
청양고추 1개(10g)
양파 ½컵(50g)
꽃소금 약간
황설탕 ¼큰술
식초 1큰술

Tip

집에 레몬이 없다면 생략
가능하지만, 레몬을 넣어
야 상큼한 맛이 배가된다.
돈가스나 오믈렛 같은 일
품요리에 함께 플레이팅
하면 먹는 사람이 대접 받
는 느낌을 받을 것이다.

1

청양고추는 길게 반 가른 후 0.3cm 두께로 얇게 썰고, 양파는 사방 0.5cm 크기의 사각형으로 썬다.

2

레몬은 반을 가른 후 즙이 잘 나오도록 안쪽에 2~3개의 칼집을 낸다.

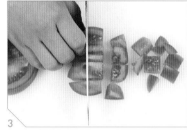
3

토마토는 사방 2cm 크기의 주사위 모양으로 큼직큼직하게 썬다.

4

썬 토마토를 볼에 담고, 가위로 더 잘게 자른다.

5

토마토가 담긴 볼에 양파와 청양고추를 넣는다.

6

볼에 황설탕, 꽃소금, 식초를 넣는다.

7

볼에 담긴 재료를 숟가락으로 잘 섞는다.

8

볼에 레몬즙을 짜 넣는다.

9

숟가락으로 레몬즙을 골고루 섞어서 완성한다.

수제피클

POINT

파스타 같은 양식을 집밥으로 낼 때
식탁의 품격을 높여 줄 수제피클!
숙성 없이 그날 바로 먹을 수 있는
초간단 수제피클 레시피를 소개한다.

재료 (4인분)

오이 1개 (220g)
홍고추 2개 (20g)
청양고추 2개 (20g)
당근 1컵 (90g)
무 2컵 (240g)
통마늘 8개 (40g)
월계수잎 2장
꽃소금 2큰술
황설탕 1½컵 (210g)
식초 1½컵 (270ml)
후춧가루 약간
계핏가루 약간
물 1½컵 (270ml)
사각 얼음

과정 ④번은 식초 : 황설탕 : 물 = 1 : 1 : 1의 비율로 섞으면 된다.
식힐 시간이 부족하다면, 얼음을 활용하면 된다. 완성된 피클이 담긴 그릇을 얼음 속에 넣어서 식히자.

1 오이는 길게 반 가른 후 1.5cm 두께로 썬다. 당근과 무는 길이 5cm, 두께 1.5cm의 막대 모양으로 자른다.

2 통마늘은 2등분하고, 홍고추와 청양고추는 3cm 길이로 썬다.

3 볼에 손질한 채소를 보기 좋게 골고루 섞어 둔다.

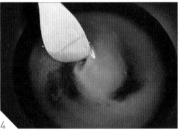

4 깊은 팬에 식초, 황설탕, 꽃소금, 물을 넣고 섞어서 양념물을 만든다.

양념물은 채소가 잠길 정도!

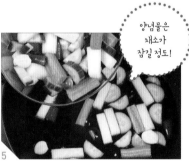

5 양념물에 손질해 둔 채소를 넣는다.

6 후춧가루, 계핏가루, 월계수잎을 넣고 끓인다.

7 국물이 끓어오르면 바로 불을 끈다.

8 뜨거운 피클이 담긴 그릇을 사각 얼음 속에 넣어 식혀서 완성한다.

즉석떡볶이

POINT

이번에는 온 가족이 함께 즐길 수 있는
즉석떡볶이 조리법이다.
다양한 재료를 넣을 수 있어
든든한 한 끼 식사로도 손색이 없는
떡볶이다.

📏 재료 (4인분)

떡볶이떡 2컵 (320g)	사각어묵 2장 (100g)
달걀 2개	대파 1대 (100g)
소시지 2개 (95g)	양배추 $\frac{1}{10}$통 (240g)
쫄면사리 2컵 (110g)	당근 $\frac{1}{5}$개 (약 34g)
라면사리 $\frac{1}{2}$개 (55g)	양파 $\frac{1}{2}$개 (125g)
만두 8개	물 4$\frac{1}{2}$컵 (810ml)

🧂 양념장 (4 컵 분량)

고추장 $\frac{2}{3}$컵 (156g)	황설탕 1컵 (140g)
굵은 고춧가루 1컵 (90g)	물 1컵 (180ml)
진간장 $\frac{1}{2}$컵 (90ml)	

Tip

진한 국물 색을 원한다면 춘장을 섞으면 된다. 모짜 렐라치즈나 체다치즈를 넣 어서 먹어도 맛있다. 다만, 치즈와 쫄면은 바닥에 눌 어붙기 때문에 재료를 더 이상 추가하고 싶지 않을 때 넣어야 한다.
국물이 자작하게 남았을 때 밥과 신김치를 넣고 비벼 먹어도 좋다.

1 볼에 황설탕, 굵은 고춧가루, 고추장, 진간장, 물 1컵을 넣고 섞어서 양념장을 만든다.

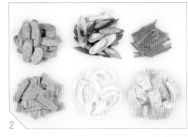

2 소시지는 길이 4cm, 두께 0.7cm로, 대파는 길 이 5cm, 두께 1cm로 어슷 썬다. 당근과 양파 는 0.5cm 두께로 채 썰고, 어묵은 두께 1.5cm, 길이 5cm로 썬다. 양배추는 두께 2cm, 길이 5cm로 썬다.

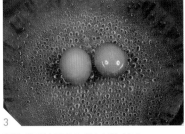

3 물을 끓여서 달걀 2개를 삶아 둔다.

4 전골냄비 바닥에 만두를 4개 깔고, 양배추, 양 파, 당근, 어묵, 남은 만두 4개, 라면사리, 소 시지, 떡볶이떡을 먹음직스럽게 넣는다.

5 양념장 1컵을 넣고, 삶은 달걀을 올린 후 물 4$\frac{1}{2}$컵을 붓고 강불에서 끓인다.

국물 맛이 풍부해진다!

6 국물이 끓기 시작하면 바닥에 깔았던 만두를 주걱으로 2등분한다.

7 떡이 밑에 눌어붙지 않도록 주걱으로 저어 주 며 쫄면사리를 넣는다.

8 익은 것부터 순서대로 먹는다.

오믈렛

POINT

오믈렛은 의외로 모양을 내기가 어려운 요리다.
예쁜 모양을 내기 위해서는
달걀 이외의 재료를 생각보다
매우 소량 넣는다고 생각하면 된다.

Tip 달걀 요리를 할 때는 항상 달걀을 작은 볼에 미리 깨 놓고 사용하는 습관을 가지는 것이 좋다.
그리고 달걀은 뾰족한 부분이 아래로 가게 보관해야 숨구멍이 위로 가서 신선도를 오래
유지할 수 있다는 것도 기억해 두자. 오믈렛은 그 위에 토마토케첩을 뿌려 먹으면 더 맛있다.

재료(4인분)

달걀 3개
햄 ½큰술 (5g)
새송이버섯 ½큰술 (2g)
양파 ½큰술 (6g)
당근 ½큰술 (3g)
슬라이스 체다치즈 ½장(10g)
꽃소금 약간
황설탕 약간
식용유 4큰술

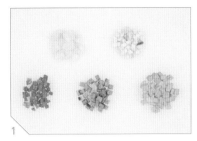

1 양파, 새송이버섯, 당근, 햄, 치즈를 사방 0.5cm 크기의 주사위 모양으로 썬다.

2 작은 볼에 달걀을 넣고, 꽃소금과 황설탕을 넣는다.

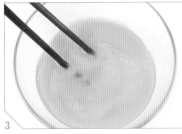

3 달걀을 젓가락으로 잘 저어 달걀물을 만든다.

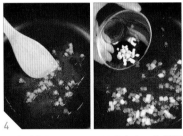

4 팬에 식용유를 두르고 중불에서 달군 후 햄을 넣고 볶는다. 햄이 볶아지면 양파, 당근, 새송이버섯을 넣고 볶는다.

5 채소가 볶아지면 달걀물을 넣고, 젓가락으로 달걀을 휘휘 저으며 익힌다.

6 달걀이 뭉쳐 익기 시작하면 달걀 위에 치즈를 올린다.

> 모양이 찢어지는 건 신경 쓰지 말고 밀어서 반달 모양으로 만들자.

7 팬을 기울이며, 젓가락으로 달걀을 아래로 밀어 반달 모양을 만든다.

❸ 집밥메뉴 55

오믈렛 접시에 담기

8 접시 끝과 팬 끝을 맞춘 후 팬에 접시를 받치고, 오믈렛이 접시에 뒤집히게 담아 모양을 만들어서 완성한다.

길거리토스트

POINT

남녀노소 누구나 사랑하는
버스 정류장 길거리토스트를 집에서!
포인트는 채소 양을 생각보다 적게 하는 것이다.

길거리토스트 1인분에 적당한 채소의 양은 다 모았을 때 종이컵 하나에 꽉 차는 정도다. 재료를 많이 넣으면
실패할 확률이 높아지므로 생각보다 적게 넣는다고 생각하고 만들자.

재료 (4인분)

식빵 8장
달걀 8개
대파 1½대 (약 133g)
양배추 2⅖컵 (144g)
당근 6큰술 (36g)
버터 80g
(식빵 굽기용 40g, 달걀 부침용 40g)
꽃소금 약간
황설탕 2큰술
토마토케첩 4큰술

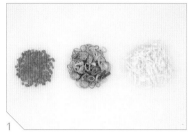

1 당근은 사방 0.5cm 크기로 잘게 썰고, 대파는 0.3cm 두께로 얇게 썬다. 양배추는 0.5cm 두께로 채 썬다.

2 볼에 달걀과 꽃소금을 넣고 잘 섞는다.

3 잘 섞인 달걀물에 썰어 둔 당근, 대파, 양배추를 넣고 잘 섞는다.

4 넓은 팬을 달궈서 버터 40g을 녹인 후, 달걀 부침 재료를 넣고 약불에서 익힌다.

5 달걀부침을 노릇노릇하게 앞뒤로 익혀서 그릇에 담아 둔다.

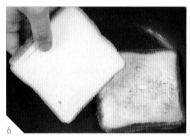

6 넓은 팬에 다시 버터 40g을 녹인 후, 약불에서 빵을 앞뒤로 노릇노릇하게 굽는다.

7 불을 끄고, 빵 위에 달걀부침을 올린다.

8 가위로 빵 크기대로 달걀부침을 자른다. 잘라낸 달걀부침은 다시 위로 올린다.

9 토마토케첩과 황설탕을 뿌린다.

10 위쪽 빵을 덮은 후, 팬에서 꺼내 먹기 좋은 크기로 잘라서 완성한다.

롤토스트

POINT

아이들 파티 음식으로 내놓아도 손색 없는
예쁜 비주얼과 맛을 자랑하는 토스트다.
만드는 방법도 의외로 간단하니
특별한 날에 부담 없이 도전해 보자.

과정 ❶번은 달걀 : 우유 = 4 : 1의 비율로 섞으면 된다.
옆의 사진처럼 초코잼과 얇게 썬 과일을 넣고 말아서 만들 수도 있다.

재료(4인분)

식빵 12장
달걀 3개
우유 ⅕컵 (36ml)
딸기잼 8큰술
버터 50g
황설탕 2큰술
계핏가루 약간

1 볼에 달걀과 우유를 넣고 잘 섞는다.

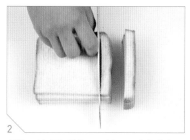

2 식빵 모서리를 사방 1cm 폭으로 잘라 낸다.

3 밀대나 병으로 빵을 밀어서 납작하게 만든다.

잼은 유자청,
블루베리잼 등
취향대로!

4 납작해진 빵에 딸기잼을 골고루 펴 바른다.

5 딸기잼이 발린 빵을 돌돌 만다.

6 돌돌 만 빵을 달걀물에 넣고 흠뻑 적신다.

7 넓은 팬에 버터를 약불에서 녹인다.

8 빵을 팬에 올려 굴려 가며 노릇노릇하게 굽는다.

9 볼에 황설탕과 계핏가루를 넣고 섞어 설탕가루를 만든다.

10 완성된 롤토스트 위에 설탕가루를 뿌려서 완성한다.

어묵토스트

POINT

어느 곳에서도 볼 수 없었던 비장의 토스트!
새우버거와 비슷한 맛이 나는
초간단 토스트 조리법을 소개한다.

 재료 (4인분)

식빵 8장
양파 ⅔개 (약 167g)
사각어묵 4장 (200g)
단무지(반달 슬라이스) 24장 (80g)
버터 40g
마요네즈 12큰술
식용유 4큰술

Tip

단무지는 최대한 얇게 썰어서 사용하는 것이 좋다. 그러나 이미 두껍게 썰어진 단무지를 구입했다면, 단무지를 양파 위에 올릴 때 더 듬성듬성 올리면 된다.

1
양파는 0.3cm 두께로 얇게 채 썰고, 단무지도 0.3cm 두께로 얇게 썬다.

2
넓은 팬에 버터를 넣어 약불에서 녹인 후 식빵을 앞뒤로 노릇노릇하게 구워서 접시에 담아 둔다.

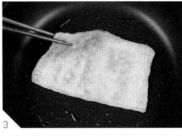

3
넓은 팬에 식용유를 두르고, 약불에서 어묵을 앞뒤로 노릇노릇하게 굽는다.

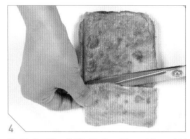

4
빵 위에 구운 어묵을 올리고, 빵 크기대로 가위로 자른다. 잘라 낸 어묵은 다시 구운 어묵 위로 올린다.

5
구운 어묵 위에 얇게 썬 양파를 올린다.

6
양파 위에 얇게 썬 단무지를 올린다.

7
단무지 위에 마요네즈를 골고루 뿌린다.

8
위쪽 빵을 덮은 후, 도마에 옮겨 먹기 좋은 크기로 잘라서 완성한다.

백종원이
추천하는
집밥 메뉴
56

집밥 업그레이드해주는
만능맛간장

쉽고, 빠르고, 맛있게 만든다

만능맛간장 하나면 건강을 지켜주는 밥상을 쉽게 차릴 수 있다.
자글자글 끓여 먹는 김치짜글이에서
식탁을 풍성하게 해주는 스피드장조림, 간장콩불, 콩나물찜,
한 그릇으로 푸짐하게 먹을 수 있는
차돌박이국수, 당면국수, 김치피제비, 냉라면까지.
제대로 맛있는 맛을 내주는 만능맛간장을 활용해보자.

만능맛간장 만들기

찌개, 무침, 조림 등 간장이 필요한 요리에 넣으면 더욱 감칠맛을 내는 만능맛간장.
짬 날 때 만들어두면 조리 시간도 줄여주고 맛도 책임져주는 든든한 만능 양념이다.

 **1. 재료 준비하기**

국간장 : 진간장 : 맛술 = 1:1:½

*국간장	*진간장	*맛술	*다시마	*마른 표고버섯	*대파
1컵 (180㎖)	1컵 (180㎖)	½컵 (90㎖)	5장 (7×7cm,10g)	5개 (10g)	1대 (100g)

2. 만능맛간장 만들기

> 생 표고버섯보다 마른 표고버섯이 향과 풍미가 더 좋다.

마른 표고버섯은 볼에 담아 30분 이상 물에 불린다.

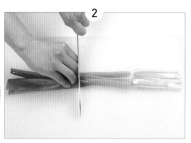

대파는 반으로 갈라 15cm 길이로 썬다.

> 잘게 썰면 향이 더 빨리 우러난다.

물에 불린 표고버섯은 손으로 꼭 짜 물기를 없애고 0.5cm 두께로 잘게 썬다.

냄비에 국간장, 진간장, 맛술을 넣는다.

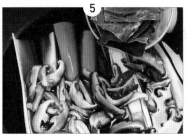

대파, 표고버섯, 다시마를 넣고 불에 올려 끓인다.

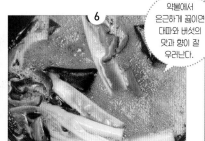

> 약불에서 은근하게 끓이면 대파와 버섯의 맛과 향이 잘 우러난다.

국물이 팔팔 끓어오르면 약불로 줄인다.

10분 정도 더 끓인 후 불을 끄고 다시마를 건져낸다.

> 파가 가장 빨리 상할 수 있으니 건져내고 보관해야 오래 두고 먹을 수 있다.

밀폐용기에 옮겨 담아 충분히 식힌 후 대파를 건져내서 만능맛간장을 완성한다.

3. 만능맛간장 활용과 보관

* 만능맛간장은 라면에 넣어 먹어도 맛있고, 우동 육수, 샤브샤브 육수로 활용할 수도 있다.

* 밀폐용기에 담아 반드시 냉장 보관하고, 오래 두고 먹을 경우에는 다시 한 번 끓여서 식힌 후 냉장 보관한다.

김치짜글이

짜글이는 자글자글 끓는 모양에서 지어진 이름으로
양념한 돼지고기에 갖은 채소를 넣어 만든
충청도 향토 음식이다.

 재료(4인분)

돼지고기(사태) 2컵 (300g)
신김치 1½컵 (195g)
대파 3½대 (350g)
양파 1개 (250g)
새송이버섯 1½개 (90g)
만능맛간장 ⅖컵 (72㎖)

만능맛간장 속 표고버섯 6조각
간 마늘 1큰술
굵은 고춧가루 2큰술
고추장 2큰술
물 4컵 (720㎖)

Tip 불린 당면 1½컵 (90g)

돼지사태는 돼지의 앞뒷다리 정강이 부위로 주로 국물 요리나
찜 요리에 이용된다. 쫀득쫀득한 식감이 특징이다.

고기 외의 재료는
기호에 따라
넣어도 OK.

1 돼지고기는 1.5cm 두께로 준비해 가로세로 1.5cm 크기로 깍둑썰기한다.

2 대파는 반으로 갈라 6cm 길이로 썰고, 새송이버섯은 반으로 갈라 길이 6cm, 두께 0.5cm로 어슷 썬다. 양파는 반으로 잘라 1.5cm 두께로 채 썬다.

3 만능맛간장 속 표고버섯은 가위로 잘게 자른다.

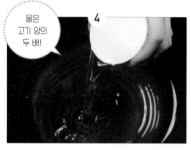

물은
고기 양의
두 배!

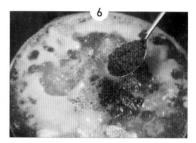

4 깊은 팬에 물을 넣고 불에 올린다.

5 물이 팔팔 끓어오르면 돼지고기를 넣고 끓인다.

6 고추장, 간 마늘, 굵은 고춧가루를 넣고 저어가며 끓인다.

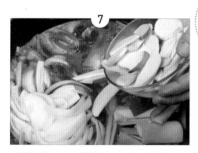

김치를
넣을 것을 고려해서
간을 맞춘다.

7 국물이 끓어오르면 양파, 대파, 버섯을 넣고 국물이 우러날 때까지 끓인다.

8 만능맛간장을 넣어 간을 맞추고 표고버섯을 넣는다.

9 신김치는 가위를 이용해 먹기 좋게 잘라 넣는다.

고기를 건져
파에 싸서 먹거나
쌈 채소에 싸서
먹어도 맛있다.

10 채소가 숨이 죽을 때까지 끓여서 완성한다.

*짜글이를 고기 위주로 먹을 것인지, 국물 위주로 먹을 것인지에 따라 조리 순서가 달라질 수 있다. 고기를 먹으려면 끓는 물에 고기를 넣어야 육즙을 살릴 수 있고, 국물을 먹으려면 찬물에 넣고 끓여야 제맛을 낼 수 있다.

*김치짜글이를 어느 정도 먹고 난 후 불린 당면을 넣어 먹으면 맛있다.

만능맛간장 ★★★★★

스피드장조림

시간이 오래 걸려 날 잡아 만들던 장조림을 만능맛간장만 있으면
10분 만에 뚝딱 만들 수 있다. 건더기가 많아 씹는 맛이 일품인
스피드장조림 한 숟갈이면 다른 반찬이 필요 없다.

 재료(4인분)

소고기(불고기용) 1½컵 (150g)
새송이버섯 1개 (60g)
통마늘 12개 (60g)
꽈리고추 8개 (48g)
만능맛간장 1컵 (180㎖)
만능맛간장 속 표고버섯 6조각
물 ½컵 (90㎖)

소고기를 냉장고에 오래 보관했거
나 밀폐가 잘 안 됐을 경우에는 약
불에서 좀 더 오래 끓여야 냄새를
잡을 수 있다. 잡내가 심할 경우에는 조리 전에
녹여서 물에 담가 핏물을 뺀 후 사용한다.

소고기는 길이 5cm, 두께 0.7cm로 잘게 썬다.

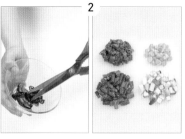

만능맛간장 속 표고버섯은 가위로 잘게 자른다. 통마늘은 큼직하게 반으로 자르고, 꽈리고추는 2cm 두께로 썬다. 새송이버섯은 사방 1cm의 사각형으로 썬다.

팬에 물과 만능맛간장을 넣고 강불에서 끓인다.

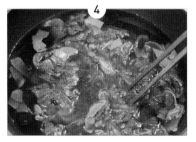

국물이 팔팔 끓어오르면 소고기를 넣고 소고기가 뭉치지 않도록 젓가락으로 잘 풀어준다.

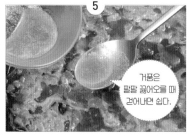

거품은 팔팔 끓어오를 때 걷어내면 쉽다.

2~3분 끓인 후 올라온 거품은 걷어낸다.

표고버섯, 마늘을 넣는다.

자박자박 찌개 느낌이 나면 OK.

새송이버섯을 넣고 중불로 3분 정도 조린다.

꽈리고추를 넣고 1분 정도 더 조린다.

불을 끄고 볼에 옮겨 담아 충분히 식혀서 완성한다.

장조림버터밥 만들기

밥 한 공기에 버터 1큰술, 스피드장조림 1큰술을 넣고 비벼서 먹으면 고소한 맛의 장조림버터밥을 즐길 수 있다. 단, 색이 연해도 간이 충분하니, 먼저 1큰술 넣어 먹어보고 싱거우면 그때 스피드장조림을 좀 더 추가해도 된다.

간장콩불

대패삼겹살을 이용해 만든 파기름과 만능맛간장이 만나
풍미가 더욱 좋아진 맵지 않은 콩나물불고기를 만들어보자.

 재료(4인분)

대패삼겹살 350g
콩나물 2½컵 (175g)
대파 1½대 (150g)
만능맛간장 ⅓컵 (60㎖)
황설탕 1큰술

446

대파는 반으로 갈라 6cm 길이로 큼직하게 썰고, 콩나물은 깨끗이 씻어 체에 밭쳐 물기를 뺀다.

팬을 불에 올린 후 대패삼겹살을 넣고 젓가락으로 뭉치지 않도록 잘 펴주며 굽는다.

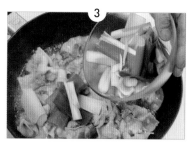

대패삼겹살이 노릇하게 익으며 기름이 나오면 대파를 넣는다.

돼지기름과 파기름이 만나 고소함과 향이 최고!

대패삼겹살과 대파를 함께 볶아 파기름을 낸다.

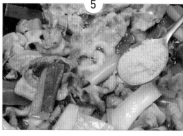

황설탕을 넣고 골고루 섞어가며 볶아 윤기를 낸다.

대패삼겹살과 대파에 간장 향이 배면서 풍미가 높아진다.

만능맛간장을 팬 가장자리에 빙 둘러 넣어 눌린다.

대패삼겹살에 간이 충분히 배면 콩나물을 넣고 젓가락으로 골고루 섞으며 볶아서 완성한다.

만능맛간장

콩나물찜

콩나물이 주인공이 된 찜 요리로, 그 자체로도 색다른 반찬이 되고
해물을 넣으면 손님상에 올리기에 손색이 없는 해물찜이 완성된다.

 재료(4인분)

콩나물 1봉 (320g)
대파 1대 (100g)
새송이버섯 2개 (120g)
양파 ½개 (125g)
간 마늘 1큰술
고추장 2큰술
굵은 고춧가루 2큰술

만능맛간장 ⅓컵 (60㎖)
황설탕 1큰술
참기름 1큰술
물 ½컵 (90㎖)

 전분물

감자전분 ½큰술
물 1큰술

1

양파는 반으로 잘라 0.4cm 두께로 채 썰고, 대파는 반으로 갈라 6cm 길이로 썬다. 새송이버섯은 길게 반으로 잘라 0.4cm 두께로 어슷 썬다.

2

콩나물은 깨끗이 씻어 체에 밭쳐 물기를 뺀다.

3

팬을 불에 올린 후 물 ½컵을 넣고, 물이 끓어오르면 콩나물을 넣는다.

4

새송이버섯, 대파, 양파를 넣는다.

5

고추장, 굵은 고춧가루, 황설탕을 넣는다.

6

양념이 골고루 배도록 섞은 후 콩나물과 다른 재료들이 숨이 죽고 수분이 나올 때까지 끓인다.

7

간 마늘, 만능맛간장을 넣고 잘 섞는다.

8

감자전분이 없다면 밀가루나 부침가루를 사용해도 된다.

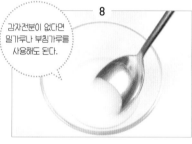

감자전분과 물 1큰술을 섞어 전분물을 만든다.

9

전분물을 한꺼번에 넣지 말고 조금씩!

끓고 있는 국물이 어느 정도 졸아들면 전분물을 조금씩 넣으며 원하는 농도를 맞춘다.

10

찜 요리의 완성, 참기름의 마법!

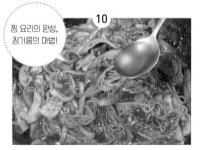

불을 끈 후 참기름을 넣고 섞어서 완성한다.

Tip

＊찜 요리에는 두절콩나물을 사용하면 편하다.

＊새우, 게, 오징어, 코다리 등 찜에 어울리는 다른 재료를 넣을 때는 콩나물을 넣기 전 단계에서 물 양을 더 잡고 충분히 익혀야 한다. 미더덕은 익는 시간이 오래 걸리지 않으므로 콩나물을 넣을 때 함께 넣는다.

＊어묵이나 소시지를 큼직하게 썰어 넣어도 맛이 잘 어우러지고, 조미김가루를 뿌려 먹으면 더 맛있다.

❹ 집밥메뉴 56

449

차돌박이국수

진한 고기 국물과 표고버섯의 향긋함이 더욱 입맛 돌게 하는 차돌박이국수.
무는 차돌박이에서 나오는 기름기를 잡아주고
국물 맛을 더욱 담백하고 시원하게 해준다.

 재료(4인분)

소고기(차돌박이) 400g
건소면 400g
무 3컵 (330g)
대파 1대 (100g) + 8큰술 (56g)
(국물용 1대, 고명용 8큰술)
양파 ½개 (125g)
당근 ½개 (90g)
돼지호박 ½개 (200g)
달걀 2개

간 마늘 1큰술
만능맛간장 ⅘컵 (144㎖)
(고기 볶음용 ⅖컵, 간 맞춤용 ⅖컵)
만능맛간장 속 표고버섯 5조각
후춧가루 약간
물 21컵 (3,780㎖)
(국물용 10컵, 면 삶기용 11컵)

차돌박이는 자체에서 나오는 기름으로 구워야 풍미가 더 좋다. 불고기감을 이용할 경우에는 팬에 기름을 두르고 충분히 구워준 후 기름을 따라낸다.

1

채소를 채 썰어 넣으면 면과 잘 어우러진다.

무, 돼지호박, 당근은 길이 6cm, 두께 0.5cm로 썬다. 대파는 0.3cm 두께로 송송 썰고, 양파는 반으로 잘라 0.3cm 두께로 채 썬다.

2

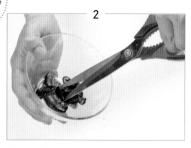

만능맛간장 속 표고버섯은 가위로 잘게 자른다.

3

달걀은 볼에 넣고, 차돌박이를 준비한다.

4

냄비에 차돌박이를 넣고 불에 올려 굽는다. 이때 차돌박이가 뭉치지 않도록 젓가락으로 살살 풀어준다.

5

무가 차돌박이에서 나온 기름기를 흡수해 느끼함을 잡아준다.

차돌박이의 붉은 기가 없어질 정도로 익으면 무를 넣고 저어가며 볶는다.

6

만능맛간장 ½컵을 넣고 차돌박이와 무를 저어가며 조리듯이 볶는다.

7

국을 끓일 때 재료를 먼저 양념에 조리고 물을 조금 넣어 끓이면 간이 재료 속까지 빠르게 잘 배어 맛이 깊어진다.

차돌박이에 간이 충분히 배고 국물이 졸아들 때 물을 넣고 끓인다.

8

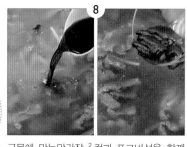

국물에 만능맛간장 ½컵과 표고버섯을 함께 넣고 끓인다. 이때 간이 짜면 물을 조금 더 넣는다.

9

양파, 돼지호박, 당근을 넣는다.

10

간 마늘을 넣고 팔팔 끓인다.

*만능맛간장을 기름에 튀기듯 살짝 눌려 향을 내주면 차돌박이와 무에 맛과 향이 배고 나중에 물을 넣고 끓여도 고기에 간이 충분히 밴 상태라 더욱 맛있다.

*채소의 양이 너무 적으면 국물 맛이 잘 우러나지 않는다. 찌개에 건더기가 들어가 있는 정도로 채소를 넉넉히 넣는 게 좋다.

❹ 집밥메뉴 56

11

손으로 건소면을 쥐어 조리할 분량을 준비해둔다. 500원짜리 동전 크기 정도로 잡으면 1인분이다.

12

깊은 냄비에 물 10컵을 넣고 팔팔 끓인 후 건소면을 펼쳐서 넣는다. 젓가락으로 저어 건소면이 물에 잠기도록 풀어준다.

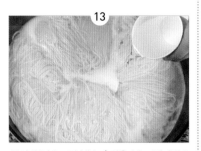

13

물이 끓어오르면 냉수 $\frac{1}{2}$컵을 넣고 젓가락으로 저으며 계속 끓인다.

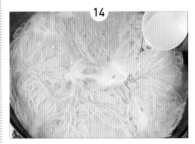

14

물이 두 번째로 끓어오르면 다시 냉수 $\frac{1}{2}$컵을 넣고 젓가락으로 저으며 끓인다.

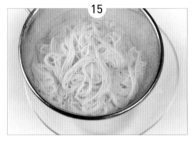

15

물이 세 번째로 끓어오르면 불을 끄고, 체로 면을 건져낸다.

16

건져낸 면을 재빨리 찬물이나 얼음물에 넣고 빨듯이 강하게 비벼서 전분을 제거한 후 체에 밭쳐 물기를 뺀다.

17

물기를 뺀 면을 엄지와 검지로 들어 올린 후 한 바퀴 돌려서 그릇에 담는다.

18

면이 담긴 그릇에 국물을 넣어 토렴한다.

토렴이란?

밥이나 국수에 뜨거운 국물을 부었다 따랐다 하여 덥게 하는 것!

19

토렴한 국수 위에 건더기를 풍성하게 올린다.

살짝 덜 풀린 정도로 넣어야 익었을 때 색감도 좋고 먹음직스러워 보인다.

20

볼에 넣어둔 달걀이 완전히 섞이지 않도록 살짝 풀어준다.

21

끓고 있는 국물에 풀어놓은 달걀을 둘러서 넣는다.

22

대파를 넣고 끓인다.

23

면과 건더기가 담긴 그릇에 국물을 넣는다.

24

고명용 대파, 후춧가루를 뿌려서 완성한다.

당면국수

만능맛간장과 당면이 만나 졸깃졸깃하면서 탱글탱글한 감칠맛을 낸
당면국수는 일반 국수나 잡채와는 또 다른 매력을 주는 메뉴다.

 재료(2인분)

불린 당면 6컵 (360g)
양파 1개 (250g)
당근 ½개 (90g)
돼지호박 ½개 (100g)
만능맛간장 6큰술 (60g)
만능맛간장 속 표고버섯 5조각
간 마늘 1큰술
황설탕 1큰술

통깨 ½큰술
참기름 2큰술
(당면 버무리기용 1큰술, 양념용 1큰술)
식용유 5큰술
후춧가루 약간
물 8컵 (1,440㎖)

당근, 돼지호박은 길이 5cm, 두께 0.3cm로 채 썰고, 양파는 반으로 잘라 0.3cm 두께로 채 썬다. 만능맛간장 안에 들어 있는 표고버섯은 가위로 잘게 자른다.

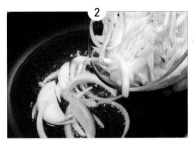

넓은 팬을 불에 올려 식용유를 넣고 달군 후 양파를 넣고 볶는다.

후춧가루를 넣고 저으며 볶는다.

양파가 숨이 죽기 시작하면 당근, 돼지호박, 표고버섯을 넣고 골고루 섞이도록 저어가며 볶는다.

볶은 채소들을 넓은 쟁반에 옮긴다. 채소들이 뭉치지 않게 젓가락으로 펼쳐서 식힌다.

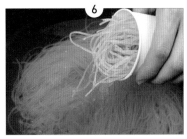

냄비에 물을 넣고 불에 올린 후 물이 팔팔 끓기 시작하면 당면을 넣고 3~4분 정도 삶는다.

불을 끄고 체로 당면을 건져낸 후 재빨리 얼음물에 담근다.

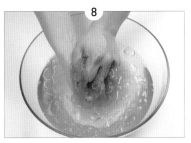

당면을 빨듯이 손으로 비벼가며 헹군 후 체에 밭쳐 물기를 뺀다.

바로 비벼놓아야 당면이 달라붙지 않는다!

물기를 뺀 당면을 볼에 넣고 참기름을 넣어 조물조물 버무린다.

당면에 만능맛간장, 황설탕, 간 마늘, 통깨를 넣는다.

식혀둔 채소, 참기름을 넣고 힘 있게 버무려서 완성한다.

소면과 달리 당면은 양념이 잘 배지 않으니 힘 있게 버무릴 것!

Tip

채소를 식힐 때 뭉쳐 놓고 식히면 채소에서 물이 나온다. 펼쳐서 식히면 채소 자체에 수분을 가지고 있어 아삭한 식감을 낸다.

④ 집밥메뉴 56

김치피제비

만두피를 이용해 쉽고 빠르게 만들 수 있는 김치수제비다.
멸치가루로 맛을 낸 얼큰한 국물에 부드럽게 넘어가는 수제비를 즐겨보자.

 재료(4인분)

신김치 2½컵 (325g)　　간 마늘 ½큰술
만두피 20장 (180g)　　굵은 고춧가루 1큰술
멸치가루 2큰술　　　　만능맛간장 3큰술 (30g)
대파 1대 (100g)　　　　액젓 3큰술
애호박 ½개 (160g)　　물 7컵 (1,260㎖)
청양고추 2개 (20g)

냉장 보관된 만두피는
잘 떨어지지만 냉동실
에서 오래 보관한 만두
피는 잘 떨어지지 않으므로 한 장씩
떼어서 넣는 것이 좋다. 잘 떨어지지
않은 상태에서 넣으면 떡처럼 뭉칠
수 있으니 주의한다.

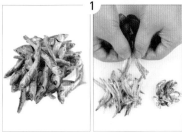

1

국물용 멸치를 준비하고, 멸치는 내장과 머리를 제거한다.

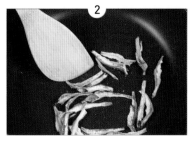

2

넓은 팬을 불에 올려 달군 후 식용유 없이 멸치를 넣고 살짝 볶는다.

3

볶은 멸치는 식힌 후 믹서기에 넣고 곱게 갈아서 멸치가루를 만든다.

멸치가루는 미리 갈아서 냉장 보관해두고 사용해도 되지만, 냄새가 밸 수 있으므로 필요할 때마다 갈아서 바로 사용하는 것이 더욱 좋다.

김치의 양은 색과 간에 따라 조절!

4

신김치는 볼에 넣고 가위로 먹기 좋은 크기로 자른다. 애호박은 길게 반으로 잘라 0.3cm 두께의 반달 모양으로 썰고, 청양고추와 대파는 0.3cm 두께로 송송 썬다. 만두피는 3등분한다.

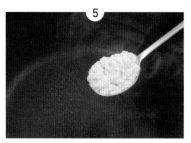

5

냄비에 물을 넣고 불에 올린 후 멸치가루를 넣고 숟가락으로 잘 풀어주며 끓인다.

6

국물이 끓기 시작하면 신김치를 넣고 골고루 저어준다.

7

굵은 고추가루의 양은 색을 보고 조절한다.

굵은 고춧가루를 넣고 저어준다.

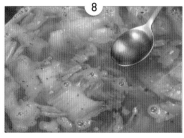

8

간 마늘, 만능맛간장, 액젓을 넣는다.

9

국물이 끓어오르면 애호박, 대파, 청양고추를 넣고 저어가며 끓인다.

10

끓기 전에 넣으면 만두피가 퍼짐!

국물이 팔팔 끓어오르면 만두피를 한 장씩 떼어서 넣는다.

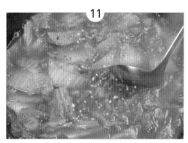

11

만두피가 붙지 않도록 저어주며 끓여서 완성한다.

❹
집
밥
메
뉴
56

457

냉라면

시원하고 칼칼한 국물과
탱탱한 라면 면발이
더욱 잘 어울리는 냉라면.
마음속까지 시원해지는 별미 메뉴다.

재료(1인분)

라면 1개
콩나물 1¼컵 (약 88g)
양파 ⅓개 (약 62g)
청양고추 2개 (20g)
만능맛간장 2큰술 (20g)

황설탕 2큰술
식초 2큰술
물 5컵 (900㎖)
(라면 삶기용 4컵, 냉국용 1컵)
사각얼음 10개

1

청양고추는 0.3cm 두께로 송송 썰고, 양파는 0.3cm 두께로 얇게 채 썬다. 콩나물은 깨끗이 씻어 체에 밭쳐 물기를 뺀다.

2

볼에 분말 스프, 청양고추, 만능맛간장, 황설탕, 식초, 물 1컵을 넣고 잘 섞는다.

3

냄비에 물 4컵을 넣고 불에 올려 끓이다가 물이 팔팔 끓어오르면 면과 건더기 스프를 넣는다.

4

콩나물, 양파를 넣고 젓가락으로 풀어주며 끓인다.

5

면이 익으면 불을 끄고 건더기와 함께 체에 밭쳐 물기를 제거한다.

6

체에 밭친 채로 찬물이나 얼음물에 넣고 헹군 후 물기를 뺀다.

7

그릇에 면과 재료를 담는다.

8

②에 얼음을 넣고 저어서 냉국을 만든다.

9

면에 냉국을 부어서 완성한다.

*냉국의 간이 짜면 얼음이 녹을 것을 대비해서 물을 조금만 더 넣어 간을 맞춘다.

*냉국을 만들 때 얼음을 넣지 않고 차가운 물로만 만들 경우에는 1½컵 이상을 넣어야 간이 맞는다.

식탁에 원기 돋우는
국 & 찌개

평범한 재료로 특별한 맛을 낸다

집밥에 빠지면 서운한 국물 요리 11가지.

닭 한 마리로 제대로 몸보신하는 닭백숙, 닭곰탕, 닭개장,

개운하고 뜨끈한 맛 시래깃국, 무새우젓국,

청국장찌개, 돼지갈비고추장찌개, 오이미역냉국,

집밥 백선생만의 특별한 맛 카레순두부찌개, 버섯전골, 중국식달걀탕.

모두 평범한 재료지만 건강을 지켜주는 알찬 국물 요리다.

닭 삶기의 모든 것

닭 한 마리를 푹 삶아내면 만들 수 있는 요리가 무궁무진하다.
손질하는 법부터 삶는 법까지 배워서 다양한 닭 요리에 도전해보자.

재료(4인분)

닭(9호) 1마리
양파 ½개 (125g)
대파 1대 (100g)
물 17컵 (3,060mℓ)

 ## 닭 손질하기

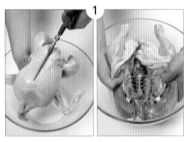

1
닭을 씻기 전에 가위로 배에서 목까지 잘라 펼친다.

2
흐르는 물에 닭 표면과 뼛가루를 충분히 씻어준다.

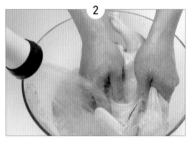

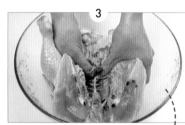

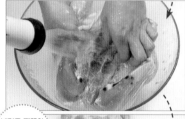

3

내장을 깨끗이 제거해야 잡내가 안 난다!

내장과 불순물 등은 손가락으로 밀어내듯이 빼내며 씻은 후 물기를 빼둔다.

*담백한 맛을 내기 위해 닭 껍질과 닭 껍질에 붙은 지방을 떼어내고 조리하는 경우도 있지만, 고소하고 깊은 맛을 내려면 껍질째 조리하는 것이 좋다. 특히 닭 껍질에 붙은 지방은 맛을 내는 기름기를 함유하고 있어 조리하고 난 후에 떼어내는 것이 좋다.

*닭곰탕이나 닭개장에 들어가는 닭은 삶아서 찢어서 사용할 것이라 크기는 상관없다.

 닭삶기

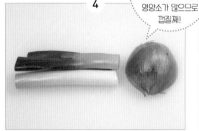

대파는 초록색 부분만 넣어도 된다. 혈액순환에 좋은 양파는 껍질에 좋은 영양소가 많으므로 껍질째!

4

대파는 큼직하게 썰고, 양파는 껍질째 꼭지만 자른다.

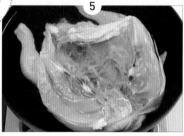

5

큰 냄비에 물을 넣고 닭을 넣은 후 불에 올린다.

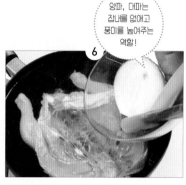

양파, 대파는 잡내를 없애고 풍미를 높여주는 역할!

6

양파, 대파를 넣고 30분 정도 삶는다.

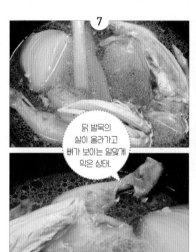

닭 발목의 살이 올라가고 뼈가 보이는 알맞게 익은 상태.

7

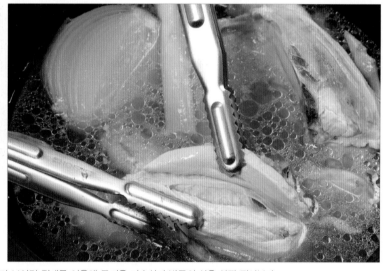

30분 정도 삶은 후 닭 발목의 살이 올라가고 뼈가 보이면 집게를 이용해 두꺼운 가슴살과 발목의 살을 살짝 찢어본다.

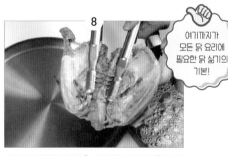

여기까지가 모든 닭 요리에 필요한 닭 삶기의 기본!

8

닭이 삶아졌으면 닭을 건져내 접시에 옮겨 담아서 완성한다.

 Tip

가장 일반적으로 많이 쓰이는 닭은 9호로 851~950g의 무게다. 너무 오래 삶으면 육수는 진하게 우러나오지만 닭살이 퍼져 쫄깃한 식감이 없어지고, 맛도 오히려 떨어질 수 있으니 30분 정도가 적당하다. 속살과 발목의 살이 잘 찢어지면 잘 삶아진 것이다.

❹ 집밥메뉴 56

삶은 닭 활용

닭백숙

삶은 닭고기를 향긋한 부추, 대파와 함께 특제 양념에 찍어 먹는 색다른 이북식 닭백숙을 만들어보자.

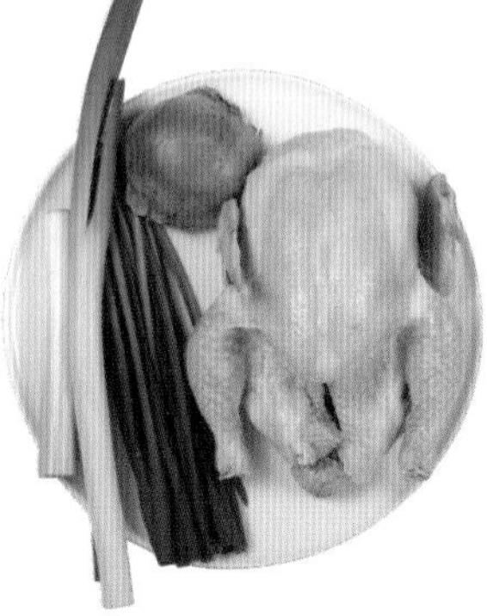

재료(4인분)

삶은 닭 (462~463쪽 참조)
대파(흰 부분) 1대 (60g)
부추 $\frac{1}{5}$단 (100g)

양념장 (1인분)

간 마늘 $\frac{1}{3}$큰술
진간장 2큰술
대파(흰 부분) 1큰술 (7g)
황설탕 $\frac{1}{3}$큰술
겨자 $\frac{1}{6}$ 큰술
식초 1큰술
불린 고춧가루
(굵은 고춧가루 $\frac{1}{4}$컵 (20g) + 닭 육수 $\frac{1}{4}$컵 (45mℓ))

•소금장

꽃소금 1큰술
후춧가루 $\frac{1}{5}$ 큰술

1

백숙용 대파는 반으로 갈라 8cm 길이로 썰고, 부추는 2등분한다.

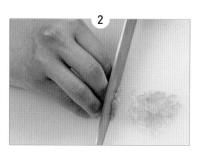

2

양념장용 대파는 잘게 다진다.

3

육수 대신 뜨거운 물 OK.

작은 볼에 굵은 고춧가루를 넣고, 닭 육수를 부은 후 잘 섞어 불린다.

4

새로운 볼에 간장, 식초, 황설탕을 넣고 잘 섞어 초간장을 만든다.

5

굵은 고춧가루가 충분히 불었으면, 양념장 접시에 덜어놓고 간 마늘, 대파, 겨자를 넣는다.

6

만들어둔 초간장을 넣어 양념장을 완성한다.

7

두 가지 양념장 완성!

새로운 볼에 꽃소금과 후춧가루를 넣고 잘 섞어서 소금장을 완성한다.

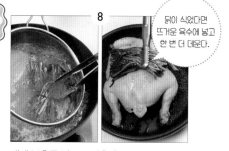

8

닭이 식었다면 뜨거운 육수에 넣고 한 번 더 데운다.

체에 부추를 넣고 뜨거운 육수에서 살짝 데쳐낸 후 삶은 닭 위에 올린다.

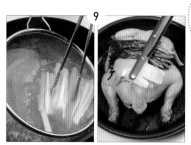

9

삶은 닭고기에 데친 부추와 대파를 올려 양념장을 찍어 먹는다.

대파도 부추와 같은 방법으로 살짝 데쳐낸 후 닭 위에 올린다.

10

육수를 3국자 정도 체에 밭쳐 닭백숙 위에 부어서 완성한다.

닭곰탕

삶은 닭
활용

푹 삶은 닭고기 살을 찢어 넣고 뜨끈한 육수에 밥 한 공기를 말면
간단하지만 든든한 닭곰탕이 완성된다.

 재료(4인분)

삶은 닭 (462~463쪽 참조)
밥 4공기 (800g)
대파 8큰술 (56g)
꽃소금 1큰술
후춧가루 약간

466

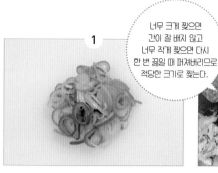

너무 크게 찢으면 간이 잘 배지 않고 너무 작게 찢으면 다시 한 번 끓일 때 퍼져버리므로 적당한 크기로 찢는다.

대파는 0.3cm 두께로 송송 썬다.

삶은 닭은 살을 발라 먹기 좋은 크기로 찢는다.

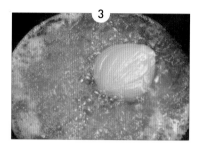

닭 육수를 불에 올려 다시 한 번 팔팔 끓인다.

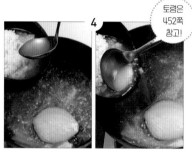

토렴은 452쪽 참고!

뚝배기에 밥을 넣고 국자로 뜨거운 육수를 넣어 토렴한다.

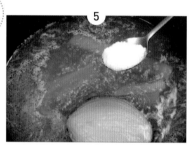

육수에 꽃소금을 넣어 간을 맞춘다.

토렴으로 따뜻하게 데워진 밥 위에 발라놓은 닭고기 살을 올린다.

간을 맞춘 육수를 넣는다.

닭고기 위에 대파, 후춧가루를 뿌려서 완성한다 .

❹
집
밥
메
뉴
56

삶은 닭
활용

닭개장

닭고기 살에 갖은 양념과 신선한 채소를 넣어 끓이면 얼큰한 닭개장이 완성된다.
복잡하고 어렵다고 느껴졌던 닭개장을 집에서도 만들어보자.

 재료(4인분)

삶은 닭 (462~463쪽 참조)	불린 당면 2⅔컵 (160g)
밥 4공기 (800g)	간 마늘 2큰술
양파 ½개 (125g)	간 생강 ⅓큰술
대파 6대 (600g)	굵은 고춧가루 ⅔컵 (약 53g)
부추 1½컵 (약 52g)	국간장 ⅓컵 (60㎖)
숙주 2컵 (140g)	꽃소금 1큰술
느타리버섯 2타래 (160g)	후춧가루 약간
	참기름 2큰술
	식용유 2큰술

삶은 닭은 살을 발라 먹기 좋은 크기로 찢는다.

당면은 미지근한 물에 1시간 정도 담가 불린다.

부추는 5cm 길이로 썰고, 느타리버섯은 밑동을 자르고 먹기 좋게 찢는다. 불린 당면을 준비하고, 숙주는 깨끗이 씻어 물기를 뺀다. 양파는 0.4cm 두께로 채 썰고, 대파는 길게 반 갈라 5cm 길이로 썬다.

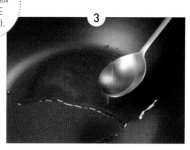

냄비에 식용유, 참기름을 넣고 불에 올린다.

참기름, 식용유를 함께 넣고 대파를 볶으면 식감과 풍미가 훨씬 좋아진다.

대파를 넣고 숨이 죽을 때까지 충분히 볶는다.

굵은 고춧가루를 넣고 잘 섞어가며 볶는다.

끓여놓은 육수를 체에 받쳐 넣고 끓인다.

국물이 끓어오르면 양파, 느타리버섯을 넣는다.

간 마늘, 간 생강, 국간장을 넣고 저어주며 끓인다.

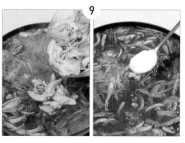

숙주, 발라놓은 닭고기 살을 넣은 후 후춧가루, 꽃소금을 넣어 간을 맞춘다.

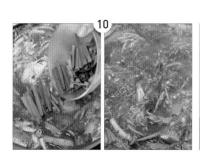

부추를 넣고 팔팔 끓인다.

당면은 국물에 같이 넣고 끓이는 것이 아니라 따로!

그릇에 밥을 넣고 그 위에 불린 당면을 넣는다.

건더기를 푸짐하게 퍼서 올리고 국물을 부어서 완성한다.

시래깃국

시골 장터 느낌 물씬 나는 시래깃국.
소고기와 고추기름으로 맛을 내 칼칼하면서도
진한 국물 맛이 일품이다.

 재료(4인분)

시판용 삶은 시래기 3컵 (270g)
소고기(국거리용) 1½컵 (210g)
대파 1컵 (60g)
청양고추 3개 (30g)
간 마늘 1큰술
굵은 고춧가루 3큰술

국간장 ⅓컵 (60㎖)
액젓 2큰술
식용유 2큰술
참기름 2큰술
물 8컵 (1,440㎖)

시판용 삶은 시래기는 한 번 삶아서 나온 것이니 주무르지 말고 살살 씻기!

1

시래기는 물에 넣고 풀어주듯 살살 흔들어가며 깨끗하게 헹군다.

2

깨끗하게 헹군 시래기는 손으로 꾹 짜서 물기를 제거한다.

3

청양고추는 0.3cm 두께로 송송 썰고, 대파는 1cm 두께로 송송 썬다. 시래기는 2cm 두께로 썬다.

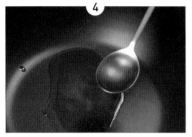

4

냄비에 식용유, 참기름을 넣고 불에 올린다.

5

소고기를 넣고 표면이 익을 때까지 볶는다.

6

굵은 고춧가루를 넣고 잘 섞어가며 볶는다.

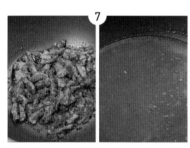

7

굵은 고춧가루가 기름을 먹어 색이 선명해지면 바로 물 5컵을 넣는다. 이때 빨간색 고추기름이 떠오르면 제대로 만들어진 것이다.

8

시래기를 넣고 살살 저어준다.

국물이 자박자박한 상태에서 간을 해야 시래기나 고기에 간이 잘 밴다.

9

국간장, 간 마늘을 넣고 끓인다.

소고기가 익는 상태를 확인하며 불의 세기와 시간 조절!

10

소고기가 충분히 익었으면 물 3컵을 넣고 끓인다.

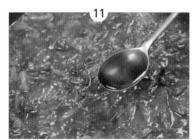

11

액젓을 넣어 간을 맞춘다.

12

대파와 청양고추를 넣고 향이 우러나도록 한소끔 끓여서 완성한다.

❹ 집밥메뉴 56

무새우젓국

끓이면 끓일수록 더 맛이 깊어지는 무새우젓국은
향토적이면서도 시원한 국물 맛이 일품이다.

 재료 (4인분)

무 ⅓개 (약 360g)	국간장 2큰술
새우젓 1큰술	간 마늘 ½큰술
대파 1컵 (60g)	액젓 2큰술
들기름 3큰술	물 4컵 (720㎖)

무를 돌려가며 썰면 깍둑썰기보다 식감도 좋고 간이 잘 밴다.

대파는 0.5cm 두께로 송송 썰고, 무는 비스듬히 세워 돌려가면서 연필 깎듯이 썬다.

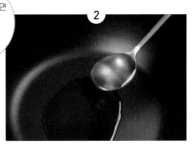

냄비에 들기름을 넣고 불에 올린다.

무가 바닥에 눌러붙으면 물을 살짝 넣기!

무를 넣고 저어가며 무가 투명해질 때까지 볶는다.

새우젓을 미리 넣어 볶으면 무에 간도 배고 풍미가 좋아진다.

새우젓을 넣고 저어가며 볶는다. 이때 새우젓 특유의 냄새가 사라지고 고소한 냄새가 날 때까지 볶아준다.

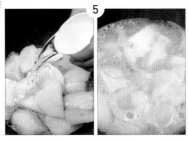

물 2컵을 넣고 조리듯이 끓인다.

간 마늘, 액젓, 국간장을 넣고 조리듯이 끓인다.

이때 추가용 물은 개인의 입맛에 따라 양을 조절한다.

국물이 졸아들면 물 2컵을 넣고 끓인다.

국물이 팔팔 끓어오르면 대파를 넣고 끓여서 완성한다.

*무를 들기름에 먼저 볶으면 무가 들기름을 흡수해서 국물의 고소함이 극대화된다.

*물은 일단 재료가 잠길 정도로만 적게 넣어 간을 한 후, 조리듯이 끓이면 건더기 속까지 간이 잘 밴다.

*기호에 따라 청양고추를 썰어 넣어도 좋다.

오이미역냉국

여름에 자주 찾게 되는 오이미역냉국.
국물로 간을 맞추는 것이 아니라
미역을 먼저 양념하는 것이 포인트다.

 재료(4인분)

불린 미역 1½컵 (135g)
오이 ½개 (110g)
양파 ½개 (125g)
청양고추 2개 (20g)
홍고추 1개 (10g)
양조식초 ½컵 (90㎖)

간 마늘 1큰술
황설탕 2½큰술
액젓 2큰술
국간장 6큰술
물 3컵 (540㎖)
사각얼음 20개

미역을 삶아서 넣는 것이 아니기 때문에 헹궈서 사용해야 비린내가 제거된다.

1

불린 미역을 물에 헹구고 손으로 꼭 짜서 물기를 없앤 후 먹기 좋은 크기로 썬다.

식초는 미역의 비린 맛도 잡아주고 채소의 향을 부각시키는 역할도 한다.

2

오이는 길이 5cm, 두께 0.3cm로 채 썰고, 홍고추는 길이 3cm, 두께 0.3cm로 어슷 썬다. 청양고추는 0.3cm 두께로 송송 썰고, 양파는 0.3cm 두께로 채 썬다.

3

볼에 미역과 식초를 넣고 잘 섞는다.

황설탕의 양은 기호에 따라 조절 가능.

4

간 마늘, 액젓, 황설탕을 넣고 간이 골고루 배도록 섞는다.

5

청양고추, 양파, 오이를 넣고 섞는다.

6

국간장을 넣고 섞은 후 물을 넣는다.

7

홍고추, 얼음을 넣고 다른 재료들과 잘 섞어서 완성한다.

Tip

*미역은 미지근한 물에 15분 정도 불린다.

*미역은 간이 잘 배지 않으므로 미리 양념을 해야 맛있는 냉국을 완성할 수 있다.

*국간장은 3큰술 먼저 넣고 간을 본 후 취향에 따라 3큰술을 추가로 넣는다. 얼음이 녹으면 국물이 싱거워지니 조금 짜게 간을 맞출 것!

❹ 집밥메뉴 56

청국장찌개

베이스를 만들어놓고 뚝배기에 그때그때 만들어 낼 수 있는 청국장찌개.
멸치와 신김치를 넣고 끓여 더 구수하고 깊은 맛이 난다.

 재료(뚝배기 2개)

시판용 청국장 1팩 (250g)
된장 1큰술
국물용 멸치 1컵 (30g)
신김치 1½컵 (195g)
두부 반 모 1팩 (180g)
양파 ½개 (125g)

대파 1½대 (150g)
(찌개용 1대, 뚝배기용 ½대)
청양고추 2개 (20g)
홍고추 1개 (10g)
간 마늘 ½큰술
물 4컵 (720㎖)

1

두부는 사방 1cm의 사각형 모양으로 썬다. 홍고추, 청양고추, 대파는 0.5cm 두께로 송송 썬다. 양파는 가로세로 1.5cm 크기로 썬다.

2

신김치는 볼에 넣고 가위로 먹기 좋게 자른다.

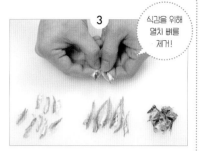

3

식감을 위해 멸치 뼈를 제거!

국물용 멸치는 길게 반으로 갈라 머리와 내장, 뼈를 제거하고 몸통을 4등분한다.

4

청국장은 숟가락을 이용해 으깨둔다.

5

냄비에 물 3컵을 넣고 멸치를 넣은 후 불에 올린다.

6

뚝배기용 대파는 남겨놓기!

양파, 대파, 간 마늘, 신김치를 넣고 끓인다.

7

국물이 팔팔 끓어오르면 된장을 넣어 간을 맞추고 골고루 풀어주며 끓인다.

8

청국장은 이미 충분히 발효된 상태로 오래 끓일 필요가 없다.

으깨둔 청국장을 넣고 숟가락으로 살살 풀어주며 끓인다.

9

물의 양은 입맛에 따라 조절 가능!

물 1컵을 보충하여 넣고 끓인다.

10

두부를 미리 넣으면 두부가 잘 익고 간도 잘 밴다.

뚝배기에 청국장찌개를 옮겨 담는다.

11

청국장찌개 위에 두부를 반을 먼저 넣고 그 위에 다시 청국장찌개를 넣은 후 대파, 청양고추, 홍고추, 나머지 두부 반을 넣는다.

12

뚝배기를 불에 올려 팔팔 끓여서 완성한다.

❹ 집밥메뉴 56

돼지갈비고추장찌개

양념돼지갈비의 무한 변신.
구워 먹고 남은 양념돼지갈비가 있다면
고추장찌개로 활용해보자.

 재료(4인분)

양념돼지갈비 1덩어리 (200g)
고추장 2큰술
두부 반 모 1팩 (180g)
양파 1개 (250g)
대파 1대 (100g)
표고버섯 2개 (40g)
애호박 ½개 (160g)

청양고추 2개 (20g)
홍고추 1개 (10g)
간 마늘 1큰술
굵은 고춧가루 1큰술
새우젓 1큰술
물 2½컵 (450㎖)

표고버섯은 기둥을 잘라내고 먹기 좋게 8등
분한다.

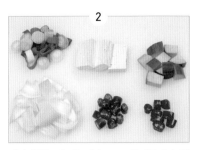

대파, 청양고추, 홍고추는 1cm 두께로 송송 썰
고, 두부는 1.5cm 두께의 직사각 모양으로 썬
다. 애호박은 길게 반으로 잘라 3등분 후 2cm
두께로 썰고, 양파는 반으로 잘라 8등분한다.

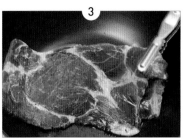

냄비에 양념돼지갈비를 넣고 불에 올려 앞뒤
로 굽는다.

물 대신
쌀뜨물도
OK!

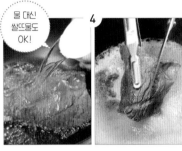

양념돼지갈비가 익으면 물을 넣고 집게와 가
위를 이용해 고기를 먹기 좋게 자른다.

고추장을 넣은 후 숟가락으로 풀어주며 끓인
다.

간 마늘, 새우젓을 넣는다.

국물이 팔팔 끓어오르면 양파, 대파, 애호박,
표고버섯을 넣는다.

청양고추, 홍고추를 넣고 끓인다.

두부, 굵은 고춧가루를 넣고 저어가며 끓인다.

채소가 익을 때까지 충분히 끓여서 완성한다.

양념돼지갈비 특유의
냄새가 걱정된다면 오
래 끓여 누린내를 날
리고 육수를 충분히 낸 후에 채소
를 넣고 끓이면 된다.

❹ 집밥메뉴 56

카레순두부찌개

드라이카레를 활용해 더욱 특별한 카레순두부찌개.
진한 카레향이 부드러운 순두부에 배어 입맛을 돋운다.

 재료.(4인분)

순두부 1팩 (400g)
드라이카레 2½큰술 (75g)
달걀 1개
대파 ⅓대 (25g)
청양고추 1개 (10g)
간 마늘 ⅓큰술
국간장 2큰술
굵은 고춧가루 ½큰술
후춧가루 약간
물 ½컵 (90㎖)

1

> 간 돼지고기 :
> 양파 : 당근 =
> 2 : 2 : 1

양파와 당근은 잘게 다진다.

2

> 간 고기는
> 열을 가하면
> 뭉치기 때문에
> 약불에!

팬을 약불에 올리고 식용유를 넣은 후 간 돼지고기를 넣고 뭉치지 않도록 주걱으로 저어가며 볶는다.

3

> 간 돼지고기는
> 포슬포슬한 느낌이
> 날 때까지 볶기!

후춧가루를 넣고 저어가며 볶는다.

4

> 간 마늘은
> 기호에 따라
> 양을 추가해도
> 무방.

강불에서 양파, 당근, 간 마늘을 넣고 재료가 골고루 섞이도록 저어가며 볶는다. 채소에서 나오는 물기가 날아갈 때까지 볶는다.

 드라이카레

시판용 카레가루 1봉지 (100g)
간 돼지고기 2컵 (300g)
양파 2컵 (200g)
당근 1컵 (100g)
간 마늘 1큰술
꽃소금 ⅓큰술
후춧가루 ½큰술
식용유 ⅓컵 (45㎖)

5

> 물기가
> 남지 않도록
> 볶는 것이
> 중요!

꽃소금을 넣고 저어가며 물기가 없어질 때까지 볶는다.

6

카레가루를 넣고 재료와 골고루 섞이며 뭉치지 않도록 저어가며 볶아서 드라이카레를 완성한다.

 Tip
드라이카레는 충분히 식힌 뒤 밀폐용기에 담아 냉장 보관한다. 냉장고에서는 2주 정도 보관이 가능하지만 가급적 빨리 먹는 게 가장 좋다.

❹
집밥메뉴
56

7

대파와 청양고추는 반으로 갈라 0.3cm 두께로 송송 썬다. 달걀은 볼에 넣어둔다.

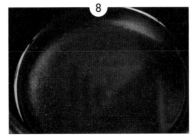

8

뚝배기에 물을 넣고 불에 올린다.

9

드라이카레를 넣고 저어가며 풀어준다.

10

마무리용 대파 남겨놓기!

대파, 간 마늘을 넣는다.

11

국간장을 넣는다.

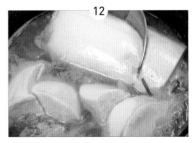

12

순두부를 넣고 숟가락으로 살살 으깬다.

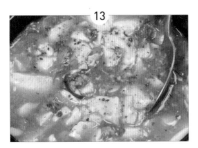

13

굵은 고춧가루를 넣고 저어준다.

14

볼에 넣어둔 달걀을 찌개 가운데에 넣는다.

15

청양고추, 남겨둔 대파를 넣고 저은 후 끓인다.

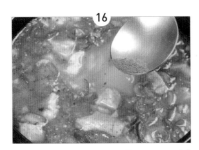

16

국물이 팔팔 끓어오르면 후춧가루를 뿌려서 완성한다.

Tip

먹기 전에 달걀 노른자를 터뜨려 섞어서 먹는다.

맛있는
요리 상식

팽이버섯

표고버섯

느타리버섯

양송이버섯

새송이버섯

🍄 버섯 손질하는 법

1. 팽이버섯은 밑동이 있는 상태에서 흐르는 물에 씻은 다음 밑동 부분을 자른다.

2. 표고버섯은 흐르는 물에 살짝 씻는다.
   주로 먼지가 쌓이는 갓 안쪽 부분도 씻는다.

3. 느타리버섯은 밑동을 제거하고 흐르는 물에 살짝 씻은 다음
   크기가 큰 것은 손으로 찢는다.

4. 양송이버섯은 흐르는 물에 살짝 씻는다.

5. 새송이버섯은 밑동을 제거하고 지저분해 보이는 곳만
   칼로 잘라낸 다음 흐르는 물에 살짝 씻는다.

❹
집
밥
메
뉴
56

얼큰버섯전골

구수하고 칼칼한 국물에 다양한 버섯의 식감을
그대로 느낄 수 있는 버섯전골.
고기를 넣고 끓이면 국물 맛이 진해지고
한층 깊어진다.

🥄 재료 (4인분)

양송이버섯 5개 (100g)
표고버섯 3개 (60g)
새송이버섯 2개 (120g)
느타리버섯 2타래 (160g)
팽이버섯 1봉 (150g)
소고기(불고기용) 1컵 (90g)
당근 ⅓개 (45g)
양파 ½개 (125g)
알배추 2컵 (90g)
대파 ½대 (50g)
된장 ½큰술
고추장 1큰술
굵은 고춧가루 3큰술
국간장 ⅕컵 (36㎖)
황설탕 1큰술
간마늘 1큰술
물 2컵 (360㎖)

🍲 육수

진간장 ⅕컵 (36㎖)
물 2컵 (360㎖)

1

팽이버섯은 밑동을 자르고, 표고버섯은 기둥을 떼어내고 0.4cm 두께로 썬다. 새송이버섯은 반으로 잘라 0.3cm 두께로 어슷 썬다.

2

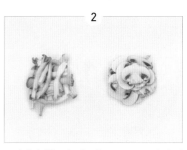

느타리버섯은 밑동을 자르고 손으로 잘게 찢고, 양송이버섯은 0.3cm 두께로 썬다.

3

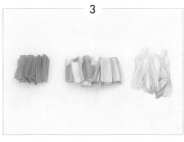

당근은 가로 1.5cm, 세로 5cm, 두께 0.3cm의 직사각 모양으로 썬다. 대파는 반으로 갈라 5cm 길이로 썰고, 알배추는 반으로 잘라 1.5cm 두께로 썬다.

4

양파는 반으로 잘라 0.3cm 두께로 채 썰고, 소고기는 한입 크기로 썬다.

5

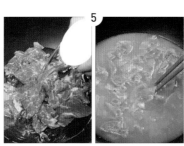

전골용 냄비에 소고기와 물을 넣고 불에 올린 후 소고기가 뭉치지 않도록 살살 풀어준다.

6

된장이 버섯과 고기의 맛을 잘 어우러지게 함.

국간장, 간 마늘, 굵은 고춧가루, 황설탕, 고추장, 된장을 넣고 뭉치지 않도록 저어주며 끓인다.

7

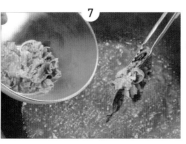

양념된 소고기를 건져낸다.

전골은 끓여 먹으면서 중간에 재료를 추가하는 요리이므로 모든 재료들을 처음 한 번에 다 넣을 필요는 없다.

❹ 집밥메뉴 56

8

볼에 물과 진간장을 넣고 섞어서 전골 육수를 만든다.

9

⑦에 고기를 제외한 재료들을 색감과 모양을 살려서 돌려 담는다.

10

건져놓은 고기를 중앙에 올린 후 끓인다.

11

어느 정도 끓어 재료에서 물이 올라오면 재료들을 섞어준다.

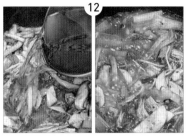
12

만들어둔 육수를 넣고 팔팔 끓여서 완성한다.

Tip

＊육수의 양은 입맛에 따라!
처음부터 육수 양을 많이 잡으면 재료들이 떠올라 모양을 잡을 수 없으므로 재료를 담은 후에 육수를 보충하는 것이 좋다.

＊버섯전골을 제대로 즐기려면 재료가 섞이기 전에 각각의 버섯이 담긴 쪽의 국물을 맛보고 버섯 특유의 향과 맛을 느끼는 것이 좋다.

＊기호에 따라 우동면을 재료 아래에 밀어 넣고 끓여도 좋다. 버섯과 우동면을 먼저 건져 먹고 남은 재료와 육수를 추가로 더 넣어 먹는다.

버섯전골볶음밥

다 먹고 남은 재료들을 가위로 잘게 자른 후 밥을 넣고 넓게 펴준다. 밥 위에 달걀을 넣고 주걱으로 섞어가며 볶다가 참기름, 조미김가루를 넣고 섞는다. 밥을 주걱으로 눌려 볶음밥을 완성한다.

중국식달걀탕

부드럽고 시원한 맛을 내는 달걀탕은
고급 코스요리에 나올 것 같은 비주얼이지만
냉장고 속 재료로 쉽게 만들 수 있다.

 재료 (2그릇)

달걀 3개
햄 6장 (90g)
맛살 2줄 (60g)
표고버섯 2개 (40g)
새송이버섯 ½개 (30g)
당근 ⅒컵 (20g)
양파 ½개 (125g)
대파 ½대 (50g)

굴소스 2큰술
진간장 2큰술
꽃소금 ½큰술
후춧가루 약간
참기름 1½큰술
식용유 3큰술
물 3컵 (540㎖)

 전분물

감자전분 ½큰술
물 1큰술

488

햄은 0.4cm 두께로 편으로 썬 후 0.3cm 두께로 채 썰고, 맛살은 반으로 자른 후 결대로 길게 찢는다.

표고버섯은 모양을 살려 0.3cm 두께로 채 썰고, 새송이버섯은 0.5cm 두께로 편으로 썬 후 5cm 길이로 채 썬다. 대파는 길이 3cm, 두께 0.3cm로 어슷 썬다. 양파는 0.3cm 두께로 채 썰고, 당근은 길이 5cm, 두께 0.3cm로 채 썬다.

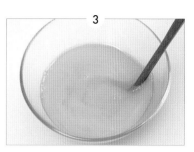

볼에 달걀을 넣고 풀어둔다.

냄비에 식용유를 넣고 불에 올린 후 대파를 넣고 강불에서 볶아 파기름을 낸다.

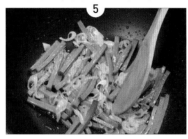

파기름이 나오면 햄을 넣고 저어가며 볶는다.

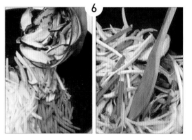

대파와 햄이 노릇하게 볶아지면 양파, 당근, 새송이버섯, 표고버섯을 넣고 저어가며 볶는다.

진간장과 굴소스를 넣고 재료를 잘 섞어가며 볶는다.

물 3컵을 넣고 꽃소금으로 간을 맞춘 후, 국물이 팔팔 끓어오르면 맛살을 넣고 끓인다.

전분 : 물 = 1 : 2

작은 볼에 감자전분과 물 1큰술을 넣고 잘 섞어서 전분물을 만든다.

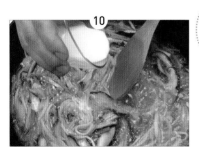

전분물을 조금씩 넣고 농도를 보면서 섞는다. 이때 천천히 저으면서 전분물을 넣어야 뭉치지 않는다.

불을 끄지 않고 계속 끓이면 달걀이 뭉칠 수 있으므로 바로 불을 꺼야 한다.

풀어둔 달걀을 빙 둘러 넣고 불을 끈 후 섞는다.

먹기 전에 잘 섞어서 먹는다!

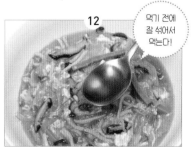

그릇에 옮겨 담고 후춧가루, 참기름을 넣어서 완성한다.

★집밥 3장★

입맛 책임지는
매일반찬

균형 맞는 반찬으로 영양 가득한 상을 차린다

반찬 걱정 덜어주는 실속 메뉴 21가지.

힘의 원천인 고기반찬에서 밥도둑이 따로 없는 생선반찬,

만들기도 쉽고 맛도 좋아 식탁에 자주 오르내리는 채소반찬,

어렵게만 느껴졌던 김치까지 차근차근 배우다 보면

반찬 걱정도 덜고 무엇보다 균형 맞는 식사를 준비할 수 있다.

❹
집밥메뉴
56

액젓 소불고기

집에서 손쉽게 만들어 먹을 수 있는 불고기 메뉴다.
재울 필요 없이 바로 구워 먹을 수 있어 손님 초대 요리로도 손색이 없다.

 재료(4인분)

소고기(불고기용) 500g
대파 1대 (100g)
양파 ½개 (125g)
간 마늘 2큰술
황설탕 4큰술
액젓 4큰술
참기름 2큰술

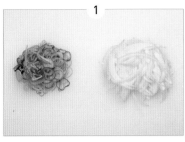

1

대파는 0.3cm 두께로 송송 썰고, 양파는 0.3cm 두께로 채 썬다.

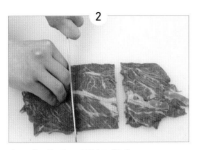

2

소고기는 6~8cm 길이로 썬다.

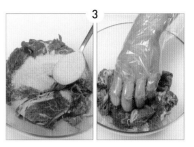

3

황설탕을 넣고 간이 잘 배도록 손으로 주물러 양념한다.

4

대파, 간 마늘을 넣고 골고루 주물러 양념한다.

모든 액젓 사용 OK! 기호에 따라 양을 조절한다.

5

액젓을 넣고 주물러 양념한다.

6

참기름을 넣고 주물러 양념한다.

7

양념한 소불고기에 양파를 넣고 가볍게 버무린다.

8

넓은 팬을 불에 올려 달군 후 소불고기를 넣는다.

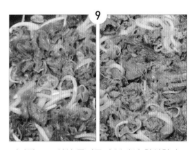

9

젓가락으로 살살 풀어주며 볶아서 완성한다.

❹ 집밥메뉴 56

Tip

액젓은 생선을 오래 숙성시켜 만들어서 감칠맛이 탁월하다. 꽃소금이나 간장 대신 양념으로 사용하기 좋다. 액젓을 넣으면 간이 빨리 배고, 열을 가하면 특유의 비린 맛이 날아간다.

오삼불고기

오징어만 양념해서 삼겹살과 함께
구워 먹는 새로운 스타일의 오삼불고기.
잘 익은 삼겹살에 탱글탱글한
오징어의 식감이 살아 있어 더욱 맛있다.

재료(4인분)

오징어 2마리 (600g)
냉동 삼겹살 5줄 (290g)
대파 1컵 (60g)
양파 1개 (250g)
통마늘 20개 (100g)
간 마늘 1큰술
굵은 고춧가루 $\frac{1}{2}$컵 (40g)
황설탕 3큰술
진간장 $\frac{1}{3}$컵 (60㎖)
맛술 $\frac{1}{3}$컵 (60㎖)
액젓 3큰술
깨소금 1큰술
참기름 2큰술

1

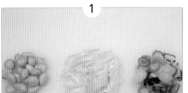

통마늘은 꼭지를 잘라낸다. 양파는 반으로 잘라 0.3cm 두께로 채 썰고, 대파는 0.5cm 두께로 송송 썬다.

2

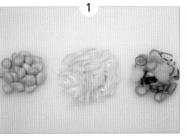

오징어 몸통은 깨끗하게 씻고 다리의 빨판은 하나씩 쭉쭉 훑어서 이물질을 제거한다.

3

가위로 오징어 몸통 뒷면 가운데를 끝까지 가른다.

4

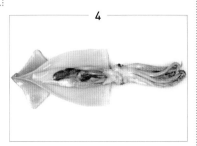

내장이 위로 올라오도록 몸통을 펼친다.

5

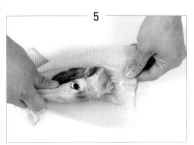

한 손으로 몸통 끝부분을 잡고 다른 손으로 내장을 잡아 쭉 잡아당겨 떼낸다.

6

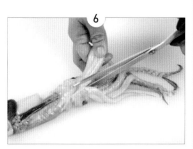

오징어의 눈이 안 보이게 뒤집은 후 다리의 중앙을 가위로 가른다.

7

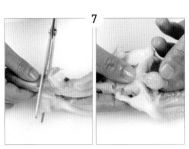

가위로 내장을 분리하고 눈은 떼서 버린다.

8

몸통 중앙을 만져봐서 뼈가 남아 있으면 제거한다.

❹ 집밥메뉴 56

495

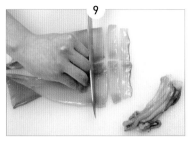

9

손질한 오징어의 몸통은 반으로 갈라 2cm 두께로 큼직하게 썬다.

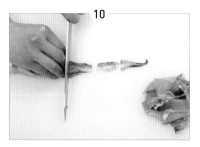

10

짧은 다리는 그대로 사용하고 긴 다리는 먹기 좋게 자른다.

11

오징어를 볶으면 크기가 줄어들기 때문에 큼직하게 썰어야 한다.

다리와 몸통 연결 부분을 잘라 3~4등분한다.

12

볼에 오징어를 넣고 황설탕을 넣은 후 간이 잘 배도록 손으로 주물러 양념한다.

13

양파는 식감이 아닌 조미료 역할을 한다. 양파를 갈아 넣어도 OK!

양파를 넣고 양파즙이 나올 정도로 힘차게 주물러 양념한다.

14

좀 더 얼큰한 맛을 원한다면 굵은 고춧가루 추가!

간 마늘, 맛술, 굵은 고춧가루, 대파를 넣고 재료가 잘 섞이도록 주물러 양념한다.

*껍질을 벗기고 조리할 경우에는 키친타월로 몸통 부분의 끝을 잡고 살살 잡아당겨 벗겨낸다. 지느러미의 껍질도 같은 방법으로 제거한다.

*오징어뿐만 아니라 돼지고기나 소고기를 양념할 때도 단맛부터 간을 하는 것이 좋다.

액젓, 진간장, 참기름, 깨소금을 넣고 주물러 골고루 섞는다.

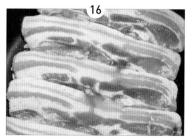

넓은 팬을 불에 올려 삼겹살을 넣고 한쪽 면을 충분히 익힌다.

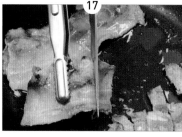

삼겹살을 뒤집어 반대편도 노릇노릇하게 구운 후 3~4cm 길이로 자른다.

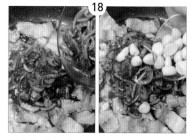

양념해놓은 오징어와 통마늘을 넣는다.

삼겹살과 오징어를 함께 양념한 상태에서 구울 때는 삼겹살이 잘 익었는지 확인하기가 힘들지만 삼겹살을 구워놓고 오징어를 따로 익히면 걱정 없이 먹을 수 있다.

오징어와 삼겹살을 함께 섞으며 익혀서 완성한다.

바싹돼지불고기

국물 없는 스타일의 달콤 짭조름한 간장양념 돼지불고기.
기본양념만 알면 다양하게 즐길 수 있다.

 재료.(4인분)

돼지고기(불고기용) 500g
대파 ½컵 (30g)
간 배 ½컵 (90㎖)
간 마늘 1큰술
간 생강 1/10큰술
진간장 2½큰술

황설탕 1½큰술
맛술 2½큰술
참기름 1½큰술
후춧가루 약간
물 ⅔컵 (120㎖)

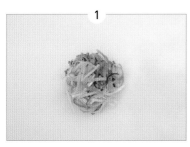

1

대파는 반으로 갈라 0.3cm 두께로 송송 썬다.

2

배가 없다면 시판용 배 음료 가능!

배는 껍질을 벗겨 큼직하게 썬 후 믹서에 넣고 곱게 간다.

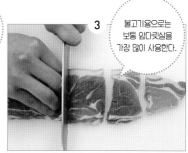

3

불고기용으로는 보통 앞다릿살을 가장 많이 사용한다.

돼지고기는 6~8cm 길이로 썬다.

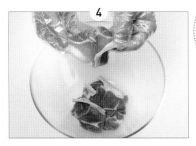

4

큰 볼에 돼지고기를 한 장씩 떼어서 놓는다.

5

생강은 누린내를 제거하고 톡 쏘는 맛을 낸다.

새로운 볼에 진간장, 맛술, 황설탕, 간 마늘, 간 생강을 넣고 잘 섞는다.

6

대파, 참기름, 후춧가루, 간 배를 넣고 섞어서 양념장을 완성한다.

7

떼어놓은 돼지고기에 양념장을 넣고, 양념장이 돼지고기에 골고루 배도록 손으로 세게 주물러준다.

8

넓은 팬을 불에 올려 양념한 돼지고기를 넣고, 물을 넣는다.

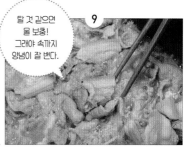

9

탈 것 같으면 물 보충! 그래야 속까지 양념이 잘 밴다.

젓가락으로 고기를 살살 풀어주며 조리듯이 굽는다.

10

상추, 깻잎 등 쌈 채소와 함께 먹으면 맛있다.

물기가 날아가면서 고기에 양념이 배고 고기가 잘 익으면 불을 꺼서 완성한다.

❹ 집밥메뉴 56

Tip

고추장돼지불고기 만들기

⑦에서 양파, 대파, 청양고추, 고추장, 고운 고춧가루를 넣고 손으로 주물러주면 고추장돼지불고기가 된다. 단, 고추장은 맛과 향만 날 정도로 넣는다. 먹음직스러운 붉은색을 내려면 고운 고춧가루를 사용하는 것이 좋다.

닭날개조림

닭날개에서 나온 육수가 간장양념과 어우러져 쫀득한 닭날개조림.
청양고추를 빼면 아이들 반찬으로도 그만이다.

 재료(4인분)

닭날개 1kg
대파 1대 (100g)
청양고추 5개 (50g)
생강 7조각 (30g)
통깨 약간
황설탕 $\frac{1}{2}$컵 (70g)
진간장 $\frac{1}{2}$컵 (90㎖)
맛술 $\frac{1}{2}$컵 (90㎖)
물 1컵 (180㎖)

1

닭날개는 흐르는 물에 깨끗이 씻은 후 체에 밭쳐 물기를 뺀다.

2

통생강이 없으면 간 생강이나 간 마늘도 OK.

대파는 13cm 길이로 큼직하게 썰고, 생강은 0.4cm 두께로 썬다. 청양고추는 2cm 두께로 썬다.

3

냄비에 닭날개를 넣고 불에 올린다.

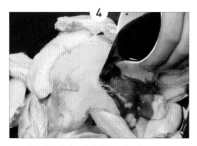

4

물, 맛술, 황설탕, 진간장을 넣는다.

5

대파, 생강을 넣고 잘 섞은 후 끓인다.

6

끓기 시작하면 약불에서 닭날개에 양념이 잘 밸 때까지 조린다.

7

국물이 걸쭉해지면 대파와 생강은 건져낸다.

8

청양고추는 국물이 적당히 남았을 때 넣어야 양념이 밴다.

청양고추를 넣고 버무리듯이 섞는다.

9

강불에서 국물이 거의 없어지고 눌어붙기 직전까지 조린다. 바짝 조리지 않으면 불에서 내린 후 바로 물이 생기므로 주의한다.

10

국물이 없어지고 윤기가 나면 불을 끄고 접시에 옮겨 담아 통깨를 뿌려서 완성한다.

Tip

닭날개를 냉동된 상태로 구입했을 경우에는 무조건 냉장고에서 끝까지 자연 해동시킨 후 사용해야 잡내가 나지 않는다. 냉장고에서 자연 해동되면서 육즙과 함께 잡내가 빠지므로 반드시 이 과정을 거치는 것이 좋다. 자연 해동한 닭날개는 물에 한 시간 정도 담가둔 후 뜨거운 물에 한 번 데쳐서 사용하면 잡내 걱정을 없앨 수 있다.

❹ 집밥메뉴 56

굴비조림

시골 느낌 물씬 나는 밥도둑 굴비조림.
냉동실 깊숙한 곳에 들어 있는 굴비를 꺼내 초간단 굴비조림을 만들어보자.

 재료(4인분)

말린 굴비 6마리
대파 2대 (200g)
청양고추 2개 (20g)
간 마늘 1큰술

굵은 고춧가루 ½큰술
새우젓 1큰술
들기름 3큰술
물 3컵 (540㎖)

502

1

대파는 3cm 길이로 썰고 청양고추는 0.3cm 두께로 송송 썬다.

2

말린 굴비는 깨끗하게 씻어서 사용한다.

냄비에 굴비를 넣고 굴비가 잠길 정도로 물 2컵을 넣고 불에 올린다.

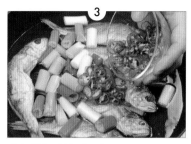

3

대파, 청양고추를 넣는다.

4

굵은 고춧가루, 간 마늘, 새우젓을 넣는다.

5

들기름을 넣고 저어주며 골고루 섞는다.

6

뚜껑을 연 상태에서 조려야 비린내가 날아간다.

국물이 거의 졸아들고 굴비 살이 부드럽게 뜯어질 때까지 10~15분 정도 뚜껑을 열고 조린다.

7

국물이 거의 없어졌는데도 굴비가 부드럽게 뜯어지지 않으면 물을 보충하고 조린다.

물 1컵을 보충해서 더 조린다.

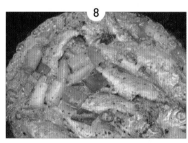

8

국물이 거의 남지 않았을 때 불을 꺼서 완성한다.

꽁치시래기조림

가시에 대한 걱정도 줄이고 국물까지 양념으로 활용할 수 있는
국민 식재료 꽁치통조림으로 꽁치시래기조림을 쉽게 만들 수 있다.

 재료(4인분)

시판용 삶은 시래기 2컵 (180g)	간 마늘 1큰술
꽁치통조림 1캔 (400g)	간 생강 ½큰술
대파 1½대 (150g)	굵은 고춧가루 2큰술
쪽파 1대 (10g)	황설탕 ½큰술
청양고추 3개 (30g)	진간장 3큰술
된장 1큰술	참기름 2큰술
고추장 1큰술	물 통조림 1캔 양 (420㎖)

시판용 시래기는 삶아서 나온 것이니 세게 씻지 않는다.

1 시래기는 물에 넣고 풀어주듯 살살 흔들어가며 깨끗하게 헹군 후 손으로 꾹 짜서 물기를 제거한다.

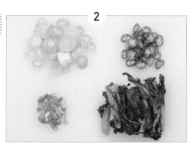

2 대파는 0.7cm 두께로, 청양고추는 0.5cm 두께로 송송 썬다. 쪽파는 0.4cm 두께로 송송 썰고, 시래기는 5cm 길이로 썬다.

3 냄비에 시래기를 펼쳐 넣고 그 위에 꽁치를 넣는다.

4 볼에 꽁치통조림 국물, 간 마늘, 굵은 고춧가루를 넣는다.

간 생강은 없으면 생략 가능.

5 진간장, 황설탕, 간 생강, 고추장, 된장을 넣는다.

매운 것이 싫으면 못고추로 대체 가능.

6 대파, 청양고추, 참기름을 넣은 후 잘 섞어서 양념장을 완성한다.

7 시래기와 꽁치 위에 양념장을 골고루 넣는다.

양념장을 담았던 볼에 물을 넣고 남은 양념을 헹궈 같이 넣는다. 물은 통조림 1캔 분량!

8 빈 꽁치통조림 캔에 물을 넣은 후 시래기, 꽁치가 잠길 정도로 넣는다.

9 냄비를 불에 올려 끓인다.

계속 강불로 조리면 시래기에 간이 배기 전에 물이 날아갈 수 있음!

10 국물이 팔팔 끓어오르면 약불에서 15분 정도 조린다.

11 잘 조려지면 불을 끄고 그릇에 시래기를 먼저 펼치듯 담고, 그 위에 꽁치를 올린 후 남은 양념을 넣는다.

12 쪽파를 뿌려서 완성한다.

❹ 집밥메뉴 56

코다리조림

오래 끓일수록 더 진해지고 맛있는 코다리조림.
코다리 고유의 쓴맛을 잡는 것이 포인트다.

 재료(4인분)

코다리 2마리 (440g)	간 마늘 1큰술
대파 2대 (200g)	간 생강 ½큰술
청양고추 3개 (30g)	황설탕 2큰술
홍고추 1개 (10g)	진간장 ½컵 (90㎖)
양파 ½개 (125g)	액젓 2큰술
무 ⅓개 (약 667g)	조청 2큰술
고추장 1큰술	물 3컵 (540㎖)
굵은 고춧가루 2큰술	

1

코다리는 솔로 이물질을 살살 털어낸 후 흐르는 물에 깨끗이 씻는다. 내장이 있던 배 부분은 쓴맛이 강하므로 손으로 문질러 닦거나 솔로 닦는다.

2

물기를 탈탈 털어내고 마른행주를 이용해 나머지 물기를 닦는다.

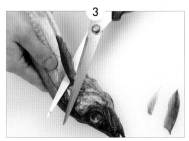

3

아가미 옆 양쪽 지느러미와 꼬리를 가위로 자른다. 배나 등에 붙은 지느러미도 가위로 자른다.

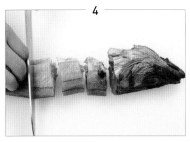

4

칼로 먹기 좋게 5~6등분하여 자른다.

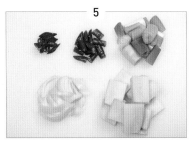

5

홍고추는 길이 3cm, 두께 1cm로 어슷 썰고, 청양고추는 3등분한다. 대파는 4cm 길이로 썰고, 양파는 1cm 두께로 채 썬다. 무는 5cm 길이로 자른 후 반 잘라 크기 5×4cm, 두께 1cm의 직사각 모양으로 썬다.

6

무를 냄비 바닥 전체에 깔고 그 위에 코다리를 넣는다.

7

양파, 청양고추, 대파를 넣는다.

8

진간장, 간 마늘, 황설탕, 액젓을 넣고, 굵은 고춧가루, 고추장, 간 생강, 조청을 넣는다.

9

물을 넣고 불에 올려 끓인다.

10

> 코다리가 많이 건조한 상태라면 중간에 물을 더 보충해서 조린다.

끓기 시작하면 재료를 뒤집어주고 무가 익을 때까지 조린다.

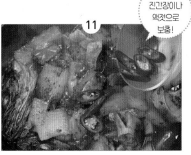

11

> 간은 진간장이나 액젓으로 보충!

중간에 맛을 보고 간이 부족하면 맞춘 후 홍고추를 넣는다.

12

> 양념과 코다리에서 나오는 맛이 잘 어우러지도록 오래 끓이는 것이 중요하다.

코다리에 양념이 충분히 배고 국물이 졸아들 때까지 끓여서 완성한다.

❹ 집밥메뉴 56

북어채볶음

간장양념 옷을 입고 노릇해진 북어채와 아삭한 꽈리고추가 만나
강정 같은 비주얼을 자랑하는 북어채볶음을 만들어보자.

 재료 (4인분)

북어채 2컵 (50g)
꽈리고추 12개 (72g)
대파 1½대 (150g)
간 마늘 ½큰술
굴소스 1큰술
진간장 2큰술
황설탕 1큰술
식용유 3큰술

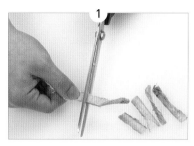

1

북어채는 가위로 3cm 길이로 먹기 좋게 자른다.

2

대파는 1.5cm 두께로 썰고, 꽈리고추는 2cm 두께로 썬다.

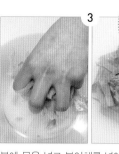

3

북어채는 바로 볶으면 타기 쉬우므로 물에 살짝 적셔서 볶는 것이 좋다.

볼에 물을 넣고 북어채를 넣어 잠깐 적신 후 바로 손으로 물기를 짠다. 이때 너무 오래 담그면 북어채가 물기를 흡수하게 되니 주의한다.

4

작은 볼에 굴소스, 진간장을 넣고 섞어서 간장양념장을 만든다.

5

팬에 식용유를 넣고 대파, 간 마늘을 넣은 후 불에 올려 강불에서 대파가 노릇노릇하게 익을 때까지 볶아 파기름을 낸다.

6

파기름에 북어채를 넣고 북어채가 노릇노릇하게 익으면서 모양이 쪼그라들 때까지 저어가며 볶는다.

7

북어채 겉면에 황설탕이 코팅되어 북어채가 양념을 너무 많이 빨아들이지 않고 양념을 살짝 겉돌게 만든다.

황설탕을 넣고 윤기가 날 때까지 저어가며 볶는다.

8

꽈리고추를 넣고 북어채에 꽈리고추 향이 배고 노릇노릇해질 때까지 저어가며 볶는다.

9

간장양념장을 넣고 빠르게 저어가며 섞어서 완성한다.

❹ 집밥메뉴 56

Tip

북어채는 흡수력이 좋기 때문에 양념을 각각 넣으면 바로 흡수해 양념이 고루 섞이지 않는다. 양념을 미리 섞어두고 북어채에 한 번에 넣고 빨리 볶아줘야 양념이 고루 배고 간이 맞는다.

콩나물전

아삭아삭한 콩나물을 바삭하게 부쳐낸 콩나물전.
냉장고 속에 애매하게 남아버린 콩나물 한 주먹이 깜짝 반찬으로 거듭난다.

 재료(2인분)

콩나물 1½컵 (105g)	새우젓 ½큰술
청양고추 2개 (20g)	식용유 2큰술
부침가루 1큰술	물 ¼컵 (45㎖)
간 마늘 ½큰술	

콩나물은 깨끗이 씻어 체에 밭쳐 물기를 뺀다.

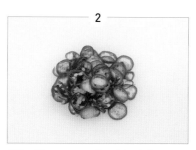

청양고추는 0.3cm 두께로 송송 썬다.

볼에 콩나물, 간 마늘, 새우젓, 청양고추, 물, 부침가루를 넣는다.

재료가 잘 섞이도록 손으로 버무린다.

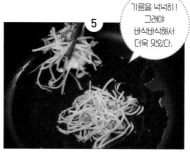

기름을 넉넉히! 그래야 바삭바삭해서 더욱 맛있다.

팬을 불에 올리고 식용유를 넣은 후 콩나물 반죽을 작고 동그랗게 타래를 지어 팬에 올린다.

콩나물 타래 반죽이 타지 않도록 약불로 줄인 후 노릇노릇하게 구워지면 뒤집개와 젓가락을 이용해 뒤집는다.

기호에 따라 조미김가루를 올려서 먹어도 좋다.

앞뒤로 노릇하고 바삭하게 구워서 완성한다.

❹ 집밥메뉴 56

Tip

*물은 부침가루와 콩나물이 잘 버무려질 정도로만 넣어야 한다. 부침가루가 없을 경우에는 밀가루를 넣어도 되지만 밀가루는 간이 되어 있지 않으므로 꽃소금과 새우젓을 조금 더 넣어 간을 맞추는 것이 좋다.

*콩나물전을 크게 부치면 가운데 부분은 촉촉하고 쫀득한 식감이 나므로 바삭한 식감을 원한다면 작게 부치는 것이 좋다.

시금치 달걀볶음

달걀을 먼저 볶은 후 시금치와 함께 다시 볶아
각각의 풍미가 살아 있는 중국식 달걀볶음을 만들어보자.

 재료(4인분)

시금치 1½컵 (60g)
달걀 5개
대파(흰 부분) 1대 (60g)
황설탕 ½큰술

꽃소금 ⅓큰술 + 약간
(달걀볶음용 ⅓큰술, 파기름용 약간)
식용유 ⅕컵 (36㎖) + 3큰술
(달걀볶음용 ⅕컵, 파기름용 3큰술)

1

시금치는 뿌리 부분을 칼로 살살 긁어 흙을 털어낸다.

2

시금치 다듬을 시간이 없다면 최대한 뿌리 쪽으로 가깝게 잘라서 사용한다.

시금치를 흐르는 물에 깨끗이 씻어 체에 밭쳐 물기를 뺀다.

3

대파는 0.3cm 두께로 송송 썰고, 시금치는 1cm 길이로 썬다.

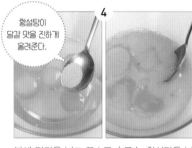

4

황설탕이 달걀 맛을 진하게 올려준다.

볼에 달걀을 넣고 꽃소금 ½큰술, 황설탕을 넣은 후 재료가 잘 섞일 정도로 풀어준다.

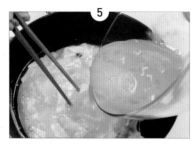

5

팬에 식용유 ½컵을 넣고 불에 올려 달군 후 연기가 살짝 올라오면 달걀물을 조금씩 넣고 젓가락으로 빠르게 저으며 익힌다.

6

불을 끄고 잘 볶아진 달걀볶음을 접시에 옮겨 담아둔다.

7

팬에 대파, 식용유 3큰술을 넣고 불에 올려 강불에서 볶는다.

8

꽃소금을 넣고 파가 노릇노릇해지기 직전까지 볶아 파기름을 낸다.

9

시금치를 넣은 후 저어가며 살짝 볶는다.

10

기호에 따라 마지막에 참기름을 돌려도 OK!

접시에 담아둔 달걀볶음을 넣고 재료를 섞어가며 볶아서 완성한다.

Tip 스크램블은 부드럽게 먹는 음식이라 달걀물을 한 번에 붓고 빠르게 익히지만, 달걀볶음은 쫄깃한 식감을 살리기 위해 달걀물을 조금씩 붓고 저어가며 익힌다.

소시지채소볶음

어른들 술안주로, 아이들 반찬으로 딱 좋은 소시지채소볶음.
육즙을 가득 품고 있는 소시지는 특유의 고소한 맛을 내고
채소는 푹 무르지 않고 살아 있어 더욱 맛있다.

 재료(4인분)

비엔나소시지 1½컵 (약 176g)
소시지 1줄 (74g)
양파 1개 (250g)
당근 ⅕개 (45g)
새송이버섯 1개 (60g)
양송이버섯 2개 (40g)
노랑 파프리카 ½개 (70g)
주황 파프리카 ½개 (70g)
빨강 파프리카 ½개 (70g)
대파 1대 (100g)
통마늘 13개 (65g)
후춧가루 약간
식용유 3큰술

데미그라스소스

밀가루 1큰술
토마토케첩 3큰술
황설탕 1½큰술
진간장 3큰술
식초 ½큰술
식용유 1½큰술
물 ⅔컵 (120㎖)

1

소시지는 1cm 폭으로 어슷 썰고 비엔나소시지는 원하는 모양의 칼집을 넣는다.

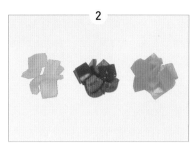

2

파프리카는 꼭지와 씨를 제거한 후 가로세로 2cm 크기로 썬다.

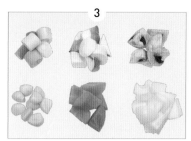

3

대파는 2.5cm 길이로, 새송이버섯, 당근은 소시지 크기에 맞춰 삼각형으로 썬다. 양송이버섯은 4등분한다. 통마늘은 꼭지를 자르고, 양파는 반으로 잘라 가로 2.5cm, 세로 3cm로 6등분한다.

데미그라스소스 만들기

4

팬에 식용유, 밀가루를 넣은 후 불에 올려 중불에서 주걱으로 저어가며 짙은 갈색이 될 때까지 충분히 볶는다.

5

> 황설탕 양은 기호에 따라 조절!

토마토케첩, 황설탕, 진간장, 식초를 넣고 섞으며 볶는다.

6

물을 넣고 걸쭉한 상태가 될 때까지 풀어주며 끓여서 데미그라스소스를 완성한다.

7

> 소시지는 중불에서 오래 익혀야 지방이 나와 더욱 맛있어진다.

큰 팬에 식용유를 넣고 불에 올려 통마늘, 소시지, 비엔나소시지를 넣고 중불에서 볶는다.

8

소시지에 넣은 칼집이 벌어질 정도로 충분히 볶아지면 양파, 당근을 넣고 볶는다.

9

대파, 파프리카, 버섯을 넣고 강불에서 섞으며 볶는다.

10

> 간이 안 맞으면 토마토케첩, 진간장을 넣어 맞춘다.

데미그라스소스를 넣고 재료와 잘 섞으며 볶는다.

11

후춧가루를 넣어서 완성한다.

Tip 비엔나소시지는 한쪽 끝에 십자를 넣어서 문어 모양을 내거나, 일정한 간격으로 세로로 칼집을 넣거나 어슷하게 칼집을 넣는 등 원하는 모양대로 칼집을 넣는다. 소시지에 칼집을 넣으면 양념이 잘 밴다.

베이컨팽이버섯볶음

아삭한 식감의 팽이버섯과 고소한 베이컨,
버터와 베이컨의 느끼함을 잡아주는 마늘이 어우러져
근사한 요리가 완성된다.

 재료(2인분)

팽이버섯 1봉 (150g)
베이컨 4줄 (64g)
통마늘 5개 (25g)
버터 27g
꽃소금 약간
후춧가루 약간

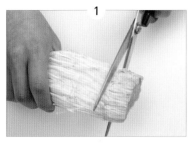

팽이버섯은 밑동이 있는 상태로 흐르는 물에 씻은 후 밑동을 가위로 자른다.

통마늘은 0.3cm 두께로 편 썰고, 베이컨은 0.8cm 두께로 썬다.

팬에 버터를 넣고 불에 올린 후 베이컨, 마늘을 넣고 섞으며 볶는다.

마늘이 충분히 볶아져야 매운맛이 날아가고 고소한 맛을 낸다.

꽃소금을 넣고 마늘이 노릇노릇해질 때까지 충분히 볶는다.

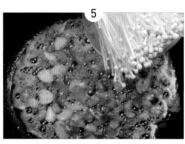

팽이버섯을 넣은 후 버섯이 숨이 죽고 물기가 생길 때까지 저어가며 볶는다.

후춧가루를 넣고 볶는다.

재료가 잘 볶아졌으면 그릇에 팽이버섯부터 쌓듯이 옮겨 담고 그 위에 베이컨, 마늘을 보기 좋게 올려서 완성한다.

일본식감자조림

포슬포슬 부드러운 감자에 소고기와 가다랑어포를 넣어
일본식 풍미가 나는 감자조림을 만들어보자.

 재료(4인분)

감자 4개 (800g)
소고기(불고기용) 90g
당근 ½개 (135g)
양파 1개 (250g)
가다랑어포 ⅔컵 (4g)

황설탕 ½컵 (70g)
진간장 ½컵 (90㎖)
맛술 ½컵 (60㎖)
물 2컵 (360㎖)

조리 도구: 뚜껑이 있는 냄비

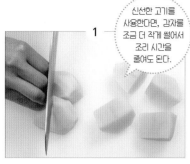

신선한 고기를 사용한다면, 감자를 조금 더 작게 썰어서 조리 시간을 줄여도 된다.

1

감자는 껍질을 벗겨 4등분한다.

2

소고기는 2cm 두께로 썰고, 양파는 반으로 잘라 2cm 두께로 썬다. 당근은 4등분해서 1cm 두께의 은행잎 모양으로 썬다.

3

냄비에 진간장, 맛술, 물, 황설탕을 넣고 불에 올린다.

4

감자, 소고기를 넣은 후 황설탕이 녹을 때까지 저어가며 끓인다.

5

국물이 팔팔 끓어오르면 뚜껑을 닫고 약불에서 20분 정도 조린다.

각 집마다 불의 세기가 다르니 중간중간 뚜껑을 열어 감자 익는 상태를 체크!

6

뚜껑을 열고 양파, 당근을 넣고 섞은 후 다시 뚜껑을 닫고 20분 정도 조린다. 이때 간이 좀 짜다면 물을 보충하는데 당근과 양파에서도 수분이 나오므로 그 양을 고려해서 넣는다.

7

충분히 조려졌으면 뚜껑을 열고 불을 끈 후 가다랑어포를 넣어서 완성한다.

양파와 당근처럼 크기를 작게 썰거나 쉽게 무르는 것은 처음부터 넣어서 조리하기보다는 시간 간격을 두고 넣는 것이 좋다.

❹
집밥메뉴
56

단호박조림

단호박을 전자레인지에 돌려 조리하기 쉽게 만든 후
물과 설탕을 넣고 조리면 끝.
단호박에서 나온 물과 양념이 어우러져
감칠맛 나는 단맛을 낸다.

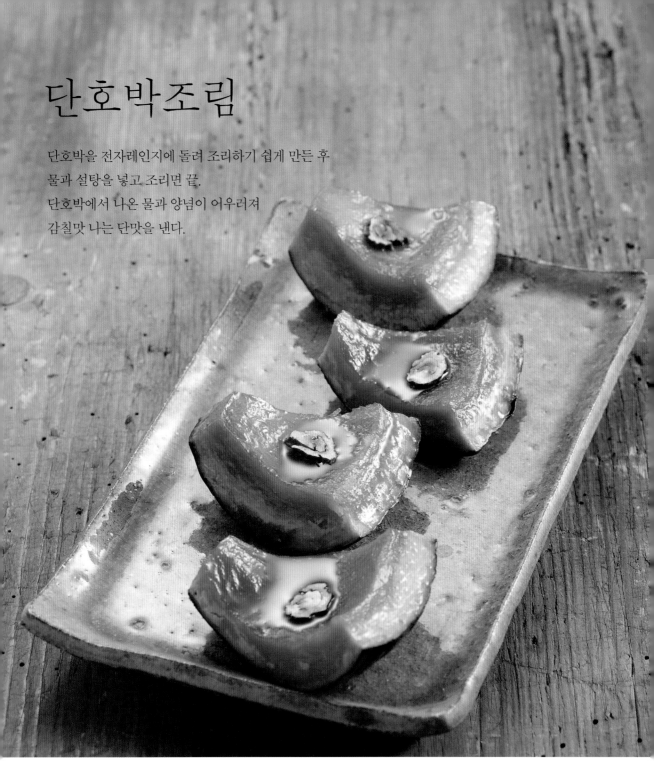

 재료(4인분)

단호박 1개 (900g)
말린 대추 2개 (16g)
황설탕 1컵 (140g)
물 1컵 (180㎖)

조리 도구: 뚜껑이 있는 넓은 냄비

잣이 있으면
대추 속에 넣고
말아서 썰어도
예쁜 모양이 된다.

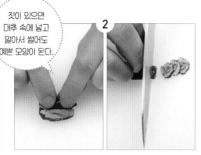

말린 대추는 꼭지를 떼고 젖은 행주로 먼지를 닦아낸 후 길게 반으로 갈라 펼쳐서 씨를 제거한다.

대추를 김밥 말듯이 돌돌 말아 모양을 살려 얇게 썬다.

단호박은 전자레인지에 2~3분 정도 돌린다.

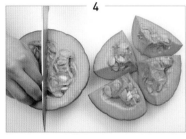

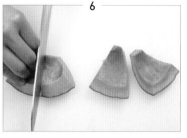

전자레인지에 돌린 단호박을 반으로 자른 후 4등분한다.

꼭지를 잘라내고 숟가락으로 씨를 발라낸다.

4등분한 단호박을 다시 반으로 잘라 먹기 좋은 크기로 준비한다.

냄비에 물, 황설탕을 넣고 불에 올려 황설탕이 완전히 녹을 때까지 저어준다.

단호박을 껍질 부분이 아래로 가도록 해서 넣고, 뚜껑을 닫고 끓인다.

끓기 시작하면 약불로 줄이고, 단호박에서 나온 물이 조림 양념과 섞여 함께 졸여지면서 국물이 자작해질 때까지 조린다.

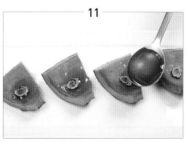

단호박은 밤처럼 달고 고소해 밤호박이라고도 하며, 가을에 가장 맛있다.

뚜껑을 열고 단호박을 접시에 옮겨 담는다.

호박 위에 대추를 올리고, 냄비에 남아 있는 조림 양념을 끼얹어서 완성한다.

꽈리고추찜

밥을 부르는 칼칼한 맛의 꽈리고추찜.
꽈리고추는 쪄내면 향과 식감이 더욱
좋아져 찜 요리에 딱 어울리는 재료다.

 재료(2인분)

꽈리고추 20개 (120g)
밀가루 ⅓컵 (40g)
통깨 약간

 양념장

대파(흰 부분) ½대 (30g)
간 마늘 1½큰술
굵은 고춧가루 1큰술
황설탕 ½큰술

진간장 5큰술
통깨 ½큰술
참기름 1큰술

조리 도구: 찜기, 면포

1

꽈리고추는 꼭지를 따고, 대파는 길게 반 갈라 0.3cm 두께로 송송 썬다.

2

볼에 밀가루를 넣고 꽈리고추를 넣는다.

3

꽈리고추에 밀가루가 골고루 묻도록 손으로 버무린다.

아삭한 식감을 원한다면 김이 오른 후 3분, 부드러운 식감을 원한다면 김이 오른 후 5분 정도 찌는 것이 좋다.

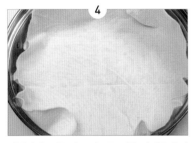

4

찜냄비에 물을 넣고 면포를 씌운 찜기를 올린 후 불에 올려 김을 올린다.

5

김이 오르면 꽈리고추를 서로 뭉치지 않도록 펼쳐서 넣는다.

6

뚜껑을 닫고 3~5분 정도 찐다.

양념장 만들기

7

볼에 간 마늘, 굵은 고춧가루, 황설탕, 대파를 넣는다.

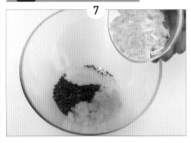

8

진간장, 통깨, 참기름을 넣고 저어가며 섞어서 양념장을 만든다.

9

큰 볼에 잘 쪄진 꽈리고추를 넣고 양념장을 넣은 후 양념이 잘 배도록 골고루 무친다.

10

접시에 옮겨 담고 통깨를 뿌려서 완성한다.

Tip

* 꽈리고추에 밀가루를 묻혀서 찌면 나중에 양념이 잘 묻는다. 밀가루가 없다면 찹쌀가루 등 꽈리고추에 묻을 수 있는 가루 모두 가능하지만 가급적 밀가루를 쓰는 것이 좋다.

* 기호에 따라 잘 쪄진 꽈리고추를 따로 담아 통깨를 뿌리고, 양념장과 곁들여 내는 것도 좋다.

명란달걀말이

유난히 잘 어울리는 명란젓과 달걀의 찰떡궁합 요리 명란달걀말이.
고소하고 짭쪼름한 명란이 폭신한 달걀에 싸여 보기만 해도 식욕이 돋는다.

 재료(2인분)

달걀 5개
명란 1줄
쪽파 1대 (10g)
황설탕 약간
식용유 1½큰술

명란은 가위를 이용해 길게 반으로 자른다. 쪽
파는 0.5cm 두께로 송송 썬다.

볼에 달걀을 넣고 황설탕을 넣은 후 젓가락으
로 저어 달걀을 곱게 푼다.

식용유를 닦아내듯이
얇게 발라야 맛도 좋고
모양도 예쁘게
완성된다.

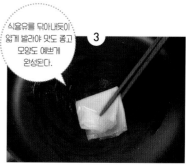

팬에 식용유를 넣고 불에 올린 후 키친타월을
접어 식용유를 얇고 고르게 펴준다.

달걀물을 세 번에 나눠서 부을 양을 가늠한
후 약불에서 ⅓ 양의 달걀물을 넣고, 넓고 얇
게 펼친다.

달걀물이 익으면 뒤집개와 젓가락을 이용해
한쪽 끝부터 두세 번 말아준다.

달걀 위에 명란을 올리고
그 위에 쪽파를 넣는다.

달걀말이를 처음
시작할 때 찢어져도
계속 굴려가면서 말면
모양이 잡히므로
당황하지 않아도
된다.

명란과 쪽파를 넣은 쪽으로 감싸듯이 접어준
후 천천히 말아준다.

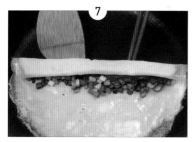

달걀말이를 팬 위쪽으로 옮기고 키친타월에
묻어 있는 식용유를 팬 바닥에 발라준다.

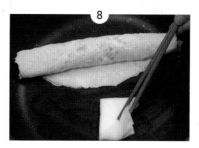

말려 있는 달걀말이 끝부분에 ⅓ 양의 달걀물
을 이어서 넣는다.

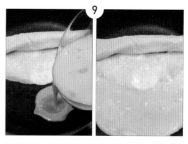

같은 방법으로 천천히 돌돌 말아준다.

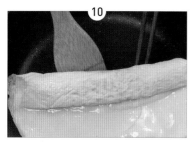

마지막 ⅓ 양의 달걀물을 넣고 같은 방법으로
천천히 말아준 후 달걀말이를 세워 양 옆면도
노릇하게 익힌다.

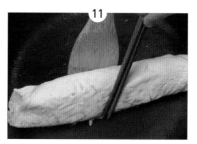

달걀말이를 팬에서 꺼내 먹기 좋은 크기로 잘
라서 완성한다.

알배추겉절이

만능겉절이양념장에 아삭아삭한 알배추가 버무려진 알배추겉절이.
알배추를 얇게 채 썰어 양념이 골고루 배서 더욱 맛있다.

 재료(2인분)

알배춧잎 4장 (140g)
만능겉절이양념장 2큰술
통깨 약간

만능겉절이양념장

대파 1대 (100g)
간 마늘 1큰술
굵은 고춧가루 $\frac{1}{3}$컵 (약 27g)
황설탕 2큰술
국간장 $\frac{1}{3}$컵 (60㎖)
액젓 $\frac{1}{3}$컵 (60㎖)
깨소금 2큰술

1

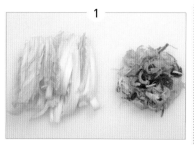

알배춧잎은 반으로 잘라 줄기는 0.5cm 두께로, 잎사귀는 2cm 두께로 길게 썬다. 대파는 반으로 갈라 0.3cm 두께로 송송 썬다.

2

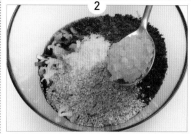

볼에 대파, 국간장, 액젓, 굵은 고춧가루, 깨소금, 황설탕, 간 마늘을 넣는다.

3

재료를 잘 섞어서 만능겉절이양념장을 완성한다.

4

큰 볼에 알배춧잎을 넣고 만능겉절이양념장 2큰술을 넣는다.

5

손으로 재료가 잘 섞이도록 살살 무치듯이 버무린다.

6

접시에 옮겨 담고 통깨를 뿌려서 완성한다.

Tip

만능겉절이양념장은 약간 질퍽한 상태의 양념장으로, 양념을 냉장 보관하면 고춧가루가 수분을 흡수해 뻑뻑해진다. 이때는 물이나 액젓을 조금 넣어서 걸쭉한 상태로 만들어서 사용하면 된다.

❹ 집밥메뉴 56

파김치

바로 먹으면 아삭하고 숙성시켜서 먹으면 깊은 맛을 느낄 수 있는 파김치.
액젓에 쪽파를 골고루 절여주고 쪽파가 엉키지 않게 가지런히 놓는 것이 포인트다.

 재료(4인분)

쪽파 1단 (1.5kg, 깐 쪽파 1kg)
액젓 ½컵 (120㎖)

◦양념
양파 ½개 (125g)
간 마늘 3큰술
굵은 고춧가루 2컵 (160g)
황설탕 2큰술
새우젓 3큰술

◦밀가루풀
밀가루 2큰술
물 2컵 (360㎖)

쪽파는 뿌리 쪽 흰 부분이 향이 가장 좋다.

1

쪽파는 뿌리 쪽에 최대한 가깝게 칼집을 내서 뿌리를 제거하고 손으로 하나씩 분리한다.

2

겉껍질을 벗기고 노랗게 변하거나 시든 줄기 끝부분은 잘라내며 다듬는다.

쪽파는 줄을 잘 맞춰놓아야 나중에 엉키지 않고 꺼내 먹기 쉽다.

3

쪽파를 흐르는 물에 깨끗이 씻어 체에 밭쳐 물기를 제거한 후 넓은 볼에 넣고 쪽파 뿌리 쪽에 액젓을 넣는다.

4

5분에 한 번씩 양손으로 쪽파를 뒤집어준다.

5

같은 방법으로 뒤집으며 15분 정도 절인다. 이때 중간에 끼어 있는 쪽파도 골고루 펴주고 위치를 바꿔가며 절인다.

6

쪽파가 절여지는 동안 냄비에 밀가루와 물을 넣고 약불에서 충분히 걸쭉해질 때까지 주걱으로 저어가며 3분 정도 끓인 후 식혀서 밀가루풀을 완성한다.

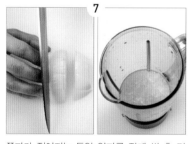

7

쪽파가 절여지는 동안 양파를 잘게 썬 후 믹서에 넣고 간다.

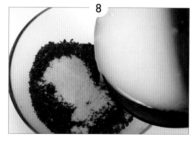

8

큰 볼에 간 양파, 간 마늘, 새우젓, 굵은 고춧가루, 황설탕, 식혀둔 밀가루풀을 넣는다.

9

재료를 골고루 섞어서 양념을 만든다.

10

쪽파를 손으로 눌러주며 15분 정도 더 절인다. 이때 5분에 한 번씩 뒤집는다. 양손으로 눌러주면 액젓이 쪽파 속으로 들어가 더 잘 절여진다.

액젓을 넣어서 양념이 묽어져야 쪽파에 바를 때 수월하다.

11

쪽파를 절이고 남은 액젓은 양념에 넣고 골고루 섞는다.

*쪽파 절이는 시간 총 30분 중에 뿌리 쪽만 먼저 15분 정도! 쪽파를 한 번에 다 절이면 줄기 쪽이 너무 절여져 흐물거리므로 비스듬히 세워 뿌리 쪽부터 절인다.

*수분이 적은 쪽파는 밀가루 양을 적게 넣어 풀의 농도를 연하게 쑤어야 한다.

12

넓은 볼에 쪽파 한 줌을 가지런히 펼친다.

13

뿌리 쪽부터 시작해서 줄기 쪽 끝까지 양념을 골고루 바른다.

14

그 위에 쪽파 한 줌을 가지런히 펼친 후 층층이 쌓아가며 같은 방법으로 양념을 바른다.

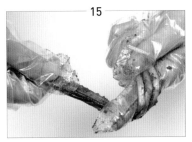

15

양념을 바른 쪽파 3개씩을 한 묶음으로 만들어 뿌리 쪽을 잡고 검지손가락에 걸쳐서 접는다.

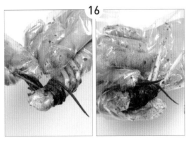

16

뿌리를 잡은 쪽으로 돌려 감아 고정시킨 후 쪽파를 검지손가락에서 뺀다.

17

같은 방법으로 돌려 감아 밀폐용기에 가지런 히 담는다. 이때 양념이 너무 떨어져 나가지 않 도록 주의한다.

18

양손으로 꾹꾹 눌러 담으며 최대한 공기를 뺀 후 뚜껑을 닫고 하루 동안 실온 보관 후 냉 장 보관한다.

Tip

*쪽파를 손질하면서 벗겨낸 겉껍질은 버리지 말고 모아서 활용한다. 송송 썰어 보관해놓고 라면에 넣어 먹거 나 고명 등으로 활용하면 좋다.

*김치는 담그자마자 맛을 보면 양념이 덜 배었기 때문에 짠맛이 느껴지는 게 정상이다. 양념이 골고루 배고 익으면서 짠 맛은 사라진다.

*집에 풀 쑬 재료가 없을 때는 믹서에 찬밥과 물을 넣고 갈아서 사용한다. 풀은 김치 재료에 양념이 골고루 잘 배게 하고 유산균의 발효를 도와 숙성이 잘 되도록 도와주는 역할을 한다. 풀을 넣으면 양념 맛이 더욱 풍부해진다.

고추장아찌무침

 재료(2인분)

고추장아찌 32개 (250g)
간 마늘 1큰술
굵은 고춧가루 1½큰술
고운 고춧가루 2큰술
물엿 ¼컵 (45㎖)
통깨 ½큰술

1

고추장아찌는 체에 받쳐 물기를 뺀다.

2

단맛이 부족하다면 물엿 대신 황설탕으로 보충해야 질척거리지 않는다.

볼에 고추장아찌를 넣고 간 마늘, 굵은 고춧가루, 고운 고춧가루, 통깨, 물엿을 넣는다.

3

손으로 주물러가며 양념이 잘 섞이도록 무친다.

4

접시에 옮겨 담고 통깨를 뿌려서 완성한다.

오이소박이

여름을 대표하는 반찬 오이소박이를 맛있게 익히는 비결은
밀폐용기에 넣을 때 공기가 들어가지 않도록 손으로 꾹꾹 눌러주는 것이다.

재료(4인분)

오이 5개 (약 1,100g)
부추 2컵 (110g)
당근 ⅓개 (90g)
꽃소금 3큰술
물 ⅔컵 (120㎖)

•양념소

양파 ½개 (약 62g)
간 마늘 1큰술
간 생강 ⅓큰술
굵은 고춧가루 ⅔컵 (약 52g)
황설탕 2큰술
액젓 ⅓컵 (60㎖)
새우젓 1½큰술

•밀가루풀

밀가루 ½큰술
물 ⅓컵 (60㎖)

부추와 당근은 칼집 넣은 부분에 넣어야 하니 잘게 썬다.

1

부추는 1cm 두께로 잘게 썰고, 당근은 길이 5cm, 두께 0.3cm로 채 썬다.

오이를 씻을 때는 가시에 찔리지 않도록 조심!

2

오이는 양쪽 끝 가까이의 꼭지를 자르고 4등분한다.

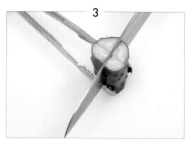

3

집게를 이용해 오이 밑부분에 대고 십자로 칼집을 넣는다.

일반 굵은 소금을 쓰면 불순물이 있을 수 있어 절인 후 물에 헹궈야 해서 번거롭다.

4

물 ⅔컵에 꽃소금을 넣고 녹을 때까지 저어 소금물을 만든다.

5

큰 볼에 소금물, 오이를 넣은 후 양손으로 오이와 소금물이 골고루 섞이도록 뒤적여준다. 이때 칼집을 낸 쪽에 소금물이 들어갈 수 있도록 잘 섞은 후 40분 정도 절인다.

6

냄비에 물 ⅓컵과 밀가루를 넣고 불에 올리기 전에 저어가며 충분히 풀어준다.

밀가루물은 순식간에 뭉치거나 타게 되니 약불에서 빠르게 젓는다.

7

냄비를 불에 올리고 점성이 생길 때까지 주걱으로 저어준 후 불에서 내려 식혀서 밀가루풀을 완성한다.

8

중간에 2~3번 정도 양손으로 뒤적여주며 오이를 절인 지 40분이 지나면 체에 밭쳐 물기를 뺀다.

황설탕을 넣지 않고 단맛 내기를 원한다면 양파를 조금 더 넣는다.

9

믹서에 액젓, 새우젓, 황설탕, 양파를 넣고 곱게 간다.

10

큰 볼에 식혀둔 밀가루풀을 넣고 갈아놓은 양념을 넣은 후 섞는다. 이때 밀가루풀이 살짝 굳었으면 저어가며 풀어준다.

11

굵은 고춧가루, 간 마늘, 간 생강을 넣고 저어가며 섞는다.

Tip

*중간에 뒤적일 때 칼집 넣은 부분이 벌어지면 소금물이 배면서 잘 절여지고 있다는 표시다.

*사용한 믹서는 바로 물로 헹궈야 젓갈 냄새가 배지 않는다. 냄새가 안 빠질 경우 감자를 넣고 갈면 냄새를 없앨 수 있다.

❹ 집밥메뉴 56

12

당근, 부추를 넣고 잘 섞어서 양념소를 완성
한다.

13

오이의 칼집 넣은 부분을 벌려 양념소를 깊이
넣는다. 이때 양념소가 부족하거나 남지 않도
록 분량을 잘 조절한다.

공기가
적게 들어갈수록
오이소박이가 골고루
잘 익는다.

14

밀폐용기에 완성한 오이소박이를 가지런히 차
곡차곡 넣고 공기가 들어가지 않도록 두 손으
로 꾹꾹 눌러준다.

15

뚜껑을 닫고 반나절이나 한나절 실온 보관 후
냉장 보관한다.

오이소박이는 막 담그면 양념이 오이에 덜 배었기 때문에 짠맛
이 느껴지는데 익는 과정에서 오이에서 물이 나와 짠맛이 약해
진다.

잘 익은 오이소박이는 오이소박이 냉국수(110쪽), 묵은 오이소박이는 오이지
무침(107쪽)으로 활용할 수 있다.

절이는 과정 없이 바로 먹는 오이소박이

냄비에 꽃소금 1컵, 물 9컵을 넣고 끓이다가 끓어오르면 칼집 넣은 오이를 넣
고 1분 동안 데쳐 바로 건진다. 양념소를 넣으면 바로 먹을 수 있는 오이소박
이가 완성된다.

오이지무침

 재료(4인분)

묵은 오이소박이 4개
쪽파 1대 (10g)
간 마늘 ½큰술
황설탕 1큰술
굵은 고춧가루 1큰술
진간장 1큰술
참기름 약간
통깨 약간

1

묵은 양념을
씻어내야 군내가
안 난다.

묵은 오이소박이는 물에 씻어 양념을 털어 낸 후 4등분하여 0.3cm 두께로 썰고, 쪽파는 0.3cm 두께로 송송 썬다.

2

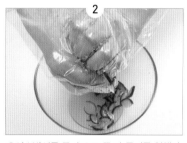

오이소박이를 두 손으로 꼭 짜 물기를 없앤다.

3

양념은
오이소박이의
맛과 상태에 맞춰
조절한다.

볼에 물기를 제거한 오이소박이를 넣고 황설 탕, 굵은 고춧가루, 진간장, 간 마늘, 쪽파를 넣 고 잘 섞으며 조물조물 무친다.

4

묵은 오이소박이를
이용한 오이지무침은
물기가 생기니
먹을 때 바로 만들어
먹는 게 좋다.

참기름, 통깨를 넣고 잘 섞어서 완성한다.

실속 있는
일품요리 & 주말요리

특별한 메뉴로 입맛을 사로잡는다

'오늘은 뭐 먹지?' 고민을 말끔히 해결해줄 메뉴 16가지.

냉장고 속 재료로 뚝딱 만들 수 있는 국수류,

다양한 재료를 한 그릇에 담아 즐길 수 있는 밥류,

간단하지만 푸짐하게 즐길 수 있는 브런치,

가벼운 분식, 손님상에 내놓아도 손색없을 요리.

나만의 특별한 집밥으로 맛도 즐기고 건강도 지키자.

오이소박이
활용

오이소박이 냉국수

잘 익은 오이소박이를 활용하여 시원하고 칼칼한 냉국수를 만들어보자.
양조식초를 듬뿍 넣어 새콤한 맛을 올리는 것이 포인트다.

 재료 (2인분)

잘 익은 오이소박이 3개
건소면 200g
청양고추 2개 (20g)
쪽파 ½대 (5g)
물 7컵 (1,260㎖)
사각얼음 10개

• 냉국
간 마늘 1큰술
굵은 고춧가루 2큰술
황설탕 2큰술
국간장 2큰술
양조식초 ½컵 (90㎖)
액젓 2큰술
물 3컵 (540㎖)

너무 익었다 싶으면 양념을 털어내고 사용한다.

잘 익은 오이소박이를 볼에 넣고 가위를 이용해 2cm 길이로 자른다. 쪽파와 청양고추는 0.3cm 두께로 송송 썬다.

국간장과 황설탕의 양은 기호에 따라 조절.

볼에 황설탕, 굵은 고춧가루, 간 마늘, 국간장, 액젓, 물 3컵을 넣고 섞은 후 마지막에 양조식초를 조금씩 넣으며 간을 맞춰서 냉국을 만든다.

냉국에 간이 배도록 오이소박이에 냉국을 넣고 냉장고에 넣어둔다.

소면 삶기

손으로 건소면을 쥐어 조리할 분량을 준비해둔다. 500원짜리 동전 크기 정도로 잡으면 1인분이다.

깊은 냄비에 물 6컵을 넣고 팔팔 끓인 후 건소면을 펼쳐서 넣는다. 젓가락으로 저어 소면이 물에 잠기도록 풀어준다.

물이 끓어오르면 냉수 ½컵을 넣고 젓가락으로 저으며 계속 끓인다.

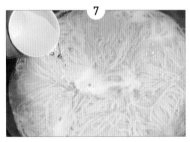

물이 두 번째로 끓어오르면 다시 냉수 ½컵을 넣고 젓가락으로 저으며 끓인다.

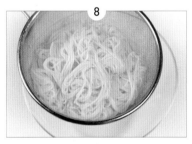

물이 세 번째로 끓어오르면 불을 끄고, 체로 면을 건져낸다.

찬물에 빨듯이 헹궈 면 사이에 붙은 전분을 씻어줘야 식감이 쫄깃하다.

건져낸 면을 재빨리 찬물이나 얼음물에 넣고 빨듯이 강하게 비벼서 전분을 제거한 후 체에 밭쳐 물기를 뺀다.

냉장고에서 냉국을 꺼내 얼음, 청양고추를 넣는다.

물기를 뺀 면을 그릇에 한 바퀴 돌려서 담고 냉국을 넣는다.

쪽파를 뿌려서 완성한다.

오이지무침
활용

오이지비빔국수

재료(1인분)

오이지무침 1컵 (150g)
건소면 100g
쪽파 ½대 (5g)
물 5컵 (900㎖)
통깨 약간

오이지무침은
535쪽 참고!

소면 삶기는
539쪽 참고!

1

물기를 뺀 면을 볼에 넣고 오이지무침을 넣는다.

2

손으로 버무리듯이 골고루 비빈다.

3

비벼진 면을 먼저 그릇에 옮겨 담고 오이지무침을 넣는다.

4

쪽파를 0.3cm 두께로 송송 썰고, 쪽파와 통깨를 뿌려서 완성한다.

카레 볶음밥

드라이카레
활용

 재료(1인분)

밥 1공기 (약 210g)
드라이카레 2½큰술

드라이카레
만들기는
481쪽 참고!

1

팬에 따뜻한 밥을 넣고 만들어둔 드라이카레를 넣는다.

2

밥과 드라이카레가 잘 섞이도록 주걱으로 골고루 비벼준다.

3

충분히 비벼졌으면 불에 올려 볶아서 완성한다.

 즉석밥을 사용해도 된다.

김치리소토

남녀노소 모두가 좋아하는 고소함이 가득한 김치리소토.
이제 집에서 간단하고 쉽게 만들 수 있다.

 재료(2인분)

신김치 2컵 (260g)	꽃소금 약간
밥 2공기 (400g)	버터 40g
간 돼지고기 4큰술	슬라이스 체더치즈 2장 (40g)
양파 ½컵 (50g)	식용유 2큰술
간 마늘 1큰술	물 2컵 (360㎖)

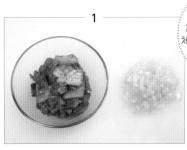

1

신김치는 볼에 넣고 가위로 먹기 좋게 자르고, 양파는 잘게 다진다.

볶음밥에 간 마늘을 넣으면 찌개 맛이 날 수 있으나 처음부터 볶아 마늘기름을 내면 고소한 맛을 낸다.

2

팬에 식용유를 넣고 불에 올린 후 마늘을 넣고 저어가며 노릇노릇하게 볶아 마늘기름을 낸다.

3

양파와 간 돼지고기를 넣는다.

베이컨이나 햄도 OK!

4

간 돼지고기가 완전히 익어 기름이 나오고 마늘과 양파의 수분이 날아갈 때까지 저어가며 노릇노릇하게 볶는다.

5

신김치를 넣고 다른 재료들과 잘 섞이도록 저어가며 볶는다.

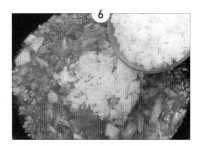

6

물을 넣고 밥을 넣은 후 충분히 섞어준다.

7

버터를 넣고 슬라이스 체더치즈를 손으로 찢어서 넣은 후 섞는다.

꽃소금 대신 진간장으로 간을 하면 한식 김치볶음밥 맛이 난다.

8

꽃소금을 넣고 간을 맞춰서 완성한다.

Tip

*파마산치즈가루를 뿌려 먹으면 더욱 맛있다.

*물을 넣으면 밥과 재료들이 골고루 섞이고 재료들이 쉽게 눌거나 타지 않는다. 물 대신 우유를 넣으면 고소함이 강해져 서양 음식 느낌이 난다.

밥솥 취나물밥

밥솥만 있으면 누구나 만들 수 있는 한 그릇 요리.
취나물의 향과 돼지고기의 식감이 기막히게 어우러진다.

 재료(4인분)

시판용 삶은 취나물 300g
불린 쌀 3컵 (420g)
대파 1컵 (60g)
간 돼지고기 6큰술
간 마늘 $\frac{1}{2}$큰술
된장 3큰술
들기름 3큰술
물 1$\frac{1}{2}$컵 (270㎖)

삶지 않은 나물로 요리를 하면 나물이 밥물을 빨아들여 밥이 설익을 수 있다.

삶은 취나물은 흐르는 물에 씻어 체에 밭쳐 물기를 뺀다.

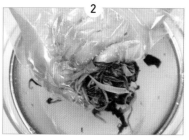

취나물을 손으로 꼭 짜서 남은 물기를 제거한다.

대파는 0.3cm 두께로 송송 썰고, 취나물은 2cm 두께로 썬다.

전기압력밥솥에 불린 쌀과 물을 넣고 그 위에 취나물을 골고루 펴서 넣는다.

간 돼지고기가 익으면서 뭉칠 수 있으므로 골고루 넓게 펴주는 것이 좋다.

취나물 위에 간 돼지고기를 넣고 숟가락을 이용해 넓게 펴준다.

간은 된장 양으로 조절!

간 마늘, 된장, 들기름을 넣는다.

백미에 맞춰 취사한다.

대파를 넣고 밥을 안친다.

취사가 완료되면 주걱으로 밥과 재료를 골고루 섞은 후 그릇에 옮겨 담아서 완성한다.

❹
집
밥
메
뉴
56

밥솥가지밥과 양념장

가지로 할 수 있는 요리 중 별미인 가지밥.
파기름과 진간장에 눌린 향이 가지에 스며들어 더욱 풍성한 맛을 낸다.

 재료(4인분)

가지 2개 (200g)
쌀 2컵 (320g)
대파 ½대 (50g)
진간장 1½큰술
식용유 ¼컵 (45㎖)
물 1⅓컵 (300㎖)

부추 ⅔컵 (40g)
대파 ⅓컵 (20g)
청양고추 2개 (20g)
간 마늘 1큰술
진간장 ⅔컵 (120㎖)
황설탕 ½큰술

 양념장

굵은 고춧가루 2큰술
깨소금 2큰술
참기름 1큰술

1

쌀은 깨끗하게 씻어 15분 정도 불린다.

2

청양고추, 양념장용 대파는 길게 반 갈라 0.3cm 두께로, 파기름용 대파, 부추는 0.3cm 두께로 송송 썬다. 가지는 반으로 잘라 0.5cm 두께의 반달 모양으로 썬다.

3

넓은 팬에 대파와 식용유를 넣고 불에 올린 후 강불에서 파기름을 낸다.

4

대파가 노릇노릇하게 익으면, 가지를 넣고 숨이 죽을 때까지 저어가며 볶는다.

5

진간장이 눌리며 향과 맛이 가지에 스며든다.

가지에서 열기가 올라오면 진간장을 팬 가장자리에 빙 둘러 넣고 불린다.

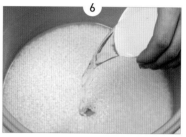

6

불린 쌀을 전기압력밥솥에 넣고 물 양을 맞춘다. 가지에서 물이 나오므로 평상시 밥물 양보다 적게 잡는다.

7

이때 백미보다는 잡곡으로 맞춰서 취사하는 것이 좋다.

쌀 위에 가지를 올리고 밥을 안친다.

양념장 만들기

8

작은 볼에 대파, 청양고추, 부추를 넣는다.

9

채소에서 수분이 나오므로 그 양을 감안하여 진간장을 넣는다. 모든 재료가 자박자박하게 잠길 정도!

간 마늘, 황설탕, 굵은 고춧가루, 깨소금, 진간장을 넣는다.

10

참기름을 넣고 섞어서 양념장을 만든다.

11

기호에 따라 조미김가루 추가!

취사가 완료되면 주걱으로 바닥까지 밥을 골고루 섞어 그릇에 옮겨 담고 양념장과 함께 낸다.

가지 다듬는 법

가지는 꼭지 부분에 붙은 이파리를 벗겨낸 다음 연필 깎듯이 칼로 잘라내고 끝부분은 자른다.

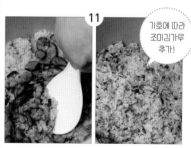

어향가지

어향가지는 가지에 칼집을 넣고 양념장을 끼얹어 조리는 중국 정통요리다.
간단하면서도 근사한 요리를 집에서 도전해보자.

 재료(4인분)

가지 2개 (200g)
간 돼지고기 ½컵 (75g)
대파 1컵 (60g)
청양고추 2개 (20g)
간 마늘 1큰술

간 생강 ⅓큰술
식용유 ⅔컵 (120㎖)
(가지 익힘용 ⅓컵, 파기름용 ⅓컵)
물 ½컵 (90㎖)

 어향소스

된장 1큰술
굵은 고춧가루 1큰술
진간장 1큰술
황설탕 2큰술
식초 3큰술

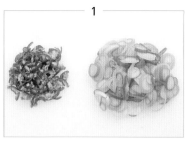

청양고추는 반으로 갈라 0.3cm 두께로, 대파 는 0.3cm 두께로 송송 썬다.

가지가 부러지지 않을 정도로만 칼집 넣기!!

가지는 1.5cm 간격으로 사선으로 ⅔ 정도 깊 이까지 칼집을 넣고, 마름모 모양이 되도록 반 대 방향으로도 칼집을 넣는다.

볼에 진간장, 식초, 황설탕, 굵은 고춧가루, 된 장을 넣고 잘 섞어서 어향소스를 만든다.

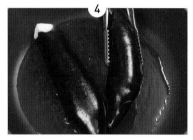

팬을 불에 올리고 식용유 ½컵을 넣은 후 가지 를 넣고 익힌다. 이때 가지의 칼집 넣은 쪽을 아래로 가게 한다.

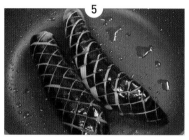

집게를 이용해 굴리듯이 익힌 후 꺼낸다. 이때 나중에 소스와 함께 한 번 더 조릴 것이므로 살 짝만 익혀도 된다.

가지를 건져낸 팬에 식용유 ½컵, 대파를 넣고 강불에서 볶아 파기름을 낸다.

파기름이 나오면 간 돼지고기를 넣고 볶는다.

간 마늘, 간 생강, 청양고추를 넣고 저어가며 볶는다.

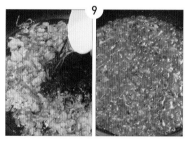

어향소스, 물을 넣고 저어준 후 맛과 향이 배도 록 자박하게 끓이며 조린다.

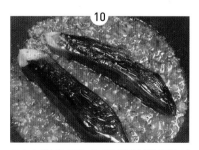

소스가 끓어오르면 가지의 칼집 넣은 쪽을 아 래로 가도록 놓고 조린다.

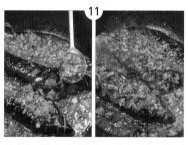

집게를 이용해 가지를 굴려 칼집 넣은 쪽을 위 로 가게 두고 숟가락으로 소스를 끼얹어 어향 소스의 맛과 향이 가지에 충분히 배고 소스가 걸쭉해질 때까지 조린다.

가지 모양이 흐트러지지 않도록 집게와 주걱 을 이용해 접시에 옮겨 담고 팬에 남은 소스를 올려서 완성한다.

❹ 집밥메뉴 56

두부스크램블브런치

가장 친숙한 식재료 중 하나인 두부의 깜짝 변신.
두부가 들어가 더욱 부드럽고 고소한
또 다른 맛과 식감의 브런치를 즐겨보자.

 재료(2인분)

두부 반 모 1팩 (180g)
달걀 2개
식빵 2장 (60g)
베이컨 3줄 (48g)
버터 28g
(스크램블용 20g, 장식용 8g)
꽃소금 $\frac{1}{4}$큰술
후춧가루 약간

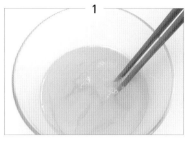

1

볼에 달걀을 넣고 젓가락을 이용해 잘 풀어준다.

2

두부는 칼 옆면으로 눌러서 곱게 으깬다.

3

달걀을 푼 볼에 으깬 두부와 꽃소금을 넣고 저어서 스크램블 반죽을 완성한다.

4

팬에 버터 20g을 넣고 불에 올려 녹인다.

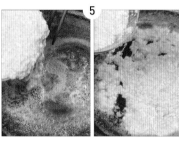

5

스크램블 반죽을 넣고 저어가며 익힌다.

6

후춧가루를 넣고 잘 섞는다.

7

마른 팬에 베이컨을 올려 앞뒤로 노릇노릇하게 구운 후 꺼낸다.

8

마른 팬에 식빵을 올려 앞뒤로 노릇노릇하게 구운 후 꺼내 먹기 좋은 크기로 자른다.

버터와 스크램블을 잘 섞어서 먹는다.

9

접시에 스크램블, 베이컨, 식빵을 넣고 스크램블 위에 버터 8g을 올려서 완성한다.

*두부를 으깰 때 도마에 배어 있는 냄새가 두부에 밸 수 있으니 나무 도마는 피하는 것이 좋다. 나무 도마밖에 없을 경우에는 도마에 랩을 씌워 사용한다.

*두부 양을 줄이면 만들기는 수월하지만 고소한 맛은 줄어들고 두부 양을 늘리면 고소함과 식감이 배가된다.

두부샌드위치

달걀 없이 두부만으로 만든 두부스크램블을 올린 샌드위치.
두부의 콩 비린 맛을 잡아주는 비결은 파기름이다.

 재료(2인분)

두부 1모 (290g)
베이컨 3줄 (48g)
대파 1대 (100g)
식빵 2장 (60g)
슬라이스 체더치즈 2장 (40g)
꽃소금 약간
후춧가루 약간
케첩 기호에 따라
식용유 3큰술

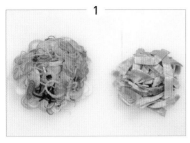

1

대파는 0.3cm 두께로 송송 썰고, 베이컨은 0.5cm 두께로 잘게 썬다.

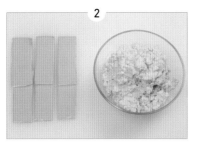

2

슬라이스 체더치즈는 손으로 큼직하게 찢어놓고, 두부는 칼 옆면으로 눌러서 곱게 으깬다.

3

팬을 불에 올리고 식용유, 베이컨을 넣는다.

4

대파를 넣고 강불에서 볶아 파기름을 낸다.

5

베이컨이 노릇노릇해지면 두부를 넣고 저어가며 볶는다.

두부를 오래 볶는 것이 힘들면 으깬 후 바로 면포에 싸서 물기를 짜서 넣어도 된다.

6

후춧가루, 꽃소금을 넣고, 두부의 수분이 날아갈 때까지 충분히 볶는다.

치즈는 종류에 상관없이!

7

두부스크램블 위에 슬라이스 체더치즈를 올린 후 약불에서 치즈가 녹을 때까지 기다린다.

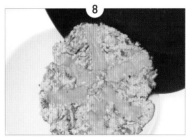

8

치즈가 녹으면 팬 끝을 접시에 받쳐 두부스크램블을 그대로 옮겨 담는다.

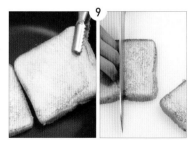

9

마른 팬에 식빵을 올려 앞뒤로 노릇노릇하게 구운 후 꺼내 반으로 자른다.

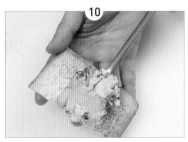

10

두부스크램블을 식빵 크기의 반 정도로 떠서 식빵 위에 올린다.

11

두부스크램블 위에 케첩을 뿌려서 완성한다.

❹ 집밥메뉴 56

한입 시금치피자

만두피를 활용한 바삭한 식감의 시금치피자.
신선한 토마토, 부드러운 시금치가 어우러진
깔끔하고 건강한 맛을 즐겨보자.

 재료(2인분)

시금치 3뿌리 (96g)
토마토 1개 (230g)
양파 3큰술 (36g)
만두피 4장 (36g)
꽃소금 약간 (시금치 볶음용, 버무림용)
후춧가루 약간
파마산치즈가루 2큰술
올리브유 3큰술
식용유 3큰술

시금치는 뿌리 부분을 칼로 살살 긁어 흙을 털어낸다.

시금치 다듬을 시간이 없다면 최대한 뿌리 쪽으로 가깝게 잘라서 사용한다.

시금치를 흐르는 물에 깨끗이 씻어 체에 밭쳐 물기를 뺀다.

양파는 가로세로 0.4cm 크기로 썰고, 시금치는 3등분한다.

토마토는 윗면에 십(+)자로 칼집을 살짝 넣는다.

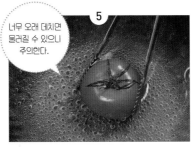

너무 오래 데치면 물러질 수 있으니 주의한다.

냄비에 물을 넣고 끓이다가 물이 팔팔 끓으면 토마토를 넣고 집게로 굴려가며 10초 정도 데친다.

토마토를 건져 바로 얼음물에 넣어 식힌다.

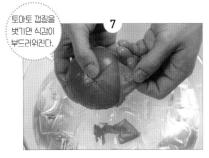

토마토 껍질을 벗기면 식감이 부드러워진다.

식혀둔 토마토를 건져 껍질을 벗긴다.

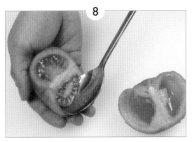

토마토를 반으로 자르고 꼭지를 떼어낸 후 숟가락을 이용해 속을 파낸다.

볼에 토마토를 넣고 가위를 이용해 최대한 잘게 자른다.

팬에 올리브유를 넣고 불에 올려 팬이 달궈지면 시금치와 꽃소금을 넣는다.

시금치를 올리브유에 살짝 무치듯이 섞어가며 빠르게 볶는다.

시금치의 숨이 죽기 시작하면 불을 끄고 넓은 그릇에 옮겨 담은 후 펼쳐서 식힌다.

볼에 토마토, 양파, 꽃소금, 후춧가루, 시금치
를 넣는다.

파마산치즈가루를 넣고 골고루 섞는다.

팬에 식용유를 넣고 불에 올려 팬이 달궈지
면 만두피를 넣고 튀기듯이 앞뒤로 노릇노릇
하게 굽는다.

잘 구워진 만두피를 접시에 옮겨 담고 그 위에
⑭를 보기 좋게 올려서 완성한다.

모둠냉채

재료(4인분)

오이 10조각 (25g)
당근 10조각 (30g)
노랑 파프리카 10조각 (60g)
배 10조각 (62g)
대파(흰 부분) 2대 (120g)
햄 10조각 (50g)
게맛살 8개 (160g)
자숙칵테일새우 1컵 (15마리)

•만능냉채소스
연겨자 2큰술
땅콩버터 1큰술
황설탕 3큰술
진간장 3큰술
식초 3큰술

1

게맛살을 준비하고, 당근, 배, 오이는 길이 5cm, 두께 0.5cm로 썬다. 대파는 반 갈라 5cm 길이로 썰고, 파프리카는 길이 5cm, 두께 0.7cm로 썬다. 햄은 반 갈라 0.5cm 두께로 썬다.

2

> 새우는
> 알이 작은 것
> 사용.

자숙칵테일새우는 물에 씻어 체에 받쳐 물기를 뺀다.

3

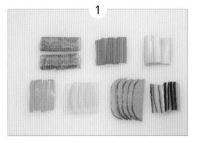

볼에 진간장, 황설탕, 식초, 연겨자, 땅콩버터를 넣고 뭉치지 않도록 거품기로 풀어주며 섞어서 만능냉채소스를 만든다.

4

> 같은 재료를
> 대칭이 되도록
> 담으면 더욱
> 보기 좋다.

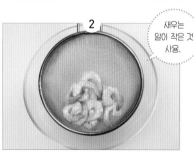

넓은 접시에 썰어 놓은 재료를 보기 좋게 돌려 담는다. 작은 볼에 얼음을 넣고 그 위에 자숙칵테일새우를 올린 후 접시 중앙에 놓아서 완성한다.

크림새우

바삭하고 탱글탱글한 식감의 크림새우.
크림새우는 요리로 시켜야만 먹을 수 있다는 편견을 깨보자.

 재료(4인분)

칵테일새우 20마리 (200g)	황설탕 2큰술
양상추 2장 (80g)	식초 1큰술
레몬 3조각 (18g)	식용유 1통 (1.8ℓ)
튀김가루 1컵 (100g)	물 ⅔컵 (120㎖)
마요네즈 4큰술	

1

양상추는 씻어서 물기를 빼고, 레몬은 반으로 잘라 0.5cm 두께의 반달 모양으로 썬다.

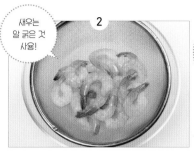

2

새우는 알 굵은 것 사용!

칵테일새우는 물에 담가 가볍게 헹구며 해동한 후 체에 받쳐 물기를 뺀다.

3

크림새우용 튀김반죽은 물을 적게 넣어야 튀김옷이 두꺼워져 소스를 묻힐 때 튀김옷이 잘 벗겨지지 않는다.

볼에 튀김가루와 물을 넣고 젓가락으로 잘 섞이도록 풀어주며 걸쭉하고 끈적끈적한 상태의 튀김반죽을 만든다.

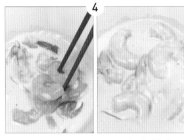

4

튀김반죽에 새우를 넣고 섞으며 튀김옷을 두껍게 입힌다.

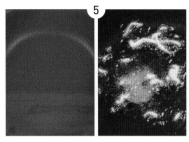

5

깊은 팬에 식용유를 넣고 강불에서 달군 후 튀김반죽을 살짝 떨어뜨려 기름 온도를 체크한다. 반죽이 3초 만에 떠오르면 적정 온도에 도달한 것이다.

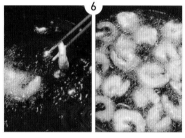

6

새우를 한 마리씩 넣고 서로 붙지 않도록 젓가락으로 떼어가며 튀긴다.

7

튀김옷이 익어서 노릇노릇해지면 체로 건져낸다.

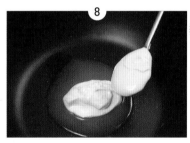

8

기름의 온도가 다시 올라가는 동안, 다른 팬에 황설탕, 식초, 마요네즈를 넣고 약불에 올린다.

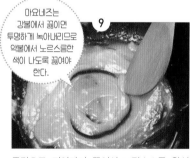

9

마요네즈는 강불에서 끓이면 투명하게 녹아내리므로 약불에서 노르스름한 색이 나도록 끓여야 한다.

주걱으로 저어가며 끓여서 크림소스를 완성한다.

10

두 번 튀겨내어 더욱 바삭해진 식감!

기름 온도가 올라가면 건져놓은 새우를 넣어 다시 한 번 튀겨낸 후 체로 건져 기름을 제거한다.

11

크림소스가 담긴 팬에 두 번 튀겨낸 새우튀김을 넣고 소스와 새우튀김이 잘 섞이도록 저어준다.

12

레몬을 짜서 뿌려 먹으면 맛과 향이 더욱 좋아진다.

접시에 양상추와 레몬으로 장식을 하고, 크림새우를 옮겨 담아서 완성한다.

어묵비빔라면

국물 없이 만들어 먹는 비빔라면.
라면에 파기름과 어묵이 어우러져 더욱 색다른 별미 메뉴다.

 재료(1인분)

사각어묵 1장 (50g)
새송이버섯 1개 (60g)
라면 1개
대파 ½대 (50g)
황설탕 1큰술
굵은 고춧가루 ½큰술

고추장 ½큰술
통깨 약간
참기름 1큰술
식용유 1큰술
물 3컵 (540㎖)

재료를 얇게 채 썰면 면과 잘 어우러진다!

1

대파는 반으로 갈라 0.3cm 두께로 송송 썬다. 어묵은 반 잘라 0.3cm 두께로 썰고, 새송이버섯은 0.3cm 두께로 편 썬 후 0.3cm 두께로 채 썬다.

2

큰 볼에 굵은 고춧가루, 황설탕, 고추장, 분말 스프를 겹쳐지지 않도록 나눠서 넣는다.

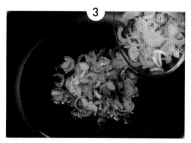

3

팬에 참기름, 식용유, 대파를 넣은 후 불에 올린다.

4

강불에서 노릇노릇하게 볶아 파기름을 낸다.

5

파기름을 ②에 돌려서 넣는다.

6

재료들을 숟가락으로 잘 저어가며 골고루 섞어서 비빔장을 완성한다.

7

냄비에 물을 넣고 불에 올려 물이 팔팔 끓어오르면 면, 건더기스프, 어묵, 새송이버섯을 넣는다.

찬물이나 얼음물에 면을 헹구면 꼬들꼬들하고 쫄깃한 식감이 나므로 면을 충분히 익혀줘야 한다.

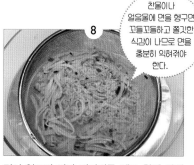

8

면이 익으면 면과 건더기를 체로 함께 건져서 곧바로 찬물이나 얼음물에 넣어 헹군 후 물기를 제거한다.

9

비빔장이 담긴 볼에 물기를 제거한 면과 건더기를 넣는다.

10

면에 간이 골고루 배도록 손으로 비빈다.

11

접시에 옮겨 담고 통깨를 뿌려서 완성한다.

Tip

*라면 양에 비해 재료를 너무 많이 넣으면 라면 스프의 양이 부족해 맛이 싱거워질 수 있다.

*비빔장을 마늘기름이나 양파기름으로 만들어도 맛있다. 마늘기름을 낼 때는 마늘이 노릇해질 때까지 볶아야 제맛을 낼 수 있다.

❹ 집밥메뉴 56

도라지튀김

튀김 재료로 생소한 도라지는 튀겨내면서 쓴맛과
질긴 식감이 사라지고 부드러워진다.

 재료(4인분)

도라지 150g
당근 ⅓개 (45g)
튀김가루 ⅔컵 (약 67g)
식용유 1통 (1.8ℓ)
물 ⅓컵 (60㎖)

• 간장소스
진간장 2큰술
식초 ½큰술
통깨 ½큰술

도라지는 물에 깨끗이 씻어 체에 밭쳐 물기를 뺀다.

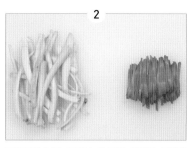

도라지가 너무 크거나 긴 것은 가위를 이용해 자르고, 당근은 0.3cm 두께로 채 썬다.

볼에 도라지를 넣고 튀김가루, 물을 넣는다.

반죽 농도는 마요네즈에 버무린 정도!

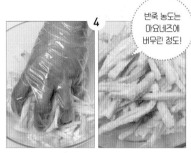

손으로 주물러가며 버무린다.

당근을 넣고 재료가 잘 섞이도록 손으로 주물러가며 버무린다.

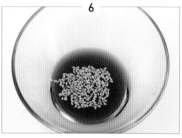

작은 볼에 진간장, 식초, 통깨를 넣고 섞어 간장소스를 만든다.

당근과 함께 튀기면 도라지튀김의 맛과 색감이 더 좋아진다.

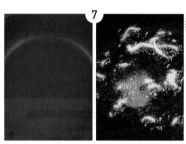

깊은 팬에 식용유을 넣고 강불에서 달군 후 튀김반죽을 살짝 떨어뜨려 기름 온도를 체크한다. 반죽이 3초 만에 떠오르면 적정 온도에 도달한 것이다.

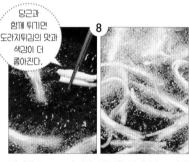

젓가락으로 도라지와 당근을 함께 넣고 튀긴다.

튀김이 노릇노릇하게 익으면 체로 건져서 꺼낸 후 접시에 옮겨 담아 간장소스와 함께 낸다.

들깨칼국수

들깨의 고소한 향이 입안에 사르르 퍼지는 뜨끈한 들깨칼국수.
액젓이 들어가 더욱 진한 맛이 난다.

 재료(2인분)

칼국수용 생면 320g
감자 1개 (200g)
표고버섯 2개 (40g)
시판용 들깻가루 9큰술
간 마늘 1큰술
액젓 ⅕컵 (36㎖)
물 7컵 (1,260㎖)

564

조리시간이
짧을 때는
재료도 얇게!

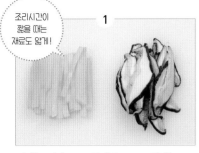

감자는 길이 5cm, 두께 0.5cm로 채 썰고, 표고버섯은 기둥을 잘라내고 0.3cm 두께로 얇게 채 썬다.

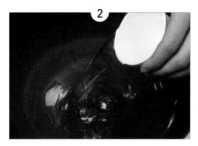

냄비에 물을 넣고 불에 올린다.

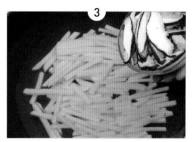

감자, 표고버섯을 넣는다.

칼국수면은 빠르게 씻어서 전분기를 제거한 후 체에 밭쳐 물기를 뺀다.

국물이 팔팔 끓어오르면 면을 넣고 면이 뭉치지 않도록 젓가락으로 살살 풀어주며 끓인다.

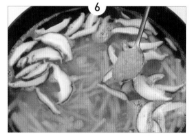

액젓, 간 마늘을 넣고 면이 충분히 익을 때까지 팔팔 끓인다.

국물의 양에 따라
들깻가루 양도
조절한다.

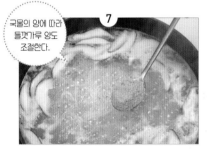

면이 거의 익어갈 때쯤 들깻가루를 넣고 저어가며 끓인다. 이때 처음부터 들깻가루를 모두 넣지 말고 조금씩 넣으면서 농도를 맞추는 것이 좋다.

국물이 걸쭉해지면 바닥에 눌지 않도록 주걱으로 저어가며 끓여서 완성한다.

시판용 들깻가루는 껍질째 간 것과 껍질을 벗겨서 간 것 두 종류가 있다. 껍질째 간 것으로 들깨칼국수를 끓이려면 믹서에 갈아서 향을 충분히 낸 다음에 우유와 함께 넣어 끓이면 부드럽고 진한 맛을 낼 수 있다.

❹ 집밥메뉴 56

고추닭볶음

간장양념에 노릇노릇하게 익은 닭다리 살과
꽈리고추 특유의 향이 어우러져 특별한 요리가 완성된다.

 재료 (4인분)

뼈 없는 닭다리 살 500g
꽈리고추 20개 (120g)
말린 홍고추 5개 (20g)
대파 ½컵 (50g) + 1½대 (150g)
(파기름용 ½컵. 볶음용 1½대)
양배추 1½컵 (80g)

통마늘 15개 (75g)
간 마늘 ½큰술
진간장 ½컵 (60㎖)
황설탕 2큰술
식용유 3큰술
물 ½컵 (90㎖)

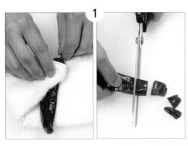

말린 홍고추는 젖은 행주로 살살 문질러가며 깨끗이 닦은 후, 가위를 이용해 2cm 두께로 자른다.

통마늘은 꼭지를 잘라낸다. 파기름용 대파는 0.3cm 두께로 송송 썰고, 볶음용 대파는 5cm 길이로 썬다. 양배추는 길이 5cm, 두께 2cm 로 썰고, 꽈리고추는 가위를 이용해 반으로 자른다.

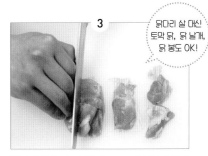

닭다리 살 대신 토막 닭, 닭 날개, 닭 봉도 OK!

닭다리 살은 가로세로 3cm 크기로 먹기 좋게 썬다.

넓은 팬에 식용유를 넣고 불에 올린 후 닭다리 살을 넣는다.

닭다리 살의 수분이 날아가고 기름이 나올 때까지 볶는다.

말린 홍고추 씨도 함께 넣어 볶는다. 말린 홍고추와 대파가 볶아지면서 향이 더욱 풍부해진다.

닭다리 살에서 기름이 나오기 시작하면 대파 ½컵, 통마늘, 말린 홍고추를 넣는다.

닭다리 살이 노릇노릇해질 때까지 충분히 볶는다.

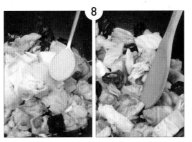

양배추, 황설탕을 넣고 푹 익히며 볶다가 윤기가 날 때까지 기름에 눌린다.

물은 불세기에 따라 ½컵~1컵 정도로 양 조절.

물을 넣고 조리듯이 끓인다.

진간장은 입맛에 따라 조절!

진간장을 넣고 끓이다가 간 마늘을 넣고 물기가 날아가고 기름기만 남을 정도로 졸인다.

꽈리고추는 아삭한 식감을 살리기 위해 맨 마지막에 넣고 볶는다.

대파 1½대, 꽈리고추를 넣고 골고루 섞으며 볶아서 완성한다.

Tip

*양배추는 볶으면 지저 분해 보일 수 있으므로 큼직하게 써는 것이 좋 다. 꽈리고추는 너무 잘게 자르면 맛 이 떨어지므로 한입 크기로 자른다.

*정육이 아닌 토막 닭을 사용할 경 우 겉이 노릇하다고 속까지 익은 것이 아니므로 물을 넣은 후 오랫 동안 조리해야 한다.

④ 집밥메뉴 56

만능간장 158

가지볶음 160

애호박볶음 162

양배추볶음 164

숙주볶음 166

쑥갓볶음 168

중국식피망볶음 170

셀러리볶음 172

느타리버섯볶음 174

달래간장과 김구이 176

청포묵무침 178

두부조림 180

잡채 182

마늘종볶음 188

멸치볶음 190

감자볶음 194

어묵감자볶음 196

고사리볶음 198

꽈리고추조림 200

감자조림 202

우엉조림 204

연근조림 206

무조림 208

일본식무조림 210

깻잎찜 212

김치전 216

돼지고기김치찌개 218

들기름달걀프라이 221

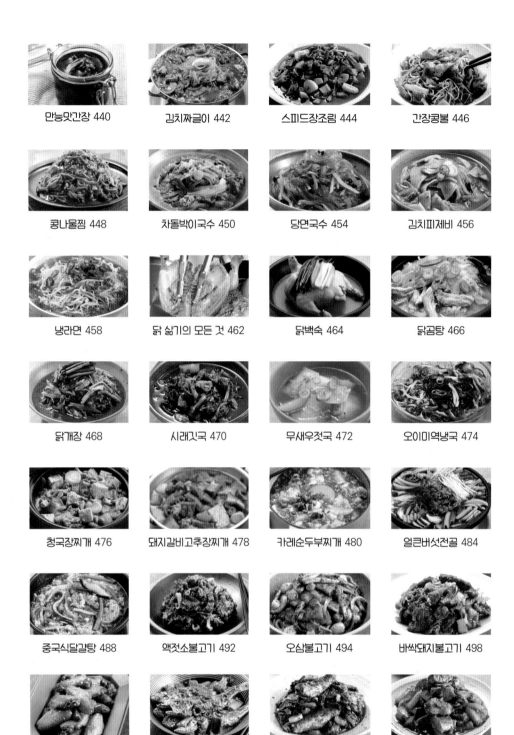

만능맛간장 440

김치짜글이 442

스피드장조림 444

간장콩불 446

콩나물찜 448

차돌박이국수 450

당면국수 454

김치피제비 456

냉라면 458

닭 삶기의 모든 것 462

닭백숙 464

닭곰탕 466

닭개장 468

시래깃국 470

무새우젓국 472

오이미역냉국 474

청국장찌개 476

돼지갈비고추장찌개 478

카레순두부찌개 480

얼큰버섯전골 484

중국식달걀탕 488

액젓소불고기 492

오삼불고기 494

바싹돼지불고기 498

닭날개조림 500

굴비조림 502

꽁치시래기조림 504

코다리조림 506

북어채볶음 508

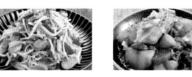
콩나물전 510

시금치달걀볶음 512

소시지채소볶음 514

베이컨팽이버섯볶음 516

일본식감자조림 518

단호박조림 520

꽈리고추찜 522

명란달걀말이 524

알배추겉절이 526

파김치 528

고추장아찌무침 531

오이소박이 532

오이지무침 535

오이소박이 냉국수 538

오이지비빔국수 540

카레볶음밥 541

김치리소토 542

밥솥취나물밥 544

밥솥가지밥과 양념장 546

어항가지 548

두부스크램블브런치 550

두부샌드위치 552

한입 시금치피자 554

모둠냉채 557

크림새우 558

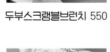
어묵비빔라면 560

도라지튀김 562

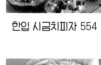
들깨칼국수 564

고추닭볶음 566